澳大利亚树木引种指南

A Guide to Introduction of Australian Trees to China

王豁然　姜景民　仲崇禄　编著

科学出版社

北　京

内 容 简 介

本书是我国第一部全面介绍澳大利亚森林植物遗传资源及其引种驯化的专著。中国科学院蒋有绪院士和澳大利亚技术科学工程院布朗院士分别作序。作者简明扼要地描述了澳大利亚独特的森林地理景观和令人着迷的奇花异木的魅力,并以长期的研究成果与经验向读者提供引种驯化的科学指南。全书共4章。第1章,概括了澳大利亚自然环境、澳大利亚树种的起源与演化的历史。第2章,介绍了澳大利亚木本植物基因资源、重要种群的生物学特性。第3章,概括了澳大利亚树木在中国人工林中的发展和在景观建设中的重要性。第4章,分条目简要描述推介树种的基本形态学特征、分布区和生态特性,适宜引种的区域。本书共收录25科69属1408种,分类群数目最多的是桃金娘科、含羞草科、山龙眼科和木麻黄科。树种条目按属名的拉丁文字母顺序排列,简要介绍属的总体特征。

本书可供从事澳大利亚树木引种驯化和森林植物地理研究的科研、教学与生产技术人员,环境与景观设计师,特别是东南沿海、华南和西南地区的绿化苗木和苗圃经营者,以及相关生物学科的博物学者、研究生和森林树木与花卉爱好者阅读参考。

图书在版编目(CIP)数据

澳大利亚树木引种指南/王豁然,姜景民,仲崇禄编著. —北京:科学出版社,2017.1
　ISBN 978-7-03-050637-5

Ⅰ.①澳⋯ Ⅱ.①王⋯ ②姜⋯ ③仲⋯ Ⅲ.①引进树种–澳大利亚–指南 Ⅳ.①S722.7-62

中国版本图书馆CIP数据核字(2016)第272923号

责任编辑:张会格　白　雪 / 责任校对:郑金红
责任印制:肖　兴 / 封面设计:刘新新

科 学 出 版 社 出版
北京东黄城根北街16号
邮政编码:100717
http://www.sciencep.com

中国科学院印刷厂 印刷
科学出版社发行　各地新华书店经销

*

2017年1月第 一 版　　开本:787×1092　1/16
2017年1月第一次印刷　　印张:12　插页:10
字数:280 000
定价:98.00元
(如有印装质量问题,我社负责调换)

作者简介

王豁然 吉林省伊通县人。1965 年毕业于东北林学院，留学澳大利亚国立大学（1982～1984）。曾任中国林业科学研究院林业研究所研究员、博士研究生导师、资深专家和中国林业科学研究院研究生院教学督导。多年兼任联合国粮农组织（FAO）森林基因资源专家组专家、国际林业研究组织联盟（IUFRO）第二学部阔叶树育种与遗传资源学科组主席和《森林遗传学》（*Forest Genetics*）期刊国际编委；中国林学会树木引种驯化专业委员会荣誉主任委员、林木遗传育种分会顾问和桉树专业委员会顾问。从事桉树、松树和栎树与其他外来树种引种驯化研究 30 余年，主要著作有《中国桉树检索表》、《桉树生物学概论》、《格局在变化——树木引种与植物地理》、《澳大利亚阔叶树研究》和译著《桉树分类》、《桉树培育与利用》等。

姜景民 现任中国林业科学研究院亚热带林业研究所研究员，博士研究生导师，林木种质资源研究方向首席专家；兼任中国林学会树木引种驯化专业委员会副主任委员、浙江省林学会林木种苗花卉专业委员会副主任委员、营造林专业委员会副主任委员等。重点从事国外松类遗传改良与人工林培育、外来树种引种评价、乡土树种遗传资源开发利用、珍稀濒危树种保育等研究工作。

仲崇禄 祖籍山东郓城，1986 年毕业于东北林业大学。现任中国林业科学研究院热带林业研究所研究员，博士研究生导师，林木种质资源及评价首席专家。从事热带林木遗传育种和遗传多样性等研究工作，重点树种有木麻黄、灰木莲、麻楝和火力楠等。发表论文 70 多篇，其中 SCI 论文 10 篇，出版国际研讨会论文集、专著 5 部，获得国家发明专利 3 项。现为国际林业研究组织联盟（IUFRO）固氮树种改良与培育专题组（WP 2.08.02）的副协调人。

鸣　　谢

此书付梓之际，我们谨向蒋有绪先生和布朗先生致以诚挚谢忱，感谢他们为此书作序。

蒋有绪院士作为森林生态学家，特别重视外来树种在环境建设中的应用，强调外来树种人工林的可持续经营，关注林木引种驯化学科发展及其与相关学科的相互渗透。1990年，蒋先生和我都参加了在蒙特利尔召开的国际林业研究组织联盟（IUFRO）第19次世界大会，回国途经东京。"和你同行的那位先生样子很像学者。他贵姓？"旁边也在候机的一位台湾小学教师对我说。"著名生态学家，姓蒋"，我回答道。"那他应该去台湾，我先生姓邓，应该去大陆"。我欣赏她的鉴赏力和幽默感。

今天回想起来，正是因为邓小平同志的改革开放方针，中国才得以大量引种澳大利亚树木，我才有幸于1981年去澳大利亚国立大学留学。此后，我认识了艾伦·布朗先生（Alan Brown），并且开始了长达8年的中澳国际合作研究项目——澳大利亚阔叶树引种栽培试验。布朗先生曾经担任澳大利亚联邦科学与工业研究组织（CSIRO）林业研究所所长，我在执行项目期间的考察活动中及后来做访问学者，几次见到布朗先生，在广州的一次学术研讨会上，我还为他做过翻译。布朗先生学识丰富，平和谦逊，和蔼慈祥，人皆敬之。布朗夫人告诉我，在为此书写完序言后的第二天，艾伦便住进医院，接受心脏手术。在两次入院之间隙，又发来关于欧洲赤松地理种源试验的原始文献出处。令人十分感动！

蒋有绪先生和布朗先生虽届耄耋之年，学富五车，对学问仍孜孜以求，令人钦敬！

布朗夫人（Erika Brown）和斯蒂芬·米奇里先生（Stephen Midgley）给予许多帮助，在此一并感谢。斯蒂芬与我是校友、老友，多年担任澳大利亚林木种子中心（ATSC）主任；20世纪90年代，在澳大利亚援助的中国桉树研究开发中心项目中担任主任，常驻湛江，湛江市人民政府授予其荣誉市民称号。我和他同是联合国粮农组织（FAO）森林基因资源专家组成员，一起做过多次桉树和澳大利亚其他树种的引种驯化与遗传改良项目的科学评估和技术咨询。我们还要感谢David Kleinig先生和Ian Roberts先生，虽从未谋面，但他们却为本书提供多幅照片，其摄影技艺精湛。感谢植物分类学家Bruce Maslin博士关于相思引种的评论和提供精美的照片。

王豁然

北京　玉泉山下　2016.07.12

蒋有绪序

树木引种是增加一个地区有利用价值和有发展前景的新树种的最直接途径。但要成功引进树种，则要求引种科技工作者具有广泛和扎实的林学知识和森林培育技术。譬如，需要了解植物区系历史，比较分析树种原产地与引种地的自然地理环境（气候类型、土壤条件等），认识树种生理生态特点与生命发育节律，田间试验确定适宜的种源区和引种区域及立地条件，开发合适的栽培技术，并对未来发展的风险进行评估分析。实际上，这是一个长期复杂的生物系统工程。在我国近代植物引种史上，曾经成功引进了刺槐、悬铃木、一些相思和桉树、橡胶树、油橄榄、木麻黄、日本落叶松和一些国外杨树等重要树种。

但是，我国树木引种科学的基础性研究还比较薄弱。近年来，在林业管理层面和林业科学技术研究的规划上，对国外新树种引种的重视似乎不够，缺少专项的总体规划，投入不多。从事林木引种研究的科技工作者往往是在支撑项目时断时续的情况下，坚持研究目标。像这本专著第一作者，我的同事王豁然先生，一直从事国外树种引进研究的科学家，在国内一时提倡到处发展速生桉树，一时又因称为"抽水机"而一律叫停栽植桉树的争论纠结中，他利用研究积累，出版了专著《桉树生物学概论》，论述了桉树三大属（杯果木属、伞房属、桉属）树种的生物学特性，包含系统发生关系、生物地理学、形态与生态习性、繁殖生物学等，提出了中国引种桉树的栽培区区划和选择引种树种指南，为公众科学认识桉树提供了科学依据，这是出于科学家责任的重要贡献。

由于我国幅员辽阔，水、热、气候、土壤和地形条件极为多样化，树木引种具有很大潜力，可以从世界上许多国家和地区引入所需要的树种。因此，我国应该对可能引种的外来树种遗传资源与引种栽培区做出长远规划，有计划地开展引种工作。该书的三位作者，王豁然、姜景民、仲崇禄，在分析总结已有研究成果的基础上，着眼长远目标，完成了这本具有战略意义的树木引种专著《澳大利亚树木引种指南》，对我国从澳大利亚引进更多有价值的树种铺垫了科学基础。这是一个良好范例，表明我国林业科学家的自觉性、责任心和崇高的使命感。

从澳大利亚旅行回来的人常说，澳大利亚自然景观完全不同于北半球。1770年，英国探险家库克（James Cook）船长航行到达澳大利亚东海岸，与其同船的植物学家班克斯（Joseph Banks）和索兰德（Daniel Solander）在悉尼以北登陆采集植物标本，于是库克将此地命名为植物湾（Botany Bay），从那时起，人们开始科学地认识澳大利亚桉树和其他植物。这些物种既是古老的，也是新生的，更是新奇的，将传统的分类学逼向了窘境。大约1亿年前，澳大利亚在晚白垩纪时期是冈瓦纳古陆的一部分，与南极相连，现在的澳大利亚植被是由温暖湿润气候下的热带雨林或温带雨林演化而来。生物学家认为，华莱士线（Wallace's line）是一条动物学上的永久分割线，一边是欧亚物种，另一边是大洋洲和新几内亚物种。但不仅仅对于动物的地理分布，对于许多植物物种来说，华莱士线也是重要的生物地理界线。因此，澳大利亚植物区系具有独特性，澳大利亚树木的冈瓦纳起源和孤立演化形成了今天地球上独特的森林地理景观。

澳大利亚是我国外来树种重要的地理来源（donor）之一。大约一个世纪以前，桉树（*Eucalyptus*）、木麻黄（*Casuarina*）、相思（*Acacia*）和银桦（*Grevillea*）等树种就引种到我国热带亚热带地区，作为工业人工林、环境保护和城乡绿化树种广泛栽培并得以驯化，成为本地区景观生态系统和生物多样性的重要组成部分。例如，木麻黄（*Casuarina* spp.）沿我国东海和南海构筑沿海防护林带，朱志淞先生在世时将其誉为"绿色万里长城"；许多相思树种在华东和华南地区已经融入当地森林生态系统，增强其环境保护功能。当然，桉树是最为重要的澳大利亚引种树种。据报道，中国桉树工业人工林的栽培面积已达 450 万 hm^2，约占全国森林总面积的 2%，但却生产了占全国总产量 1/4 以上的木材，促进了我国人工林业和纸浆工业的可持续发展。澳大利亚树种不仅在一定程度上改变了华南地区地理景观，而且成为这一地区历史文化的重要组成。或许可以说，澳大利亚树种几乎成为这一地区生物多样性的真正主角。

本书作者都是多年从事树木引种栽培的专家。王豁然是我国教育部向澳大利亚派出的第一个林学专业的留学生。1983 年，他还在澳大利亚国立大学学习时，我在写给他的信中说，吴中伦院士（时任中国林科院副院长）已经考虑他回国后的研究方向，可以从事树木引种驯化研究。该书是作者们多年进行澳大利亚树种引种驯化研究的经验总结，以生态植物地理学和森林遗传学理论为指导，在野外试验结果的基础上，写成的澳大利亚树木引种的简明扼要的应用指南。

本书分析了中国和澳大利亚在自然环境，特别是气候和植物区系方面的异同，从树木引种驯化的理论出发，提出澳大利亚树种向中国转移应该遵循的普遍原则和特殊原则。书中共收录了近 1400 种澳大利亚乔灌木树种，其中大多数树种是人们不甚熟知的。例如，多种相思（*Acacia* spp.）和山龙眼科的银桦属（*Grevillea*）、班克木属（*Banksia*）和哈克木属（*Hakea*）的许多树种，都是具有引种价值与应用潜力的森林遗传资源。该书还反映了最近 30 年来，澳大利亚在植物学研究方面的学科进展和成就，如桉树和相思的系统学研究所导致的分类学变化。我国政府高度重视环境建设和森林资源的保护与发展，提出构筑新丝绸之路经济带的宏伟战略，澳大利亚树种将在我国热带亚热带地区的工业人工林发展和景观生态建设中发挥巨大作用和应用潜力。我相信，该书既可以作为选择澳大利亚树种的手册，也可以作为研究澳大利亚森林植物地理的参考书。而且我还相信，很多读者在阅读时会感受到植物学方面的新奇。

我国著名林学家吴中伦院士曾说,"林木引种是试验树木学",换言之,野外试验结果是检验外来树种引种成功的标准。因此,在某种意义上,指南只是一种提示和启发,恰如作者所说,在于指示方向,具体道路还是要自己走的。

我赞赏我的朋友、同事,这三位作者的科学研究之责任感,期待这部富有远见、科学严谨和引人入胜的科学专著的问世,并欣然作序。

蒋有绪
中国林业科学研究院研究员
中国科学院院士
2016.06 于北京

A Scientific Guide to
Introduction of Australian Trees to China

Preface

It is a pleasure to contribute the preface to this important book, which significantly expands the scope of information on the Australian environment and vegetation that is conveniently accessible in the Chinese language. While the internet has become an invaluable medium for disseminating and retrieving information, books such as this are an essential tool in the process of collating and progressively augmenting the information that is the basis of expanding knowledge of the choice, domestication and use of trees.

Australian trees were first grown in other countries around 1800, and by 1900 there were significant plantings of eucalypts and acacias for industrial purposes. Popular accounts of their use in other countries are available, for example *Emigrant Eucalypts: Gum trees as exotics* (Melbourne University Press, 1978). The scale of these transfers expanded greatly from about 1950, reflecting increasing recognition of their potential to thrive in unfavourable environments, to make efficient use of better sites to achieve high growth rates and to provide valuable fuel, fiber and other products for domestic and industrial use.

In 1952 a eucalypt study tour in Australia was organized by the Food and Agriculture Organization (FAO) of the United Nations to provide a better understanding of the eucalypts in their natural habitat. Notes prepared for this tour were later used in two significant books—*Eucalypts for Planting* (FAO, 1955) and *Forest Trees of Australia* (Forestry and Timber Bureau, 1957). Each of these has been expanded in subsequent editions; *Forest Trees of Australia* (5th ed., 2006) has arguably become the most important single reference work for trees in Australia. It has attained this position because of progressive refinement and the addition of new information by a series of collaborating contributors over five decades. *A Chinese Appreciation of Eucalypts* (China Science Press, 2010) provides a valuable introduction to these and other seminal works.

Accompanying the expansion of information about trees in their natural habitat, experience of their success in cultivation has been gathered too. Notable titles include *Eucalypts for Planting, Black Wattle and its Utilization* (Chinese Forestry Press, 1992), *Eucalypts for Wood Production* (CSIRO, 1978), and *Australian Trees and Shrubs: Species for land rehabilitation and farm planting in the tropics* (ACIAR, 1997). *A Classification of the Eucalypts* (The Australian National University, Canberra, 1971) and *Eucalypt Domestication and Breeding* (Clarendon Press Oxford, 1993) are particularly valuable for understanding of the eucalypts, the most important trees of Australia.

The scientific basis for efficient, successful domestication of trees is now well understood. Landmarks in understanding the genetic components of this process include —

- the work of Vilmorin in France who in 1820 planted 20 provenances of Scots pine in what is probably the first documented provenance trial of a forest tree species;
- the support by FAO over some four decades from about 1960 to the Australian Government's program of systematic collection, documentation and distribution of seed of Australian trees of international interest managed by the Australian Tree Seed Centre. This seed was shared freely with scientists in other countries under a number of arrangements. Over 12 years from 1990 to 2002, China received 147kg comprising 4280 seedlots of eucalypts for species and provenance testing;
- the evolution of breeding strategies adapted to the biological characteristics of the species of interest and available resources, for example by B.J. Zobel, W.J. Libby and others;
- the development of breeding plans and their publication so that advances in thinking could be shared and input solicited. This seemingly modest step is a good insurance against personnel and organisational changes that otherwise may result in breeding programs losing their way.

Collaboration has been a prominent feature of these processes. At the international level, this has been fostered by FAO and the International Union of Forest Research Organizations (IUFRO). International development assistance organisations have been important too: programs of the Australian Centre for International Agricultural Research (ACIAR) have operated successfully for more than three decades in a number of countries, mainly in the Asia-Pacific region. Many research institutions, for instance, the Division of Forestry and Forest Products, CSIRO, the Queensland Department of Forestry (and its successors) and the Chinese Academy of Forestry, and scientists in Provincial research organisations have formed effective partnerships to undertake significant studies and to pass on their accumulated knowledge to succeeding generations. This book is an excellent example.

Alan Brown
Member of the Order of Australia（AM）
Member of the Australian Academy of Technical Sciences and Engineering（ATSE）
Fellow of the Institute of Foresters of Australia（FIFA）
Canberra，May 2016

布朗序（中文翻译）

很高兴为这部重要著作撰写序言。

该书显著地拓展了理解澳大利亚环境和植被的中文资料的范畴。特别是在互联网已经成为扩散知识和获取信息的重要媒体的时代，在文献资料归纳整理和不断扩充的过程中，这样的书籍，作为树种选择、驯化和利用的依据已经成为不可或缺的重要工具。

大约从 1800 年开始，澳大利亚树木引种栽培于其他国家，至 1900 年，已经有很多为各种工业目的而建立的桉树和相思人工林。有许多书籍对澳大利亚树木在其他国家的利用状况做了通俗描写，如《桉树迁徙——作为外来树种的桉树》（墨尔本大学出版社，1978）。大约从 1950 年开始，树种引种范围不断扩展，这意味着人们认识到桉树在不利环境中能够存活，在较好立地上会生长更快，生产有价值的燃料、纤维和其他家用与工业产品。

1952 年，FAO 组织了一次澳大利亚桉树考察，目的在于更好地认识和理解自然栖息地的桉树。这次考察笔记，后来用于编写两部重要著作——《桉树栽培》（FAO，1955；中文版 1979，罗马-作者注）和《澳大利亚的森林树木》（Forestry and Timber Bureau，1957）。后者经过多次增订，即现在的《澳大利亚的森林树木》（第 5 版，2006），已经成为认识和研究澳大利亚树木最有参考价值的单一部头巨著。这部书之所以达到如此重要的位置，归功于诸多合作者在过去的 50 年中，不断添砖加瓦，凝练和增添新的文献资料，使之锦上添花。《桉树生物学概论》（王豁然，2010，科学出版社，北京）对这两部和其他影响深远的著作做了精辟的介绍和引证。

随着关于树木在自然栖息地生长表现的资料的增加，和对其栽培方面的成功经验的搜集和积累，已有多部著作问世，如《桉树栽培与黑荆树及其利用》（中国林业出版社，1992）、《桉树培育与利用》（CSIRO，1978；王豁然等译，中国林业出版社，1990）和《澳大利亚乔灌木树种：用于热带地区土地恢复和农地栽植》（ACIAR，1997）。《桉树分类》（澳大利亚国立大学出版社，堪培拉，1971；王豁然译，东北林业大学出版社，1986）和《桉树驯化与育种》（Clarendon Press，牛津，1993），对于澳大利亚最重要的树种桉树的认识和理解尤其具有重要价值。

现在，人们对有效与成功地驯化树木的科学基础已有充分理解。在树木驯化过程中，有些工作对于遗传因素的理解堪称具有里程碑式的意义，这些工作包括：

- 法国人 Andre de Vilmorin 的工作。他于 1820 年栽植了包括 20 个地理种源的欧洲赤松，这可能是有文献记载的第一个森林树种的地理种源试验（参阅 Wright J W, Bull W I. 1963. Geographic variation in Scots pine. Silvae Gen，12: 1-40. 作者注）；
- 澳大利亚林木种子项目，这是一项由 FAO 支持的、澳大利亚林木种子中心执行的澳大利亚政府项目。该项目在自 1960 年以来的 40 年期间，系统采集、记载和分配国际需要的澳大利亚林木种子。根据安排,这些种子与其他国家的科学家无偿共享。在 1990~2002 年的 12 年间,中国收到各种桉树种子 147kg,4280 个种批,用于树种和地理种源试验;

- 对那些人们既感兴趣并且资源可得的树种的生物学性状所采用的育种策略的演变,如 B.J. Zobel 和 W.J. Libby 及其他学者所做的工作;
- 育种计划的制订与公开发表,不仅使之共享,付诸实施,而且可以推进育种思想。这看起来只是举手之劳,却可以保证育种计划免受人员和机构变动的影响,否则育种项目可能夭折于途,失去方向。

合作是这些过程中贯穿始终的突出特点。在国际水平上,联合国粮农组织(FAO)和国际林业研究组织联盟(IUFRO)一直倡导和促进合作。一些国际发展援助组织也起着重要作用,在过去的 30 多年中,澳大利亚国际农业研究中心(ACIAR)在很多国家成功地执行了许多项目,主要是在亚洲太平洋地区。许多研究机构,如澳大利亚联邦科学与工业研究组织(CSIRO)林业与林产品研究所和昆士兰州林业部与中国林业科学研究院之间,这些研究机构和省级研究机构的科学家之间,已经形成了富有成效的合作伙伴关系,开展重要的科学研究,并且将他们所累积的科学知识传授给青年一代。

本书就是一个极好范例。

艾伦·布朗
澳大利亚总督勋章获得者
澳大利亚技术科学工程院院士
澳大利亚林学会终身荣誉会员
2016.05 于堪培拉

作者自序

澳大利亚历史学家麦金泰尔（S. Macintyre）（2009）说，英国钢铁制成的斧头砍在南半球桉树上发出巨大的声响，打破了冈瓦纳古陆的亘古沉寂。于是，澳大利亚现代文明开始了！

澳大利亚作家 M. Day（1999）试图为澳大利亚勾勒一幅肖像，"在这片红棕色的辽阔大地，到处感受到强烈跳动的脉搏"，"的确，我们并非尽善尽美，然而，我们还是要说，这是世界上最伟大的国家，我们不想居住在世界上任何其他地方"。

澳大利亚充满神秘色彩，以独特的魅力吸引着世界上许多人，尤其是生物学家。这在很大程度上归因于其古老的地形及奇异的动物、鸟类和昆虫，尤其是那些令人着迷的特有树木和其他植物。这些独特的动植物区系与其借以生存进化的自然环境一起，使澳大利亚成为我们星球上很独特的地方（Barlow，1981；Specht，1981）。

1697 年，荷兰人 Wilhelm Vlaming 在西澳大利亚天鹅河（Swan River）地区采集两份植物标本，后来经鉴定，一份是山龙眼科刺果西娜菲[*Synaphea spinulosa*（Burm.f.）Merr.]，另一份是红眼相思[*Acacia truncate*（Burm.f.）Hoffmanns.]，标本无花无果，现在收藏于日内瓦植物园腊叶标本室，这可能是欧洲人最早采集到的澳大利亚植物标本（Morley and Toelken，1983；Wrigley and Fagg，1989）。

然而，对于澳大利亚植物资源较大规模的早期探索、勘察和采集却是从 1770 年开始的。英国库克船长（Captain James Cook，1728～1779）的奋进号（Endeavour）探险船于 1770 年 4 月 28 日在悉尼北面的植物湾（Botany Bay）停泊，船上同行的植物学家班克斯（Joseph Banks，1743～1820）和索兰德（Daniel Solander）上岸采集植物标本。他们发现，当地的植物区系与当时已经科学认识的任何地区的植物区系都截然不同。1771 年 7 月 12 日，奋进号返回英国，带回大量的澳大利亚植物标本和种子。这些植物材料，包括后来以班克斯名字命名的班克木属（*Banksia*）和许多其他植物，如银桦属（*Grevillea*）、桉属（*Eucalyptus*）与相思属（*Acacia*）等多种树木种子，后来这些种子在声名鹊起的李氏-肯尼迪（Lee and Kennedy）苗圃育成苗木。当时，种植这些澳大利亚树木似乎成为一种时尚，于是该苗圃与奥地利和法国等欧洲国家进行树种交换。从那时起，澳大利亚树种被引种到英国，随后扩散到欧洲其他国家（Morley and Toelken，1983）。

英国植物学家边沁（G. Bentham，1800～1884）将对澳大利亚植物资源的早期探索成果，写进其里程碑式的巨著《澳大利亚植物志》（*Flora of Australiensis*），于 1861～1878 年以 7 卷本形式发表。同时，边沁还与虎克（J.D. Hooker，1817～1911）合作，完成了另一部宏伟的植物学巨著《植物属志》（*Genera Plantarum*），即对世界有花植物各属的描述。边沁的皇皇巨著，为澳大利亚有花植物分类奠定了坚实的科学基础，不仅帮助许多植物学家摆脱分类学的窘境，而且多年以来一直具有重要的参考价值，成为研究澳大利亚植物的经典著作（Morley and Toelken，1983）。

Zacharin（1978）在考证桉树引种和迁移一书中说，尽管传说中国人对澳大利亚以北的太平洋诸多岛屿很早就很熟悉，或许也知道澳大利亚大陆，但是，没有证据表明，中国人将任何一种桉树成功地引种到中国人的居住地区。清朝驻意大利公使吴宗濂（1856~1933）《奏请移植桉树片》（吴宗濂，1910）和澳大利亚记者莫理循（1894）关于从中国到缅甸旅行的描述中提到的桉树，也许是我国最早引种的澳大利亚树种，至于是否有其他澳大利亚树种早于桉树引种到中国，尚需研究考证。

当我们在澳大利亚旅行时，正是森林和树木，构成对我们的视觉产生最强烈冲击的地理景观。与我们在北半球司空见惯的树木相比，澳大利亚树木在外貌和色彩上都很特别。于是，我们会情不自禁地发问，这些树木都是哪些种类？其生长环境有何特别之处？中国可以引种栽培吗？我们试图通过此书简明扼要地给出答案，提供理论和技术指南。

大洋洲和美洲是中国外来树种的主要地理来源，即外来树种基因资源之主要贡献者（donor）。一个世纪以来，澳大利亚树种从海上丝绸之路进入中国。新的"一带一路"的宏伟发展战略，新的丝绸之路经济带的建设，将要求更多的外来树种用于中国人工林的发展，用于环境保护和景观建设，绿化城乡四野，装点大地江山，使中国更加繁荣美丽。

30多年以前，吴中伦院士等编著的《国外树种引种概论》中包含很多澳大利亚树种（吴中伦等，1983）；吴中伦教授很想寻找耐寒能力较强的桉树，扩大桉树人工林的栽培范围，寻找能够生长在亚热带地区的相思树种（*Acacia* spp.），改良和提高马尾松林分生产力，并且希望在适当的时候对此书进行修订（王豁然等，2005）。

在过去的30多年里，我们一直从事澳大利亚树木引种驯化的理论研究和野外试验。在理论和实践上，积累一定的知识和经验。我们想通过这本书，让读者了解中国已经引种了多少澳大利亚树种，还有哪些树种尚未引种，但是具有引种开发和应用潜力，用来构筑21世纪丝绸之路经济带。同时，我们还希望在一定程度上慰藉吴中伦先生的未竟之愿。

本书共4章：

第1章，概括澳大利亚的自然环境，使读者基本了解澳大利亚树种的起源与演化的自然历史与地理背景，深入了解澳大利亚树木的生物学特性。

第2章，介绍澳大利亚木本植物基因资源，比较中国和澳大利亚植物区系特点，了解重要的澳大利亚树木科与属的主要形态特征和生态习性。

第3章，概括澳大利亚树木在中国人工林的发展、环境保护和景观建设中的重要性，启发进一步思考和瞻望澳大利亚树木引种的前景。

第4章，树种条目与引种驯化要旨，是本书的核心部分。每个树种条目简要描述树种的基本形态学特征、分布区和生态特性，指出是否已经引种和引种的潜在可能性。

本书共收录25科69属1408种。从表1中可以看出，包含分类群数目最多的是桃金娘科、含羞草科、山龙眼科和木麻黄科，实际上，我国已经引种最多的是桉属和相思属，山龙眼科在将来会有更大的引种潜力。

表1　本书所包括的科属种概览（括号内为该属内种的数目）

科名	种数	属名与属内种数
Araliaceae 五加科	1	*Schefflera* 鹅掌柴属（1）
Araucariaceae 南洋杉科	6	*Agathis* 贝壳杉属（3）；*Araucaria* 南洋杉属（2）；*Wollemia* 吾乐米杉属（1）
Atherospermataceae 香皮茶科	3	*Atherosperma* 香皮茶属（1）；*Doryphora* 澳洲檫木属（2）
Bombacaceae 木棉科	1	*Adansonia* 猴面包树属（1）
Casuarinaceae 木麻黄科	84	*Allocasuarina* 异木麻黄属（59）；*Casuarina* 木麻黄属（10）；*Ceuthostoma* 隐孔木麻黄属（2）；*Gymnostoma* 裸孔木麻黄属（13）
Caesalpiniaceae 云实科	2	*Barklya* 假丁香属（1）；*Storckiella* 白豆属（1）
Cupressaceae 柏科	2	*Callitris* 澳洲柏属（2）
Cunoniaceae 火把树科	3	*Ceratopetalum* 角萼木属（2）；*Schizomeria* 裂冠木属（1）
Davidsoniaceae 澳梅科	3	*Davidsonia* 澳梅属（3）
Lauraceae 樟科	11	*Endiandra* 土楠属（11）
Malvaceae 锦葵科	2	*Brachychiton* 瓶树属（2）
Meliaceae 楝科	3	*Dysoxylum* 樫木属（2）；*Toona* 香椿属（1）
Mimosaceae 含羞草科	418	*Acacia* 相思属（410）；*Archidendron* 猴耳环属（6）；*Paraserianthes* 假合欢属（2）
Moraceae 桑科	8	*Ficus* 榕属（8）
Myrtaceae 桃金娘科	692	*Acmena* 肖蒲桃属（1）；*Agonis* 薄荷树属（1）；*Angophora* 杯果木属（10）；*Austromyrtus* 澳洲桃金娘属（1）；*Callistemon* 红千层属（25）；*Corymbia* 伞房属（91）；*Eucalyptus* 桉属（486）；*Leptospermum* 澳洲茶属（11）；*Lophostemon* 鸡冠胶木属（2）；*Melaleuca* 白千层属（60）；*Placospermum* 长叶山龙眼属（1）；*Syncarpia* 红胶木属（1）；*Syzygium* 蒲桃属（2）
Papilionaceae 蝶形花科	6	*Bossiaea* 褐豆属（1）；*Castanospermum* 栗豆树属（1）；*Daviesia* 苦豆属（2）；*Erythrophleum* 格木属（1）；*Sesbania* 田菁属（1）
Podocarpaceae 罗汉松科	6	*Phyllocladus* 芹叶罗汉松属（1）；*Podocarpus* 罗汉松属（5）
Proteaceae 山龙眼科	126	*Banksia* 班克木属（36）；*Buckinghamia* 白金汉木属（2）；*Hakea* 哈克木属（27）；*Grevillea* 银桦属（38）；*Isopogon* 鼓槌树属（2）；*Lambertia* 蓝柏树属（1）；*Macadamia* 澳洲坚果属（2）；*Musgravea* 缪斯银桦属（2）；*Oreocallis* 山鬼属（1）；*Orites* 山白蜡属（1）；*Persoonia* 棘崩属（3）；*Petrophile* 沙棍属（1）；*Stenocarpus* 火轮树属（2）；*Telopea* 华雅达属（5）；*Xylomelum* 木梨属（3）
Rhamnaceae 鼠李科	2	*Alphitonia* 麦珠子属（2）

续表

科名	种数	属名与属内种数
Rutaceae 芸香科	4	*Flindersia* 福林德属（3）；*Geijera* 吉枝木属（1）
Santalaceae 檀香科	4	*Santalum* 檀香属（4）
Sapindaceae 无患子科	1	*Diploglottis* 酸果树属（1）
Sterculiaceae 梧桐科	14	*Argyrodendron* 布榕属（3）；*Eremophila* 爱沙木属（11）
Xanthorrhoeaceae 黄脂木科	5	*Xanthorrhoea* 草树属（5）
澳洲苏铁科 Zamiaceae	1	*Macrozamia* 大泽米苏铁属（1）
合计	1408	25科69属1408种

树种名称索引，是按属名的拉丁文字母顺序排列的，易于查找。对于每个属，都做了简要介绍，读者可以把握属的总体特征。在每个属内，树种则是按着种名拉丁文字母顺序排列的。对于每一种，概括介绍形态特征、生态习性和自然分布区，是否已经引种或可能引种到我国哪些省区。

此书为三个人合作编著。

仲崇禄撰写木麻黄科和桃金娘科中的红千层属和白千层属。

姜景民撰写香皮茶科、云实科、火把树科、澳梅科、樟科、鼠李科、芸香科、檀香科、无患子科、含羞草科、桃金娘科澳洲茶属与鸡冠胶木属、梧桐科、楝科香椿属、山龙眼科白金汉木属与澳洲坚果属。

王豁然撰写前言、第1章、第2章、第3章，裸子植物和其余各科属，架构统稿全书。

鉴于本书的指南性质，语言务求简洁，资料准确实用，对于引种地区的判断，则是根据树木引种驯化一般规律和澳大利亚树种的特殊性与我们的经验。读者在寻求具体树种时，还必须参考更多的文献或咨询专家，获取更详细的资料。

树种的取舍，重点包括澳大利亚东部地区的用材和观赏树种，因为中国已经引种成功的树种都是来自东部。对于西部地区具有特殊和重要价值的树种，也尽量包括进来。用于观赏目的和花卉产业的树木栽培，不同于建立工业人工林，也许会有更多的成功机会。

在分类学上，鉴于中国已经引进的树种多属于桃金娘科（Myrtaceae）、含羞草科（Mimosaceae）、木麻黄科（Casuarinaceae），针叶树则是南洋杉科（Araucariaceae），因此在本书中，我们给予山龙眼科（Proteaceae）和其他应用于观赏绿化的灌木树种以更多篇幅，特别是相思属（*Acacia*）和班克木属（*Banksia*）。

树种的中文译名，以约定俗成为原则。没有中文译名的，则根据种名拉丁文含义或英文俗名确定，尽量显示树种特征。桉树名称与王豁然（2010）《桉树生物学概论》一致。

在第4章的树种条目中，中国各省区采用地理简称，如广东为粤，广西为桂，余类推；对于澳大利亚各州之名称以2或3个大写英文字母表示：ACT—Australian Capital Territory（澳大利亚首都特区）；NSW—New South Wales（新南威尔士州）；NT—Northern Territory（澳大利亚北方领土特区）；QLD—Queensland（昆士兰州）；SA—South Australia（南澳大利亚州）；VIC—Victoria（维多利亚州）；TAS—Tasmania（塔斯马尼亚州）； WA—Western Australia（西澳大利亚州）。另外，NZ—New Zealand（新西兰）；PNG—Papua New Guinea（巴布亚新几内亚）。

本书尽管具有指南性质，为读者寻找澳大利亚树种提供线索，但是在某种程度上却反映出澳大利亚植物学的研究进展和新的成果，如桉树和相思的分类系统变化。因此，从事澳大利亚树木引种驯化和森林植物地理研究的科研和教学人员将其作为参考文献，生产技术人员，森林植物遗传资源保存与经营者，环境与景观设计师，特别是东南沿海地区、华南和西南地区的绿化苗木和苗圃经营者，可以将本书作为工具书，而相关生物学科的博物学者和森林树木与花卉爱好者会从阅读中获得乐趣。

指南之要义，在于指示方向，判别南北西东，具体道路还是要自己走的。

如有错误，诚谢读者指正。

王豁然

2016.06 于北京玉泉山下

目　　录

鸣谢
蒋有绪序
布朗序
　英文原版
　中文翻译
作者自序

第 1 章　澳大利亚的自然环境 ·· 1
　1.1　地形 ··· 1
　1.2　土壤 ··· 2
　1.3　气候 ··· 2
　1.4　火 ·· 4
　1.5　澳大利亚主要森林植被类型 ··· 4

第 2 章　澳大利亚森林遗传资源 ····································· 8
　2.1　澳大利亚植物区系特点 ·· 8
　2.2　重要的木本植物科属 ··· 9
　　2.2.1　裸子植物（Gymnosperms） ····································· 9
　　2.2.2　被子植物（Angiosperms） ····································· 10

第 3 章　中国引种的澳大利亚树木 ································ 15
　3.1　澳大利亚树种向中国转移的一般原则 ···························· 16
　3.2　澳大利亚树种向中国转移的具体要点 ···························· 16
　3.3　澳大利亚树木在中国工业人工林的应用 ························ 17
　3.4　澳大利亚树木在中国环境保护与景观建设中的应用 ········ 18
　3.5　澳大利亚树木的历史文化价值 ······································ 20
　3.6　澳大利亚树木基因资源保存 ··· 21

第 4 章　树种条目　A—Z ··· 23

　A
　Acacia Miller，相思属 ··· 23
　Acmena DC.，肖蒲桃属 ·· 57
　Adansonia L.，猴面包树属 ··· 57
　Agathis Salisb.，贝壳杉属 ·· 57

Agonis（DC.）Sweet，薄荷树属 ········ 58
Allocasuarina L.A.S. Johnson，异果木麻黄属 ········ 58
Alphitonia Reiss. ex Endl.，麦珠子属 ········ 62
Angophora Cav.，杯果木属 ········ 62
Araucaria Juss.，南洋杉属 ········ 63
Archidendron F. Muell.，猴耳环属 ········ 63
Argyrodendron F. Muell.，布榕属（银木属） ········ 64
Atherosperma Labill.，香皮茶属 ········ 65
Austromyrtus（Nied.）Burret，澳洲桃金娘属 ········ 65

B

Banksia L.f.，班克木属 ········ 66
Barklya F. Muell.，假丁香属 ········ 71
Bossiaea Vent.，褐豆属 ········ 71
Brachychiton Schott & Endl.，瓶树属 ········ 71
Buckinghamia F. Muell.，白金汉木属 ········ 72

C

Callistemon R. Br.，红千层属 ········ 73
Callitris Vent.，澳洲柏属 ········ 75
Castanospermum A. Cunn. ex Hook.，栗豆树属 ········ 76
Casuarina Adans.，木麻黄属 ········ 76
Ceratopetalum Sm.，角萼木属 ········ 77
Ceuthostoma L.A.S. Johnson，隐孔木麻黄属 ········ 78
Corymbia K.D. Hill & L.A.S. Johnson，伞房属 ········ 78

D

Davidsonia F. Muell.，澳梅属 ········ 84
Daviesia Sm.，苦豆属 ········ 84
Diploglottis Hook.f，酸果树属 ········ 85
Doryphora Endl.，澳洲檫木属 ········ 85
Dysoxylum Bl.，樫木属 ········ 85

E

Endiandra R. Br.，土楠属 ········ 87
Eremophila R. Br.，爱沙木属 ········ 87
Erythrophleum Afzelius ex R. Brown，格木属 ········ 89
Eucalyptus L'Héritier，桉属 ········ 89

F

Ficus L.，榕属 ········ 120

Flindersia R. Br.，福林德属 ······ 120

G
Geijera Schott，吉枝木属 ······ 122
Grevillea R. Br.，银桦属 ······ 122
Gymnostoma L.A.S. Johnson，裸孔木麻黄属 ······ 128

H
Hakea Schrad. & J.C.Wendl.，哈克木属 ······ 130

I
Isopogon R. Br.，鼓槌树属 ······ 133

L
Lambertia Sm.，蓝柏树属 ······ 134
Leptospermum J.R. Forster & G. Forster，澳洲茶属 ······ 134
Lophostemon Schott，鸡冠胶木属 ······ 135

M
Macadamia F. Muell.，澳洲坚果属 ······ 136
Macrozamia Miq.，大泽米苏铁属 ······ 136
Melaleuca L.，白千层属 ······ 136
Musgravea F. Muell.，缪斯银桦属 ······ 144

O
Oreocallis R. Br.，山鬼属 ······ 145
Orites R. Br.，山白蜡属 ······ 145

P
Paraserianthes I.C. Nielsen，假合欢属 ······ 146
Persoonia Sm.，棘崩属 ······ 146
Petrophile R. Br. ex Knight，沙棍属 ······ 146
Phyllocladus Rich. ex Mirb.，芹叶罗汉松属 ······ 147
Placospermum C.T. White & W.D. Francis，长叶山龙眼属 ······ 147
Podocarpus L'Hèrit. ex Pers.，罗汉松属 ······ 147

S
Santalum L.，檀香属 ······ 148
Schefflera J.R. Forst. & G. Forst.，鹅掌柴属 ······ 148
Schizomeria D. Don，裂冠木属 ······ 149
Sesbania Scop.，田菁属 ······ 149
Stenocarpus R. Br.，火轮树属 ······ 149
Storckiella Seem，白豆属 ······ 150

Syncarpia Ten., 红胶木属 ······ 150
Syzygium Gaertn., 蒲桃属 ······ 150

T

Telopea R. Br., 华雅达属 ······ 151
Toona（Endl.）M. Roem, 香椿属 ······ 151

W

Wollemia W. G. Jones, K.D. Hill & J.M. Allen, 吾乐米杉属 ······ 152

X

Xanthorrhoea Sol. ex Sm.（Syn. *Acoroides* Sol. ex Kite), 草树属 ······ 153
Xylomelum Sm., 木梨属 ······ 153

参考文献 ······ 155

术语解释 ······ 159

图版

Contents

Acknowledgements
Preface by Jiang Youxu
Preface by Alan Brown
    English and Chinese translation
Preface by the author

Chapter 1　Physical Environment of Australia ·· 1
   1.1　Topography ·· 1
   1.2　Soil ·· 2
   1.3　Climate ·· 2
   1.4　Wildfire ··· 4
   1.5　Major Types of Australian Forest Vegetation ·· 4

Chapter 2　Forest Genetic Resources of Australia ·· 8
   2.1　The Characteristics of Australian Flora ·· 8
   2.2　The Important Families and Genera of Australian Woody Plants ·············· 9
      2.2.1　Gymnosperms ··· 9
      2.2.2　Angiosperms ·· 10

Chapter 3　Australian Trees Grown in China ··· 15
   3.1　General Principles of Species Transfer from Australia to China ·············· 16
   3.2　The Specific Rules of Introducing Woody Species from Australia to China ········ 16
   3.3　Australian Trees Utilized in the Commercial Forest Plantations of China ············ 17
   3.4　Utilization of Australian Trees in the Environmental Conservation of China ········ 18
   3.5　Remarks on the Historical and Cultural Values of Australian Trees
       Planted in China ·· 20
   3.6　Gene conservation of introduced Australian trees ···································· 21

Chapter 4　Entries of Species　A—Z ··· 23
   A
   Acacia Miller ·· 23
   Acmena DC. ··· 57
   Adansonia L. ·· 57
   Agathis Salisb. ·· 57
   Agonis（DC.）Sweet ··· 58
   Allocasuarina L.A.S. Johnson ·· 58

Alphitonia Reiss. ex Endl. ··········· 62
Angophora Cav. ··········· 62
Araucaria Juss. ··········· 63
Archidendron F. Muell. ··········· 63
Argyrodendron F. Muell. ··········· 64
Atherosperma Labill. ··········· 65
Austromyrtus（Nied.）Burret ··········· 65

B

Banksia L.f. ··········· 66
Barklya F. Muell. ··········· 71
Bossiaea Vent. ··········· 71
Brachychiton Schott & Endl. ··········· 71
Buckinghamia F. Muell. ··········· 72

C

Callistemon R. Br. ··········· 73
Callitris Vent. ··········· 75
Castanospermum A. Cunn. ex Hook. ··········· 76
Casuarina Adans. ··········· 76
Ceratopetalum Sm. ··········· 77
Ceuthostoma L.A.S. Johnson ··········· 78
Corymbia K.D. Hill & L.A.S. Johnson ··········· 78

D

Davidsonia F. Muell. ··········· 84
Daviesia Sm. ··········· 84
Diploglottis Hook.f ··········· 85
Doryphora Endl. ··········· 85
Dysoxylum Bl. ··········· 85

E

Endiandra R. Br. ··········· 87
Eremophila R. Br. ··········· 87
Erythrophleum Afzelius ex R. Brown ··········· 89
Eucalyptus L'Héritier ··········· 89

F

Ficus L. ··········· 120
Flindersia R. Br. ··········· 120

G

Geijera Schott ··········· 122
Grevillea R. Br. ··········· 122
Gymnostoma L.A.S. Johnson ··········· 128

H
Hakea Schrad. & J.C.Wendl. ·· 130

I
Isopogon R. Br. ·· 133

L
Lambertia Sm. ··· 134
Leptospermum J.R. Forster & G. Forster ··· 134
Lophostemon Schott ··· 135

M
Macadamia F. Muell. ··· 136
Macrozamia Miq. ··· 136
Melaleuca L. ··· 136
Musgravea F. Muell. ·· 144

O
Oreocallis R. Br. ·· 145
Orites R. Br. ·· 145

P
Paraserianthes I.C. Nielsen ·· 146
Persoonia Sm. ·· 146
Petrophile R. Br. ex Knight ··· 146
Phyllocladus Rich. ex Mirb. ··· 147
Placospermum C.T. White & W.D. Francis ·· 147
Podocarpus L'Hérit. ex Pers. ·· 147

S
Santalum L. ··· 148
Schefflera J.R. Forst. & G. Forst. ··· 148
Schizomeria D. Don ··· 149
Sesbania Scop. ·· 149
Stenocarpus R. Br. ··· 149
Storckiella Seem ·· 150
Syncarpia Ten. ··· 150
Syzygium Gaertn. ··· 150

T
Telopea R. Br. ··· 151
Toona（Endl.）M. Roem ··· 151

W
Wollemia W. G. Jones，K.D. Hill & J.M. Allen ··· 152

X
Xanthorrhoea Sol. ex Sm.（Syn. *Acoroides* Sol. ex Kite） ··············· 153
Xylomelum Sm. ··············· 153

References ··············· 155
Glossary ··············· 159
Color Plate

第 1 章 澳大利亚的自然环境

澳大利亚位于南半球,其地理位置为 10º41′S~43º39′S 和 113º09′E~153º39′E,平均海拔 300m,为太平洋和印度洋所包围。澳大利亚南北跨度 3700km,东西延伸 4000km,全国总面积 768 万 km²,约占地球陆地面积 5%,其中 1/3 以上的国土位于南回归线(23º26′S)以北。

澳大利亚是地球上最古老、最干燥和最平坦的大陆。大陆漂移学说认为,在白垩纪以前,澳大利亚曾是冈瓦纳古陆(Gondwanaland)的一部分。自始新世以来,每年向北漂移 66mm,现在澳大利亚大陆的南部海岸线处在 35ºS(Hall *et al.*,1972;Boland *et al.*,2006)。

1.1 地 形

澳大利亚全国的地形大致划分为 3 种类型:东部沿海丘陵、中央盆地(interior lowlands)和西部高原(Hall *et al.*,1972;Brown and Turnbull,1986)。

澳大利亚受亚热带高气压及东南信风的控制和影响,沙漠和半沙漠占全国面积的 35%。东部为山地丘陵,自北向南沿海岸伸展,从约克角半岛直至塔斯马尼亚岛,以大分水岭(Great Dividing Range)为主体,从海岸向内陆扩展 150~400km,是很多河流的分水岭,也是澳大利亚森林植被发育最好的地区。中部为低地平原,海拔在 300m 以下,为沉积岩层所覆盖,地表很少起伏。西部为高原,多为沙漠和半沙漠,海拔 200~500m,也有一些海拔 1000~1200m 的横断山脉。澳大利亚土地面积的 87%处于海拔 500m 以下,只有 0.5%的土地高于海拔 1000m。科修斯科山(Mt. Kosciusko)海拔 2228m,是澳大利亚全境最高峰。

澳大利亚西半部为高原,大部分地区海拔为 300~600m。有些崎岖山脉,如麦克唐奈尔(MacDonnell)山脉、马斯格拉夫(Musgrave)山脉和哈默斯利(Hamersley)山脉达到 1000~1500m。西部高原的南缘是努拉波平原(Nullarbor Plain),高原中部则是 3 个浩瀚沙漠:大沙沙漠(Great Sandy Desert)、吉布森沙漠(Gibson Desert)和维多利亚大沙漠(Great Victoria Desert)。沙漠瀚海,一望无垠,除东西大铁路沿线偶见房屋外,其余地区渺无人烟,唯见莽莽沙丘,绵亘千里。

中部平原的海拔大部分在 300m 以下,平缓或稍有起伏,非常干燥。同西部高原一起构成澳大利亚的干旱地区,占全部国土面积的 1/2 以上,包括西澳大利亚的大部分、北方领土的南半部和南澳大利亚的西部。

澳大利亚没有大的河流,河流水量很小。在大陆的东南部,即大分水岭西侧的湿润区,最大的河流墨累河(Murray River)发源于此,与其两条支流,即达令河(Darling River)和玛如必吉河(Murrubidgee River)一起形成流域。但是,在 1895~1903 年连续干旱期间，玛如必吉河一度干涸，在河床上举行过赛马（Hall et al.，1972）。

许多河流都是时断时续的。有时在持续几小时的暴雨之后，干涸的河床溢满。在大部分干旱和半干旱地区，没有地表水。西部高原大部分地区没有相互衔接的水系。中部和西部地区的许多河流水系常常在沙漠中出现，在沙漠中消失，因此在干旱地区常常形成许多盐湖。

干旱地区东部除南面有些永久性河流以外，地表水的供应非常有限。但是，这一地区的自流水资源非常丰富。大自流盆地在土地利用和畜牧业发展中起着重要作用（Hall et al.，1972）。在这些干旱地区，偶尔也可见到小面积的乔灌木植物群落，这些群落的发生已超出降水量的限制，但是古老水系河道的残余形成小块集水区，为树木的正常生长发育提供了小生境，形成片片绿洲（Brown and Turnbull，1986）。

1.2 土　　壤

澳大利亚常被称作红色的土地，因为大部地区都是红壤。从地质年代来说，澳大利亚大陆是古老的陆块。自白垩纪从冈瓦纳古陆分离出来以后，澳大利亚大陆没有发生造山运动、冰川和火山活动，因此陆地表面是古老的，经受了长期的风化和侵蚀。在这样的地质条件下形成的澳大利亚土壤，总的特点是古老、干燥和贫瘠，自然生产力很低（Stephens，1963；Brown and Turnbull，1986）。

澳大利亚土壤营养元素含量低，土壤普遍缺磷，而硼和锌等微量元素则严重缺乏。第三纪中期，澳大利亚大部地区具有热带气候，气温高，季节性降雨丰沛，砖红壤化过程通过淋溶，磷被逐渐地固定于铁铝络合物之中，致使土壤的物理化学性质变劣，肥力衰减（Beadle，1981；Florence，1981；Pate and McComb，1981）。西半部的母岩主要是花岗岩和片麻岩，东半部则主要是变质岩；沉积岩占有很高比例。成土母质以各类沉积（冲积、塌积、风积）物和第三纪红土为主。红土一般肥力较低，因土壤大多来源于沉积岩或冲积、风积母质，故普遍贫瘠，但在东部地区主要河流两岸形成的冲积土，则具有较高的肥力。森林土壤主要有红壤、灰化土、沥滤土、黄壤、腐殖质土等。Attiwill 和 Adams（1996）深入分析了澳大利亚森林土壤的营养状态，特别是土壤营养元素对桉树地理分布及其进化过程的影响。

Beadle（1981）描述了澳大利亚土壤的八大土类（Great Soil Group），包括 44 个类型，概括了不同土类的剖面发育程度和淋溶程度，分布的地区及与之相联系的降水量和森林植被类型，很有助于理解澳大利亚森林树种的分布与土壤之间的相互关系（王豁然，2010）。

1.3 气　　候

澳大利亚气候主要属于热带亚热带类型，仅南部一小部分属温带气候。全国不存在冬寒气候，没有寒潮侵袭；最南部的塔斯马尼亚岛接近南极，地理纬度 40ºS～43.5ºS，最冷月平均温度也仅约 7℃（Bureau of Meteorology，1982）。但是，澳大利亚是沿着回归线方向伸展的巨大岛屿，其内陆常常遭受 50℃高温，1/2 以上国土面积的年降雨量小于 300mm。年平均温度 24℃等温线基本与南回归线一致，此线以北为热带地区，而年均温 18℃等温线基本与 30ºS 一致，可以视作亚热带的分界线。夏季从 11 月至次年 4 月，反气旋从西向东掠过澳大利亚南缘，干旱炎热，北方地区则受西北太平洋季风影响，湿热多雨（Gaffney，1973；Bureau of Meteorology，1982）。不言而喻，温度影响树木的分布，对其垂直分布的影响更为明显，树木线高度在科修斯科山达到海拔 2000m，在塔斯马尼亚只有 1300m（Boland et al.，2006）。

澳大利亚大陆被认为是最干燥的大陆，大陆面积的 37%地区年降雨量不到 250mm，68%的土地面积年降雨量在 500mm 以下（Boland et al.，2006）。

澳大利亚的降雨模式（rainfall regime）可分为 3 种类型：①夏雨型，西澳大利亚北部、北澳和昆士兰州北部（Rockhampton）地区受太平洋季风控制，雨量集中在夏季；②均雨型，东部海岸地带降雨季节性不甚明显，全年分布均匀；③冬雨型，维多利亚西部、塔斯马尼亚岛、南澳大利亚和大陆西南角为典型的地中海气候，夏季高温干旱，冬季温暖多雨。目前，我国引种成功的澳大利亚树种主要自然分布于夏雨型和均雨型地区。冬雨型地区的树木，只在云贵高原一带有引种成功的可能性，如蓝桉（*Eucalyptus globulus* Labill.）和单蒴盖亚属（subg. *Monocalyptus*）的一些桉树，主要原因可能是云贵高原温凉而年温差较小的气候缓和补偿了雨型方面的巨大差异（王豁然等，1993；Wang et al.，1994b）。从气候角度看，产于澳大利亚夏雨型和均雨型地区的树种可引种到我国的亚热带中、南部地区，以华南最为合适。

澳大利亚西部高原和中部沙漠地区属热带沙漠气候，年平均降水量不足 250mm；北部半岛和沿海地区属热带草原气候，年平均降水量 750～2000mm，是全国最多雨的地区；东部新英格兰山地以南至塔斯马尼亚岛属温带阔叶林气候，年平均降水量 500～1200mm；在墨累河下游地区的半岛和沿海岛屿及大陆的西南角，属夏热干旱、冬温多雨的地中海式亚热带气候，年平均降水量 500～1000mm。

水，是澳大利亚自然环境中影响森林分布的最重要的生态因子，干旱威胁许多树木的正常生长。很多人意识到澳大利亚是一块干旱的大陆，但是对究竟干旱到什么程度却缺乏比较和认识。据估算，地球表面年平均降水量约为 660mm；南美最高，1250mm；亚洲次之，635mm；欧洲 610mm；而澳大利亚只有 400mm（Hall et al.，1972）。可以看出，澳大利亚大部分地区处于干旱半干旱状态，当然，各地区降雨分配是不均匀的，否则澳大利亚就不会有树木生长和发育的森林植被。

中国和澳大利亚气候类型比较研究表明（阎洪，2005），在澳大利亚被认为是温带的大部分地区相当于中国的亚热带地区，澳大利亚中部干旱地区在中国没有相对应的气候区，参阅图 1。因此，澳大利亚许多耐干旱的乔灌木树种，基本上都不能用于我国西北干旱的沙漠地区。

澳大利亚太平洋沿岸从 20ºS 附近到南部巴斯海峡这一范围的气候很像我国江南一带。但悉尼以北的东海岸一般没有霜冻危害；以南地区更类似欧洲西北部的气候，很富海洋性。从温度条件来看，澳大利亚树种只能引种到中国长江以南的地区。我国冬季寒潮频仍，冷空气导致江南地区剧烈降温，并引起大范围的雨雪天气，有时寒潮可达华南地区。寒潮往往使引种到我国中亚热带地区的澳大利亚树种遭受寒害，生长量显著降低。四川盆地周围群山环绕，云贵高原因为海拔高，地形复杂，故很少受冬季寒潮的影响，对于引种桉树和其他一些澳大利亚树种很有潜力。

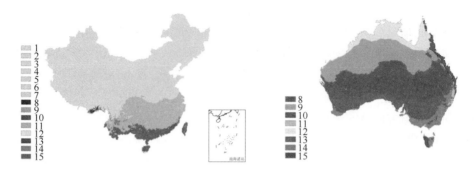

图 1 采用综合数据和数值分类产生的中国与澳大利亚气候相似性的空间分布，相近的色彩代表相似的气候类型（阎洪，2005）（详见文后彩图 1）

这两幅图比较直观地显示了中国和澳大利亚不同地区的相似程度，也是我国引种栽培澳大利亚树种主要地区（acceptor）和澳大利亚原产地（donor）的匹配程度。例如，我国华南和台湾地区引种的澳大利亚树种主要来自澳大利亚东海岸北部地区

1.4 火

火（wildfire），是澳大利亚森林生态系统的重要生态因子之一。火对澳大利亚树木的生长发育和形态特征及对森林植被的分布和更新都有重要影响（McArthus，1990）。

澳大利亚是干燥的大陆，雨量少，气温高，森林火灾发生频繁。据估计，澳大利亚5%的地区几乎每年都有火灾发生。在澳大利亚南部干旱地区，严重的火灾间隔期 7 年左右，东部湿润地区 11～13 年。火灾发生频率与森林植被类型相关。以桉树为优势种的干燥硬叶林（dry sclerophyll forest）尤其容易发生森林火灾，树皮和枝叶形成的林地凋落物分解较慢，易燃性很高，几乎 2～3 年累积的凋落物，在极端干旱和炎热的天气，便足以引起燃烧。一个地区，过火面积超过 150 万 hm^2 的大火之间隔期大约 100 年，而小于 $50hm^2$ 的灌木火几乎每年都会发生（Boland et al.，2006）。

在长期进化和适应过程中，许多澳大利亚树种产生耐火性状和存活机制。例如，在山脊和火灾易发的立地，生长着许多树皮很厚的耐火烧的桉树，发育出木质瘤（lignotuber）和具有很强萌蘖能力的大量无性芽，有些热带桉树，如葡萄桉（*Eucalyptus botryoides*）发育出庞大的根系（Lacey，1983），而在湿润谷地，常见树皮较薄的桉树（Adams，1996）。许多桉树林分在林火以后下种，或者萌蘖，形成异龄林。山龙眼科的许多树种，如班克木属和哈克木属的树种，木质蓇葖果在火烧以后才会裂开，种子得以逸出。因此，林火是许多澳大利亚树种衍续和林分更新的重要生态因子。

1.5 澳大利亚主要森林植被类型

长期以来，植物地理学家注意到，澳大利亚与新西兰、南美、南非和印度次大陆在植被和动植物区系成分方面具有一定的相似性，这种现象并不能简单地以长距离传播机制和地理迁移来解释，因此，科学推测，这些陆块过去曾经彼此连接，分开后移动到目前的位置（Morley and Toelken，1983）。

图 2 示意冈瓦纳古陆（Gondwanaland）的解体和板块移动过程。在距今大约 1.35

亿年以前的白垩纪（Cretaceous）初期，澳大利亚是冈瓦纳古陆的一部分，与南极洲相连，裸子植物广泛发育和分布。大约6500万年以前，即第三纪初期，冈瓦纳古陆解体，澳大利亚与其他陆地板块分离。澳大利亚现代生物区系正是从白垩纪开始，在隔离状态下长期演化而形成的，其动植物区系在地球上是很独特的。现在，生物学家接受并且应用板块理论和大陆漂移学说，解释澳大利亚动植物的起源、演化和迁移。今天，大陆漂移（continental drift）学说已被广泛接受，地壳运动仍在继续，澳大利亚大陆每年以66mm的速度向着赤道方向移动，与南极渐行渐远（Barlow，1981；Boland *et al.*，2006；Specht and Specht，2005）。

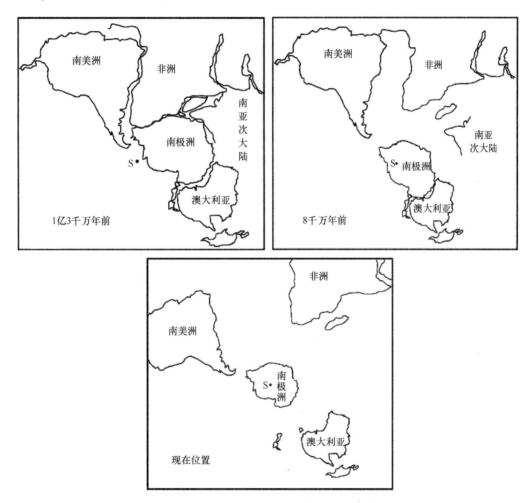

图2　冈瓦纳古陆（Gondwanaland）的解体和板块移动过程

根据板块学说，冈瓦纳古陆解体之前南半球超级大陆由澳大利亚、南极洲、南美洲、非洲和印度次大陆及与之相连的岛屿（包括新几内亚、新西兰和马达加斯加等）组成。解体大约始于1亿年前，8000万年以前澳大利亚大陆仍然与南极相连。现在，这些陆块彼此之间仍然保持相对位置未变，但是为辽阔的海洋所隔离，阻断了动植物的直接迁移（Specht and Specht，2005）

今天，当我们在澳大利亚旅行时，发现澳大利亚的自然景观与北半球截然不同。澳大利亚没有自然分布的松树，对我们的视觉产生强烈冲击的是形形色色的桉树、相思和木麻黄等澳大利亚特有树种，由其所形成的各种各样的森林类型，造就了地球上独特的森林地理景观。在澳大利亚中部干旱地区，特有的禾本科多年生草本植物，三齿稃

(*Triodia* spp.)(spinifex),形成干旱地区的"塔头"(hummock),俨然是一种地理奇观。

澳大利亚森林植被以阔叶林占优势,主要由桉属(*Eucalyptus*)和相思属(*Acacia*)树种组成,其次是木麻黄属(*Casuarina*)、白千层属(*Melaleuca*)及银桦属(*Grevillea*)的树种。澳洲柏属(*Callitris*)分布在干旱地区,南洋杉属(*Araucaria*)和罗汉松科(Podocarpaceae)的一些树种只发生在局部的特殊生境。与南半球其他地区一样,澳大利亚没有自然分布的松属(*Pinus*)树种(Barlow,1981;Morley and Toelken,1983;Boland *et al*.,2006;Turnbull,1986;王豁然等,2005)。

澳大利亚森林植被主要类型包括郁闭林、受光林和疏林地(Specht,1972;Carnahan,1976),参见图3。

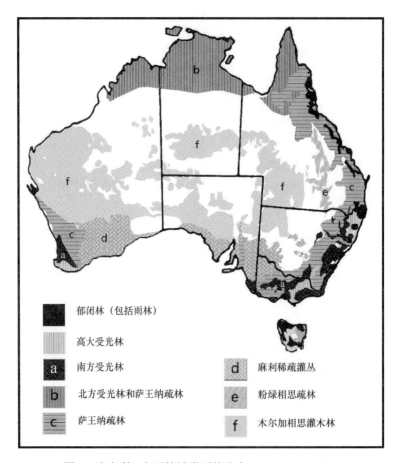

图3 澳大利亚主要植被类型的分布(Specht,1972)

麻利植被类型主要以多干型的桉树为优势种。除雨林以外,大多数优势种是桉属树种。粉绿相思(*Acacia harpophylla* F. Muell. ex Benth.)为粉绿相思受光林(the brigalow open-forest)优势种,无脉相思(*Acacia aneura* F. Muell. ex Benth.)则是木尔加(无脉相思)灌木林(the mulga tall shrubland)的优势种(Specht and Specht,2002)

郁闭林(closed-forest),通常称为雨林(rainforest),包括热带雨林和温带雨林,林冠郁闭度大于70%。郁闭林沿澳大利亚东海岸从昆士兰北部热带地区向南延伸,直至塔斯马尼亚的温带地区,从海平面至海拔1200m。澳大利亚雨林面积今天保留下来的不过200万hm^2,多呈片段化和镶嵌式分布,大部分分布在沟谷地区(Webb and Tracey,1981)。

一般来说,雨林树种离开其自然环境之后,很难正常生长,因此,很少有雨林树种作为外来树种引种到其他地区作为人工林栽培。目前，在我国引种栽培的澳大利亚雨林成分的树种仅有少数几例，如热带雨林中的南洋杉（*Araucaria cunninghamii* Aiton ex A. Cunn.）和马占相思（*Acacia mangium* Willd.），温带雨林中的黑木相思（*Acacia melanoxylon* R. Br.）。塔斯马尼亚温带雨林的主要成分假山毛榉（*Nothofagus* spp.）也自然分布于新西兰和智利等南半球其他地区，在植物地理上具有特殊意义，我国尚无引种。

受光林（open-forest）是澳大利亚重要的森林类型，林冠郁闭度 30%～70%，从热带到温带均有分布，其林冠高度和林分结构变异很大，因此，通常又分为高大受光林（tall open-forest）、受光林（open-forest）和矮受光林（low open-forest）。高大受光林发生在沿海地带，从北方领土地区到昆士兰北部热带高地，向南沿着新南威尔士和维多利亚东海岸延伸至塔斯马尼亚，年降雨量 1000～1500mm 的海岸地带，林分高度 30m 以上，常常超过 60m，郁闭度 30%～70%，主要优势树种为多种桉树。在昆士兰和新南威尔士主要以弹丸桉（*Eucalyptus pilularis* Smith）、小帽桉（*Eucalyptus microcorys* F. Muell.）、柳桉（*Eucalyptus saligna* Sm. subsp. *saligna*）、巨桉（*Eucalyptus grandis* W. Hill ex Maiden）和昆士兰桉（*Eucalyptus cloeziana* F. Muell.）为主；在维多利亚和塔斯马尼亚则为斜叶桉（*Eucalyptus obliqua* L'. Hér.）、多枝桉（*Eucalyptus viminalis* Labill.）、高桉（*Eucalyptus fastigata* H. Dean & Maiden）、大桉（*Eucalyptus delegatensis* R.T. Baker）、亮果桉[*Eucalyptus nitens* （Dean & Maiden） Maiden]、蓝桉（*Eucalyptus globulus* Labill.）和王桉（*Eucalyptus regnans* F. Muell.）。这些桉树在澳大利亚形成生产力很高的天然林分，也是世界各地引种栽培最多的桉树。

澳大利亚西南角在植物地理上具有特殊性。这一地区具有冬雨型气候，以卡瑞桉（*Eucalyptus diversicolor* F. Muell.）和加拉桉（*Eucalyptus marginata* Done ex Sm. subsp. *marginata*）为主形成高大的森林群落。由于冬雨型地区桉树要求特殊的生态条件，因此蓝桉、亮果桉和王桉等单萌盖亚属（*Monocalyptus*）的桉树，只在我国云贵高原才有引种栽培的可能性。在东南沿海和华南地区，都有过多次失败的经验。

疏林（woodland）和干旱疏林（open-woodland）实际上是澳大利亚地理分布最广的森林植被类型，林冠投影小于 30%，是年雨量在 400～600mm 地区的森林地理景观。主要优势树种包括桉属（*Eucalyptus*）、伞房属（*Corymbia*）、相思属（*Acacia*）、木麻黄（*Casuarina*）、异果木麻黄属（*Allocasuarina*）、澳洲柏属（*Callitris*）和白千层属（*Melaleuca*）。我国引种栽培较广的有赤桉（*Eucalyptus camaldulensis* Dehnh.）、细叶桉（*Eucalyptus tereticornis* Sm.）、窿缘桉（*Eucalyptus exserta* F. Muell.）、柠檬桉[*Corymbia citriodora* （Hook.） K.D. Hill and L.A.S. Johnson]、斑皮桉[*Corymbia maculata* （Hook.） K.D. Hill & L.A.S. Johnson]、银桦（*Grevillea robusta* A. Cunn. ex R. Br.）、黑荆（*Acacia mearnsii* De Wild.）和银荆（*Acacia dealbata* Link）。相思可以成为优势种，80%左右的桉树也都可以出现在这一植被类型之中，主要取决于局部环境的土壤与水分条件。

第 2 章 澳大利亚森林遗传资源

在第 1 章中我们已经提到，澳大利亚在晚白垩纪（later Cretaceous）或早第三纪（early Tertiary）时期是冈瓦纳古陆的一部分，曾经与南极洲相连。现在的澳大利亚植被，是由温暖湿润气候下的热带雨林或温带雨林演化而来（Specht and Specht，2005）。

冈瓦纳古陆解体以后，澳大利亚气候变得寒冷和干旱，桉树和相思出现于澳大利亚中部地区。许多化石记录表明（陈明洪等，1983；Ladiges et al.，2003；Hermsen et al.，2012），桉属化石始见于古新世（Palaeocene），即大约 6500 万年前，恐龙灭绝，桉树出现。相思属化石始见于中新世（Miocene）初，木麻黄属花粉化石始见于始新世，大化石始见于中新世（Boland et al.，2006；Moran，1992）。第三纪中期时的气候干旱化及低肥力土壤（如中新世红土）或沙地的大量形成促进了植物的迅速分化，出现了许多新属种，旱生植物（包括桉属）繁衍，中新世桉树成为旱生林的优势种。由于冈瓦纳古陆解体，热带和亚热带植物在澳大利亚与南美洲和非洲之间的直接迁移可能发生在 1 亿年以前。更新世（Pleistocene）冰川导致了海平面的下降，从而在北方出现了连接新几内亚的陆桥，在大陆南端出现了连接塔斯马尼亚的陆桥，这些陆桥的形成对 8500 万年前动植物的迁徙和地理分布产生重要影响（王豁然等，2005）。

历史学家麦金泰尔（2009）从人类历史的观点出发，"今天将东南亚与澳大利亚西部海岸分割开来的纵深海峡曾数度变窄到 100km，但从未合拢过。大海一直将包含澳大利亚、塔斯马尼亚和新几内亚的塞胡尔大陆与包含马来亚、苏门答腊、婆罗洲和爪哇的其他大陆分开。这条分割线被称为华莱士线（Wallace's line）。19 世纪之后，科学家确认这是一条动物学上的永久分割线，一边是欧亚物种，另一边是大洋洲和新几内亚物种"。不仅仅对于动物的地理分布，对于许多植物种来说，华莱士线也是重要的生物地理界线，如桉树（王豁然，2010）。

澳大利亚树木的冈瓦纳起源和孤立演化形成了今天地球上独特的森林地理景观。

2.1 澳大利亚植物区系特点

在澳大利亚植物区系中，种子植物特有（endemic）属种占有很高的比例。在属的水平上，1700 个属中有 570 个是特有属（endemic genus）。不过，这些特有属的地理分布都局限于特定地区，其中 100 个分布于澳大利亚西南部、86 个限于干旱地带、75 个分布于热带、14 个分布于塔斯马尼亚岛。在种的水平上，90%以上为澳大利亚特有种（endemic species）（Boland et al.，2006）。

裸子植物（gymnosperms）共 6 科 15 属约 62 种，其中特有属 7 个。澳大利亚没有松属树种的自然分布。南洋杉科（Araucariaceae）、罗汉松科（Podocarpaceae）和柏科（Cupressaceae）比较重要，没有广泛分布的种，只见于特殊生境，如以南洋杉为优势的残存雨林。被子植物（angiosperms）共 221 科约 1686 属 13 000 种（其中双子叶植物 1329 属，单子叶植物 357 属），共 12 个特有科，538 个特有属（占 31.9%），特有种约占 75%。乔木约 566 属 1700 种，其中有 270 个特有属（占 47.7%），特有种约占总数的 90%。最大的相思属（约 1000 种）和桉属（900 种以上）几乎是澳大利亚所有森林植物群落的优势种；其他含 50 种以上的属共 40 个（包括 11 个特有属），其中许多为木本植物属。

从生态学观点来看，澳大利亚木本植物对环境适应性强，尤其耐干旱，耐高温，耐贫瘠，抗风性强。许多树种，如桉树、相思、木麻黄和山龙眼科树种，在形态上都具有耐干旱特征。桉树叶子革质变厚，气孔深陷，垂直悬挂，相思和木麻黄叶片退化，减少热量辐射和水分蒸腾。这些形态和生理特征都是在干热环境中长期演化而来（王豁然，2010）。

中国和澳大利亚共有植物属约 750 个，占澳大利亚总属数的 44.1%，中国总数的 26.4%。中澳植物属的相似系数为：裸子植物 6.5%，双子叶植物 16.8%，单子叶植物 33%。这些共有属多为热带性的，其次为世界性的。其中有些显然是亚洲起源的，如原始的番荔枝科（Annonaceae）、莲叶桐科（Hernandiaceae）、肉豆蔻科（Myristicaceae）、杜鹃花科（Ericaceae）、大戟科（Euphorbiaceae）、樟科（Lauraceae）和楝科（Meliaceae）；有些则是澳大利亚起源的，如山龙眼科（Proteaceae）、桃金娘科（Myrtaceae）、芸香科（Rutaceae）、无患子科（Sapindaceae）和梧桐科（Sterculiaceae）等（王豁然等，2005）。

可见，中国和澳大利亚的植被有一定程度的相似性。澳大利亚的主要木本植物属中，相思属少数树种在我国有自然分布，桉属化石曾发现于我国四川、西藏一带的早第三纪地层中（徐仁，1981；陈明洪等，1983）。对于中国树木引种来说，最重要的科为桃金娘科（Myrtaceae）、含羞草科（Mimosaceae）、木麻黄科（Casuarinaceae）、山龙眼科（Proteaceae）和南洋杉科（Araucariaceae）（王豁然等，2005）。

2.2 重要的木本植物科属

2.2.1 裸子植物（Gymnosperms）

与北半球相比，澳大利亚裸子植物科属较少，特别是没有松树，澳大利亚栽培的松树，如辐射松（*Pinus radiata* D. Don）、湿地松（*Pinus elliottii* Engelm.）和加勒比松（*Pinus caribaea* Morelet）等松树都是从北半球引种的外来树种。

澳大利亚的裸子植物除苏铁外，木本植物包括南洋杉科（Araucariaceae）、罗汉松科（Podocarpaceae）、柏科（Cupressaceae）、杉科（Taxodiaceae）和芹叶罗汉松科（Phyllocladaceae）（Keng，1979；Boland et al.，2006；Farjon，2008）。

南洋杉科起源于冈瓦纳古陆，因此，大多分布于南半球国家和地区，在澳大利亚有 3 属 6 种。澳大利亚有阔叶南洋杉（*Araucaria bidwillii* Hook.）和肯氏（狭叶）南洋杉（*Araucaria cunninghamii* Aiton ex A. Cunn.），都是重要用材树种与优良观赏树种。这两种南洋杉在形态上明显不同，前者叶片宽披针形，先端锐尖，球果长达 30cm，种子无翅；后者钻形叶，叶片较窄，球果长 10cm，种子具有 2 枚几乎等长的翅膀。我国均有引种。贝壳杉属有 3 种：小球果贝壳杉（*Agathis microstachya* J.E. Bailey & C.T. White）

和紫皮贝壳杉（*Agathis atropurpurea* B. Hyland）分布在澳大利亚北部热带地区，后者处于濒危状态，而昆士兰贝壳杉[*Agathis robusta*（C. Moore ex F. Muell.）F.M. Bailey]出现在昆士兰州东部，叶子长椭圆形，钝尖，宛如竹柏，我国华南地区已经引种。

南洋杉科吾乐米杉属（*Wollemia* W.G. Jones, K.D. Hill & J.M. Allen）与贝壳杉属（*Agathis* Salisb.）亲缘关系密切，单种属，前者只含吾乐米杉 1 种，珍稀濒危树种，1995 年发现于澳大利亚新南威尔士州吾乐米国家公园，是 20 世纪重要的植物学发现之一。

罗汉松科和芹叶罗汉松科在澳大利亚的分布更具有生物地理学意义。芹叶罗汉松属（*Phyllocladus*）从罗汉松科中分离出来（Farjon，2008），只有芹叶罗汉松[*Phyllocladus aspleniifolius*（Labill.）Hook.f.]分布于塔斯马尼亚。芹叶罗汉松是温带雨林乔木，其形态怪异，叶片退化，呈鳞片状，小枝扁平，状似芹叶，行使叶片的光合作用，雌雄同株，球果则生于芹叶状的小枝边缘。具有强烈香气，抗风（Salmon，1980）。

柏科（Cupressaceae）在澳大利亚只有澳洲柏属（*Callitris* Vent.）和塔斯马尼亚柏属（*Athrotaxis* D. Don）[曾包括于杉科（Taxodiaceae）]，均为澳大利亚特有属，前者耐干旱瘠薄，广泛见于东部地区，生于疏林，是重要用材和环境保护树种，如马克林澳柏[*Callitris macleayana*（F. Muell.）F. Muell.]木材少疖疤，抗白蚁，经久耐用；后者代表种塔斯马尼亚铅笔柏（*Athrotaxis cupressoides* D. Don）生于塔斯马尼亚温带雨林，处于濒危状态。

2.2.2 被子植物（Angiosperms）

在澳大利亚，最重要的木本植物科属有桃金娘科（Myrtaceae）、豆科（Fabaceae）、山龙眼科（Proteaceae）、木麻黄科（Casuarinaceae）、梧桐科（Sterculiaceae）、木棉科（Bombacaceae）、夹竹桃科（Apocynaceae）、楝科（Meliaceae）、桑科（Moraceae）、樟科（Lauraceae）、山毛榉科（Fagaceae）和檀香科（Santalaceae）等。

澳大利亚地理景观中最醒目、最重要的元素是桃金娘科（Myrtaceae）树种，尤以桉树最具澳大利亚特征，是澳大利亚的国家象征符号（Ladiges，2012）。桉树是杯果木属（*Angophora*）、伞房属（*Corymbia*）和桉属（*Eucalyptus*）树种统称。桉树遗传资源非常丰富，至 2006 年年底，已经正式描述和发表的桉树有 1000 多种（CHAH，2006；王豁然，2010），只有 5 种分布于澳大利亚以外的国家和地区。剥桉（*Eucalyptus deglupta* Blume）分布在巴布亚新几内亚、印度尼西亚和菲律宾；尾叶桉（*Eucalyptus urophylla* S.T. Blake）、高山尾叶桉（*Eucalyptus orophila* Pryor）和维塔尾叶桉（*Eucalyptus wetarensis* Pryor）分布于印度尼西亚帝汶岛；鬼桉[*Corymbia papuana*（F. Muell.）K.D. Hill & L.A.S. Johnson]分布于新几内亚和伊利安爪哇；另有 12 种桉树既分布于新几内亚和印度尼西亚，又分布在澳大利亚北部。其余的桉树都只分布于澳大利亚，在那里形成地球表面上独特的森林地理景观（Chippendale and Wolf，1981；Gill *et al.*，1985；Pryor，1976）。桉树被广泛地引种栽培于世界热带亚热带国家和地区，世界桉树人工林面积 2000 多万 hm^2，是全世界栽培面积最大的人工林树种（FAO，2010）。

红千层属（*Callistemon* R. Br.）与白千层属（*Melaleuca* L.）和桉属处于同一亚科，桃金娘亚科（Myrtoideae），我国已经引种栽培。根据红千层属花的形态特征，其英文俗名叫做瓶刷子树（bottlebrush），鲜艳醒目，该属50种左右，全部为澳大利亚特有种。白千层属300多种，俗名称为纸皮树（paperback）或澳大利亚茶树（honey-myrtle, tea-tree），多为澳大利亚特有种。白千层属树种很多具有重要的经济价值、生态价值和观赏价值，如互叶白千层[*Melaleuca alternifolia*（Maiden & E. Betche）Cheel] 是优良的精油资源。桃金娘科红胶木属（*Syncarpia* Ten.）也是重要的森林树种。

在澳大利亚被子植物树种中，种的数目甚或多于桉树的属便是相思属（*Acacia* Mill.）（New，1984；Maslin *et al*.，2003），豆科（Fabaceae）含羞草亚科（Mimosoideae），分布于全球热带亚热带和暖温带地区。澳大利亚植物学家（Maslin *et al*.，2003）提出新的相思属分类系统，为避免产生相当大的命名学灾难，从大型种群叶状柄亚属（subg. *Phyllodineae*）自然分布于澳大利亚的实际情况出发，采取实用化策略，将属名 *Acacia* 留给最大的（澳大利亚）种群。遵循国际植物命名法规，确定羽脉相思（*Acacia penninervis* Sieber ex DC.）为新的模式种，替代尼罗河金合欢（*Acacia scorpioides=Acacia nilotica*）。2011年7月，维也纳国际植物学大会植物命名组投票通过，承认新的相思分类系统。相思属是澳大利亚最大的维管植物种群，已经描述和承认的有975种。

澳洲相思有两个主要的分布地区，东部南回归线以南的大分水岭山地和西南部半干旱内陆地带，即年平均降雨量从600mm向400mm过渡地带，相思是疏林和萨王纳群落的优势种。黑木相思（*Acacia melanoxylon* R. Br.）沿大分水岭从昆士兰东部向南伸展，出现于湿润谷地，在塔斯马尼亚温带雨林之中是高大乔木，其木材价值极高。大叶相思（*Acacia auriculiformis* A. Cunn. ex Benth.）、马占相思（*Acacia mangium* Willd.）和黑荆（*Acacia mearnsii* De Wild.）是世界范围内广泛栽培的相思，具有重要经济价值。厚荚相思（*Acacia crassicarpa* A. Cunn. ex Benth.）可以生长在热带海滨沼泽和贫瘠山地，无脉相思（*Acacia aneura* F. Muell. ex Benth.）自然分布于澳大利亚中部，适应极端干旱环境，都是重要的生态建设树种。

木麻黄科（Casuarinaceae）包括4个属约100种，异果木麻黄属（*Allocasuarina* L.A.S. Johnson）、木麻黄属（*Casuarina* Adans.）、隐孔木麻黄属（*Ceuthostoma* L. A.S. Johnson）和裸孔木麻黄属（*Gymnostoma* L.A.S. Johnson）（Wilson and Johnson，1989）。木麻黄科是澳大利亚少数风媒传粉的树种之一，在形态学和生理学方面都很特殊，其叶退化呈齿状，枝条下垂，小枝具有沟槽，气孔生于槽内；很多木麻黄耐盐碱，如木麻黄（*Casuarina equisetifolia* L.A.S. Johnson）和粗枝木麻黄（*Casuarina glauca* Sieber ex Spreng），可以生长在滨海立地，根系触及海水。迪凯斯木麻黄[*Allocasuarina decaisneana*（F. Muell.）L.A.S. Johnson]耐受高温和极端干旱，生长于中部年雨量200mm沙漠地区。在世界热带地区，木麻黄广泛引种栽培，从湿润的夏威夷岛屿到非洲撒哈拉沙漠都可以见到木麻黄（徐燕千和劳家琪，1984；王豁然，1985）。

山龙眼科（Proteaceae）全世界约1500种，大多分布于南半球，其中澳大利亚有45属900多种，从热带雨林到干旱沙漠均可见到。银桦属（*Grevillea* R. Br.）植物广泛栽植在热带地区的混农林业体系（agroforestry system），在斯里兰卡和印度，其被认为是茶园最好的遮阴树，尤其是银桦（*Grevillea robusta* A. Cunn. ex R. Br.）。它能生产优质木材，木射线具有丝般光泽。我国南方广泛引种，昆明、成都、厦门将其作为重要的行道、庭园树种（殷以强，1985）。银桦属中有很多常绿灌木，树形和叶色均很美丽，适合江南园林绿化，尤其适合作地面覆盖植物。我国已经引种的有银桦和澳洲坚果。

山龙眼科有许多奇花异木，其植物学魅力令人着迷。银桦亚科（Grevilleoideae）班克木属（*Banksia* L.f.）便是其中之一。英国植物学家 Joseph Banks（1743~1820）爵士，在 1770 年随同库克探险航行时第 1 次采集到班克木标本，为纪念他，该属即以他的名字命名。班克木属约 170 种，几乎全部自然分布于澳大利亚，唯热带种大齿班克木（*Banksia dentata* L.f.）延伸至巴布亚新几内亚和伊里安爪哇。在澳大利亚，除中部内陆干旱地区和雨林以外，均可见到班克木，但是多集中在西澳大利亚西南角和东部与东南部海岸地带，年雨量 400~500mm 的地区，200mm 以下极端干旱地区没有分布。如同桉树一样，班克木在澳大利亚东西两面的分布，受降雨类型支配，种类截然不同，也就是说，没有一种班克木既可见于西澳大利亚，又可见于东部，只有大齿班克木在北部热带地区广泛分布。只有东部地区的班克木，适宜中国引种，我国云南局部地区可以审慎地选择澳大利亚西部地区班克木。班克木喜生于海滨沙丘和排水良好的暴露立地，沙壤土或红壤（Wrigley and Fagg，1989；Taylor and Hopper，1991；Cayzer and Whitbread，2001）。

班克木习性变化很大，从地面匍匐、低矮灌木到树高 25m 的中等乔木；树皮薄而光滑或厚而粗糙，有些种具有耐火栓皮，有些灌木种具有木质瘤，这些形态特征都是对于林火的生态适应。叶的形态变异很大，通常革质坚硬，边缘具齿，叶形从幼态到成龄发育阶段具有变化；幼树叶子常被不同颜色的毛，使之外观具有特色。根据花的性状，班克木属分成 2 组（section）：Sect. *Banksia* 和 Sect. *Oncostylis*，前者花柱末端刚直，后者花柱末端钩状弯曲。班克木具有稠密紧实的穗状花序，其大小种间变异很大，栽培品种大蜡烛班克木（*Banksia grandis* 'Giant candles'）之花序长达 40cm，有报道称（Wrigley and Fagg，1989），大叶班克木（*Banksia grandis* Willd.）1 个花序包含 6000 个小单花。单花在花序上的排列型式（pattern）多变，无论是芽苞阶段还是开花时期，魅力无限，夺人眼目。每一个小花与一枚更小的苞片相连，一对小花下面与一枚较大的苞片连在一起，形成 5 元结构，这 5 元结构按一定的型式重复，着生在木质的中央花序轴上。小花具有典型的山龙眼科花的构造，花被管 4 裂，花柱展露；杯状裂片包含花药，花粉在花开之前转移到花柱，此时柱头尚未具备授粉能力，花一开张，传粉媒介如昆虫和小哺乳动物在取食花蜜时，即将花粉携至他花，避免自花授粉，这种机制与桉树类似（王豁然，2010）。*Banksia* 的花序从基部向上开花，*Oncostylis* 则从上至下开花。班克木花的颜色多为黄色或橙色，少数种花序鲜红、淡紫或淡绿。班克木很少结实，种子成熟至少 1 年时间；果实宿存经年，火烧后开裂，释放种子，雨后很快萌发；蓇葖果内含 2 粒黑色种子，种子具翅（Wrigley and Fagg，1989）。

班克木是澳大利亚最优良的常绿观赏灌木之一，广泛种植于庭园，其花果叶和树干都具有很高的观赏价值，堪称奇花异木，花叶和果枝都可以做成名贵切花。自 19 世纪末，班克木就引种至欧洲和北美。例如，弯钩班克木（*Banksia spinulosa* Sm.）穗状花序黄色或褐色，花柱先端弯曲呈钩状，优良庭园观赏植物，蜜源，可做切花（Wrigley and Fagg，1989）。木材可以雕刻，宿存的干燥蓇葖果制成花瓶等工艺品，精美别致。中国近年来有少许引种，有很大的引种栽培和开发潜力。

哈克木属（*Hakea* Schrad. & J.C.Wendl.）是澳大利亚山龙眼科另一个特有属，约 150

种。不同种之间形态变异很大，花、果、叶各不相同，千奇百怪。叶互生，扁平或圆柱形；花腋生，稀顶生，蓇葖果大，木质，火烧后开裂，种子释放；有些种具木质瘤或基部膨大，萌蘖更新。哈克木遍布澳大利亚，生于雨林以外的各种立地类型，西澳大利亚的西南角种类尤多。由于形态奇异，广泛种植于公园绿地。欧美很早引种，我国尚未引种。特别值得提及的是女王哈克木（*Hakea victoria* J. Drumm.），拉丁文学名纪念英国维多利亚女王。灌木，2.5m，生于砾质砂壤和阳光充足立地。叶圆形坚挺，表面窝凹，波状，边缘有齿状刺，直径可达 12cm；叶子颜色最具特色，边缘绿色，叶面主要部分的色彩随年龄变化而变化，第 1 年鲜黄色，第 2 年橘黄色，而后变成鲜红色。花开于春季，腋生，乳白色，花梗粉红色，花柱末端球果状；果木质，果爿上半部被有木栓，内面光滑，种子宿存。女王哈克木叶形奇特，色彩斑斓，蓝天白云之下犹如童话世界里的植物，被誉为世界上最美丽的观叶植物。许多地区引种栽培，新南威尔士州一个树木园最为成功，然而，在栽培条件下树叶色彩不如野生环境中美丽迷人（Wrigley and Fagg，1989）。自然分布于澳大利亚西南部，值得在云南、四川和福建适宜环境引种试验，开发观赏灌木产业。

澳大利亚山龙眼科另外一组神奇美丽的树种是华雅达属（*Telopea* R. Br.），其属名之拉丁文含义为"从远处看"，英文俗名 Waratah（Wrigley and Fagg，1989；Nixon，1997）。该属 5 种，灌木或小乔木，澳大利亚东南部特有种。据悉尼大学研究，华雅达传粉媒介可能是蜂鸟——长喙的吸食花蜜的小鸟（Armstrong，1987）。

模式种悉尼华雅达[*Telopea speciosissima*（Sm.）R. Br.]，叶长 25cm，螺旋状排列，聚生枝顶，头状或穗状花序由多数单花组成，直径 15cm，花色鲜红，艳丽醒目，高雅华贵，新南威尔士州州花。种子繁殖或扦插繁殖，耐修剪。在澳大利亚、英国、新西兰和美国（夏威夷）等地广泛栽培，生产切花。梦佳华雅达（*Telopea mongaensis* Cheel），灌木，高 2~3m，生于新南威尔士东南部湿润硬叶林谷地，适应性强，花红色，观赏装饰。维多利亚华雅达（*Telopea oreades* F. Muell.），灌木，偶见小乔木。生于海拔 200~1000m 的温带雨林或湿润硬叶林，常见于溪岸。花红色或白色，英国引种栽培，并获皇家园艺学会荣誉奖。塔斯马尼亚华雅达[*Telopea truncata*（Labill.）R. Br.]是塔斯马尼亚特有种，喜温凉湿润气候，排水良好的肥沃土壤。白花华雅达（*Telopea speciosissima* 'Wirrimbirra White'），其性状与悉尼华雅达相同，但是花乳白色，苞片狭长，微绿，纯洁高贵，淡雅浪漫。园艺种选自野生变异体，无性繁殖。在中国有人将华雅达称为帝王花，世界上许多植物学家和园艺学家醉心于引种其遗传资源，栽培和培育新的品种（Armstrong，1987）。

澳洲坚果属（*Macadamia* F. Muell.）11 种，其中 7 种分布在澳大利亚东部热带和亚热带雨林。三叶澳洲坚果（*Macadamia integrifolia* Maid. & Betche）和四叶澳洲坚果（*Macadamia tetraphylla* L.A.S. Johnson）经济价值最高，用于坚果生产（Wrigley and Fagg，1989）。1932 年建立的澳大利亚坚果协会主要宗旨是促进澳洲坚果生产，选择出许多优良栽培品种。引种到夏威夷和加利福尼亚以后，产量超过澳大利亚。中国消费者习惯称其为夏威夷坚果，实则产自澳大利亚，乃澳洲坚果。我国海南、广西和四川等地已经引种，栽培规模尚小，很有商业发展潜力。

楝科（Meliaceae）中有些树种是澳大利亚热带亚热带地区湿润雨林的珍贵用材树种，

其中澳洲樫木属和澳洲红椿尤其重要，不过由于过度开发，资源锐减。澳洲桃花心木[*Dysoxylum fraserianum*（A. Juss.）Benth.]自然分布于昆士兰和新南威尔士东部湿润地区，树高近 60m，直径 3.5m，寿命长，木材坚硬，红色，具有香气，在澳大利亚被称作红木或桃花心木。澳洲红椿（*Toona ciliata* M. Roem.）是楝科中更为人熟知的树种，生于雨林边缘，现在已经很少见到。在昆士兰州京比（Gympie）森林博物馆陈列着一株澳洲红椿原木横切面，沿着直径方向在年轮上刻写记载自澳大利亚建国以来的重大历史事件，其年龄已经超过 200 年。

红树科（Rhizophoraceae）在澳大利亚有 4 个属，是红树林群落（mangrove community）和雨林的重要组成树种。

梧桐科（Sterculiaceae）有些树种是湿润雨林树种，发育出巨大板根，有些生长在比较干燥的稀树草原，树干却肿胀膨大，如昆士兰瓶子树[*Brachychiton rupestris*（T. Mitch. ex Lindl.）K. Schum.]，因其形态怪异而用于园林绿化。另外一种作为观赏树种广泛栽培的是澳洲火焰树[*Brachychiton acerifolius*（A. Cunn. ex G. Don）Macarthur & C. Moore]，又叫伊拉瓦拉火焰木（Illawarra flame tree），花开繁盛，犹如一团燃烧的火，旱季落叶，这两种我国华南城市已有栽培。

假山毛榉属（*Nothofagus* Blume）是唯一自然出现于南半球的山毛榉科树种，化石证据表明，在第三纪早期，假山毛榉广泛分布于澳大利亚，现在只有 3 种，生于塔斯马尼亚湿润的温带雨林和昆士兰、新南威尔士与维多利亚的湿润凉爽沟谷地区，木材都很珍贵，其中落叶假山毛榉[*Fuscospora gunnii*（Hook.f.）Heenan & Smissen]（Syn. *Nothofagus gunnii*（Hook.f.）Oerst. 英文俗名 Tanglefoot）是澳大利亚唯一的冬季落叶阔叶树种（Boland *et al*., 2006）。假山毛榉属具有重要的生物地理学意义。

第 3 章 中国引种的澳大利亚树木

　　人为地将一个物种、亚种或更低的分类群（包括任何部分、配子体或能够存活的并且最终能够繁殖的繁殖体）迁移出其自然分布区（过去的和现在的）以外则称作树木引种。这种树木迁移，既可以在一个国家之内也可以在国家之间。作为一门科学，树木引种研究外来树种种质资源转移、驯化和培育驯化群体（land race）的方法，旨在增加森林遗传资源的多样性，以便满足发展人工林业和改善人类生存环境的需要（吴中伦等，1983；Zobel et al.，1987；王豁然等，2005）。

　　外来树种（exotic，introduced）通常指那些栽培于其自然分布区（现在或过去的）以外的树种，无论是国内的还是国外的。不过，一提到外来树种，人们首先想到的是从国外引种的树种。

　　大洋洲和美洲是中国引进外来树种遗传资源的最重要的来源地（donor）（王豁然和江泽平，1994；江泽平等，1997）。

　　中国从澳大利亚引种树木的历史，与从中亚和欧洲引种比较起来要短得多。澳大利亚树种从海上丝绸之路进入中国，最早可以追溯到 19 世纪末。福建泉州开元寺内的一株巨大的银桦和厦门海滨树龄百年以上的木麻黄，都是见证历史的活着的文物。

　　尽管中国引种澳大利亚树种的确切时间很难考证，但是可以推断，最早引种时间应该在 19 世纪末或 20 世纪初。古腾堡项目（Gutenberg's Project，2006）发表了《一个澳大利亚人在中国——从中国到缅甸的寂静旅行》的电子版。莫理循（G. E. Morrison）是澳大利亚人，19 世纪末担任英国泰晤士报驻华记者。莫理循于 1894 年初在中国旅行札记的第 15 章中，有一句关于设在云南的法国教会的描述，"建筑物的周围是一个大的花园，花园里精心栽植许多桉树"。莫理循是澳大利亚人，他很敏锐地注意到了来自故乡的树木。那些树木应该是法国传教士带进来的蓝桉（*Eucalyptus globulus*），并且是在莫理循到达昆明之前。今天，我们仍然可以看到滇池海埂公园保留很好的巨大蓝桉，昆明市政府称其为"中国第一桉"，作为古树名木保护起来。在昆明金殿也可见到遗存的高大蓝桉，生长还很旺盛。

　　清政府驻意大利公使吴宗濂（1910）《奏请移植桉树片》是我国最早的一份向政府建议引种澳大利亚树木的报告。珠海共乐园内有一株柠檬桉[*Corymbia citriodora*（Hook.）K.D. Hill & L.A.S. Johnson]，树下的石牌上记载着梅兰芳于 1910 年手植。广州沙面有几株高大的桉树（似为细叶桉 *Eucalyptus tereticornis* Sm.），根据桉树上标记的树龄推算，也应该为 19 世纪末引种。

　　大规模的引种栽培活动始于 20 世纪 60 年代以后，雷州半岛种植窿缘桉（*Eucalyptus exserta* F. Muell.）和柠檬桉[*Corymbia citriodora*（Hook.）K.D. Hill & L.A.S. Johnson]人工林。20 世纪 80 年代，中国政府实行改革开放政策以来，国际科学技术交流与国际林业合作项目的开展，使得大量澳大利亚树木遗传资源引入中国。例如，澳大利亚昆士兰州援助广西林业厅的"东门项目"（1981），将澳大利亚的森林基因资源和科学技术应用到中国南方桉树人工林的营建与管理上；澳大利亚国际农业研究中心（ACIAR）与中国林业科学研究院合作的"澳大利亚阔叶树种的引种与栽培"项目（1985）和"黑荆树栽培和单宁抽取物的利用"项目（1985），引入多种桉树、木麻黄和相思，在许多地点做了大量地理种源试验；开展黑荆树地理种源的选择试验，筛选含单宁的相思树种及单宁提纯技术等方面的研究；澳大利亚政府帮助建立中国桉树研究开发中心，相继开展耐寒桉树引种和育种项目，增添了许多新的遗传资源。我们看到，在过去的一个世纪里，特别是最近30年，澳大利亚树种改变了中国人工林业的经营传统，改变了中国许多地区的森林景观，尤其是华南地区的城市和乡村面貌（Turnbull，2007）。

3.1　澳大利亚树种向中国转移的一般原则

美国著名遗传学家卓别尔教授在论述树木引种驯化时，树种转移（species transfer）和地理种源选择应遵循的一般规律：①不要从地中海气候区向大陆性气候区转移树种和种源；②不要从气候变化平缓的地区向气候变化起伏明显的地区转移树种，特别是温度和降雨在四季变化明显的地区；③不要从高海拔地区向低海拔地区转移树种，反之亦然；④不要将生长于碱性土壤上的树种向酸性土地区转移，反之亦然。以上"四不要"基本原则，是树木引种首先考虑和遵循的普遍性规律，做到树种或种源与生长环境的基本匹配（Zobel and Talbert，1984；Zobel et al.，1987）。

通过最近几十年的引种试验和理论研究，王豁然和江泽平（1994）分析自然环境和树种生物学特性，探讨和总结澳大利亚植被与中国林木引种的关系。

3.2　澳大利亚树种向中国转移的具体要点

澳大利亚植物学家普瑞尔教授在详尽分析桉树的生物学特性和影响生长的生态因子的基础之上，提出桉树树种转移原则，对于指导桉树和其他澳大利亚木本植物引种具有重要的理论和实践意义（Pryor，1976）。

澳大利亚大分水岭以东海岸地区是中国外来树种的重要来源。这一地区气候与我国华南和东部沿海地区的气候有很大的相似性，中国现在栽培的澳大利亚树种，诸如桉树、相思、木麻黄等重要人工林树种的自然分布区都位于澳大利亚东部，从昆士兰向南延伸直至新南威尔士南部和维多利亚州北部沿海地区。

澳大利亚西部树种向中国转移基本没有成功先例。澳大利亚是疆域辽阔的国家，东西部地区自然地理和树种分布迥异，特别是澳大利亚西南角，森林植被发育很好，以卡瑞桉（*Eucalyptus diversicolor* F. Muell.）、加拉桉（*Eucalyptus marginata* Sm.）和杰克逊桉（*Eucalyptus jacksonii* Maiden）等单萼盖亚属桉树为优势种的高大受光林，是澳大利亚重要的森林资源。西澳大利亚有许多形态怪异、千姿百态的树木，包括许多麻利（Mallee）桉树和山龙眼科树种，少见有成功引种至我国，但是，在云南和四川等局部小环境还是存在引种成功的可能性（王豁然，2010）。

雨型是限制引种澳大利亚树木的重要生态因子。在本书第1章关于澳大利亚气候，已经提到澳大利亚降雨模式（rainfall regime），即雨型。西澳大利亚属于地中海气候型，冬季降雨，但是，基本上全年晴朗干燥，东部地区受太平洋季风影响，夏季降雨。澳大利亚东西部地区之所以在植物区系方面存在巨大差异，主要原因就是雨型不同。

气温是限制引种澳大利亚树木的重要生态因子。澳大利亚树木几乎都是常绿的，如桉树和其他桃金娘科树种，高位生活型，裸芽，没有显著的休眠期，只有干燥硬叶林（sclerophyll forest）萨王纳群落很少树种在旱季落叶，因此，澳大利亚树木不具有耐寒性。澳大利亚所谓的温带地区，如塔斯马尼亚，也是相当于中国亚热带气候区，但是雨型不同。

3.3 澳大利亚树木在中国工业人工林的应用

澳大利亚树种在中国工业人工林中的应用主要是桉属、相思属和木麻黄属的树种。

中国桉树人工林的主要树种是巨桉（E. grandis）、尾叶桉（E. urophylla）、昆士兰桉（E. cloezana）、赤桉（E. camaldulensis）、细叶桉（E. tereticornis）、蓝桉（E. globulus）、邓恩桉（E. dunnii）和史密斯桉（E. smithii）；伞房属（Corymbia）柠檬桉（Corymbia citriodora）、斑皮桉（C. maculata）和托里桉（C. torelliana）也作为锯材树种栽培。目前，栽培面积最大的是经过遗传改良的巨尾桉（Eucalyptus grandis×E. urophylla）无性系人工林。

据估计，全国桉树人工林面积约 440 万 hm^2，约占我国森林面积 2%（全国 1.95 亿 hm^2），占人工林面积的 6.7%。然而，桉树人工林每年生产木材 2000 多万 m^3，占全国木材产量的 25%；平均年生长量 23m^3/hm^2（谢耀坚 2014，私人通讯）。中国栽培的桉树主要用于制浆造纸、人造板工业、生物质能源、桉叶油生产。

据报道，广西作为桉树引种栽培较早的地区，自 1982 年中澳东门林场桉树合作项目以来，充分利用地理和技术优势，大面积发展桉树无性系人工林，集约经营，截至 2010 年全区桉树人工林面积 165 万 hm^2，占全区人工商品林面积的 30.5%。目前，广西桉树人工林面积和木材产量均居全国首位，显著地促进广西经济发展和生态建设（http://www.forestry.gov.cn/main/72/content-780801.html）。在闽南，近年来将昆士兰桉作为珍贵用材树种，建立以培育大径材为目标的轮伐期较长的人工林。

在华南和东南沿海地区，主要栽培树种是巨桉（Eucalyptus grandis W. Hill ex Maiden）、尾叶桉（Eucalyptus urophylla S.T. Blake）、赤桉（Eucalyptus camaldulensis Dehnh.）、细叶桉（Eucalyptus tereticornis Sm.），栽培面积最大的则是巨桉和尾叶桉的杂种无性系。在云南和四川西南地区，栽培树种以蓝桉组（section Maidenaria）树种为主，如蓝桉、史密斯桉、亮果桉和邓恩桉等。最近几年，福建省漳州市林业局在闽南地区大力发展昆士兰桉（Eucalyptus cloeziana F. Muell）和托里桉[Corymbia torelliana（F. Muell.）K.D. Hill & L.A.S. Johnson]人工林，将其作为锯材树种来培育，生产优良家具用材。

鉴于华南地区最适宜栽培桉树的地区的土地面积已经所剩无几，桉树人工林栽培区向粤北和桂北扩张，越过南岭至湘赣南部，因此人们努力寻求更耐寒冷和低温的树种，如邓恩桉、巨桉、亮果桉和史密斯桉及边沁桉（Eucalyptus benthamii Maiden & Cambage），巨桉和史密斯桉人工林在滇中和四川发展很快。

相思属（Acacia）遗传资源非常丰富，但是国际上栽培最多的是马占相思（*Acacia mangium* Willd.）、大叶相思（*Acacia auriculiformis* A. Cunn. ex Benth.）、黑荆（*Acacia mearnsii* De Wild.）和厚荚相思（*Acacia crassicarpa* A. Cunn. ex Benth.）等 10 多种。近年来，随着相思育种和遗传改良研究的进展，杂种相思（*Acacia mangium* × *Acacia auriculiformis*）应用日益增多。自 1985 年以来，中国林科院与 ACIAR 的"澳大利亚阔叶树种的引种与栽培"项目和"黑荆树栽培和单宁抽取物的利用"项目，在许多地点做了大量地理种源试验，包括对 30 个黑荆种源的选择及单宁提纯技术，促进了我国相思人工林的发展，特别是作为栲胶原料的黑荆树的遗传改良（杨民权，1990；郑芳楫等，1990）。

在 20 世纪 90 年代末，我国相思人工林面积曾经达到 20 万 hm^2 以上。由于桉树抗寒性和对立地条件适应性更强，人工林经济效益显著，相思种植面积逐渐减少。但是，为了抵御大面积单作（monoculture）人工林出现病虫害风险，很多地方利用相思与桉树混交，镶嵌造林。福建省漳州市林业局在闽南丘陵山地连片建立相思人工林，实现沿海生态建设与培育珍贵用材相结合。在闽南，适宜的树种包括卷荚相思（*Acacia cincinnata* F. Muell.）、黑木相思（*Acacia melanoxylon* R. Br.）、灰木相思（*Acacia implexa* Benth.）和杂种相思，目前初见效益。在西南和华南地区，黑荆、银荆（*Acacia dealbata* Link）、大叶相思和马占相思的驯化群体（land race）已经建立起来，并且融入本地常绿阔叶林生态系统。

南洋杉科一些树种有望在华南成为优良用材树种，南洋杉和贝壳杉[*Agathis robusta* (C. Moore ex F. Muell.) F.M. Beiley]引种试验显示，这 2 个树种将会成为华南珍贵用材树种和景观建设树种。

3.4 澳大利亚树木在中国环境保护与景观建设中的应用

许多澳大利亚树种具有优良的环境保护和景观建设价值，有些已经得到应用，有些存在巨大潜在价值。

桉树具有重要的生态功能，涵养水源，保持水土。在华南地区，许多水库和积水区周围环绕着桉树人工林，山清水秀。有些桉树可以用于特殊立地造林、植被恢复或环境污染生态治理。澳大利亚选择出许多耐盐碱的基因型，如赤桉、西方桉（*Eucalyptus occidentalis* Endl.）等。巨桉和邓恩桉具有耐盐碱抗性，在浙江台州用于沿海防护林带和城镇绿化。葡萄桉（*Eucalyptus botryoides* Sm.）在其自然分布区常常出现于海岸地带木麻黄后面，叶子很耐海风吹袭，可以用作木麻黄防护林带更新的替代种。

许多热带桉树和麻利（Mallee）园林绿化树种，其花果枝条形态特异，有些桉树幼态枝叶可以制作切花和干花，有些已经引种试验成功，目前在中国尚未得到充分开发利用。例如，樟脑桉（*Eucalyptus camphora* R.T. Baker）、多花桉（*Eucalyptus polyanthemos* Schauer）、鬼桉[*Corymbia papuana* (F. Muell.) K.D. Hill & L.A.S. Johnson]、方格皮桉[*Corymbia tessellaris* (F. Muell.) K.D. Hill & L.A.S. Johnson]、托里桉[*Corymbia torelliana* (F. Muell.) K.D. Hill & L.A.S. Johnson]、斑皮桉、红花桉[*Corymbia ficifolia* (F. Muell.) K.D. Hill & L.A.S. Johnson]、春红桉[*Corymbia ptychocarpa* (F. Muell.) K.D. Hill & L.A.S.

Johnson]和白木桉（*Eucalyptus leucoxylon* F. Muell.）都是迷人的观赏树种。

桉树是虫媒花，蜜腺发达，蜜味桉（*Eucalyptus melliodora* A. Cunn. ex Schauer）等多种桉树是优良的蜜源植物，蜂蜜具有特殊芳香，玛努卡蜂蜜就是产自桃金娘科灌木玛努卡澳洲茶（*Leptospermum scoparium* J.R. Forst. & G. Forst.）。史密斯桉、贝克桉（*Eucalyptus bakeri* Maiden）和多苞桉（*Eucalyptus polybractea* R.T. Baker）等是含油率很高的芳香油树种（王豁然和格林，1990；Boland *et al*.，1991）。有些桉树的药用价值得到开发，如四川省林业科学研究院引种的尤曼桉（*Eucalyptus youmanii* Blakely & McKie）可以用来提取芦丁（胡天宇等，2005）。

木麻黄自20世纪60年代以后，广泛种植于东南沿海，特别是雷州半岛和海南岛，成为我国东海和南海沿海防护林带的主要树种，朱志淞先生誉之为"绿色万里长城"。就像西北黄土高原地区的刺槐一样，木麻黄是我国热带亚热带沿海地区典型的、不可或缺的树种（徐燕千和劳家琪，1984）。现在，木麻黄沿海防护林带最北已延至浙江舟山群岛。自1985年以来，中国林科院与ACIAR合作项目开展树种与地理种源试验（王豁然等，1992），热带林业研究所仍在持续开展木麻黄研究。木麻黄是优良的木质能源树种，根系与放线菌（frankia）共生，具有固氮能力。

木麻黄在滨海城市广泛用作行道树和公园绿地栽植，枝条纤细，婀娜多姿。森林木麻黄[*Allocasuarina torulosa*（Ait.）L.A.S. Johnson]，枝干红褐色，树皮增厚，小枝密集，置于庭院，俨如盆景。木麻黄还用来制作岭南派盆景。

相思是世界热带亚热带地区最常见的环境保护和景观建设树种。大叶相思、马占相思和厚荚相思在华南地区已经成为常绿阔叶林生态系统和地理景观的重要组成，或见于廊道（corridor），或见于斑块（patche），相思作为外来树种（exotic）与乡土树种（indegenous）和谐共存，构筑森林生态系统，进一步稳定和提高森林生态系统生产力。银荆（*Acacia dealbata* Link）就是另一个常见的例子，在云南松林，常见满树银灰色叶簇和金黄色花序的银荆，特别是在比较贫瘠干燥的云南松林分。中国著名林学家吴中伦院士生前积极倡导，寻求具有固氮能力的相思属树种与松树混交，提高松树林分生产力和生态系统稳定性。

厚荚相思（*Acacia crassicarpa* A. Cunn. ex Benth.）对于逆境适应能力很强。在印度尼西亚热带雨林采伐以后，金光集团采用厚荚相思更新造林（refforestation），成功地解决了采伐迹地沼泽化问题；在越南，厚荚相思用于海滨沙地造林。为实现沿海生态建设与培育珍贵用材相结合，福建省漳州市林业局使用包括卷荚相思（*Acacia cincinnata* F. Muell.）、黑木相思（*Acacia melanoxylon* R. Br.）、灰木相思（*Acacia implexa* Benth.）等相思属树种，短短几年，闽南丘陵山地森林景观发生令人瞩目的变化。使用相思木材制作的中国古典风格的家具几与红木媲美。

相思是澳大利亚年雨量400～600mm疏林（woodland）景观的优势树种，许多种相思可以在年雨量200～400mm的干旱半干旱地区生长，这些资源在我国海南岛西部和云南四川干旱河谷地区具有很大应用潜力，而这些地区的环境保护和生态建设选择适应的树种很困难。无脉相思（围篱相思 Mulga）（*Acacia aneura* F. Muell. ex Benth.）可能是对这种环境很好适应的树种。它是小乔木，在干旱、浅薄或钙质土立地呈灌木状，广布于澳大利亚内陆干旱区（最低温度平均为5～8℃，极端低温偶尔可达–7℃，降雨量50～

500mm），为干旱半干旱区主要树种。

多种相思是多用途树种（multipurpose species），适作牲畜饲料，在华南地区可以作为饲料树种栽培的相思包括无脉相思（*Acacia aneura* F. Muell. ex Benth.）、乌木相思（*Acacia argyrodendron* Domin）、巴罗相思（*Acacia burrowii* Maiden）、黄毛相思（*Acacia flavescens* A. Cunn. ex Benth.）、肥荚相思（*Acacia pachycarpa* F. Muell. ex Benth.）、垂枝相思（*Acacia pendula* A. Cunn. ex Don）和黄珍珠相思（*Acacia podalyrifolia* A. Cunn. ex G. Down.）等，这些灌木或小乔木适应干旱，可固土护坡，生产饲料和薪材（Turnbull, 1986）。

澳洲金花相思（*Acacia pycnantha* Benth. 英文俗名 Australian golden wattle）是澳大利亚国花，是民族精神的象征，花的金色和叶的绿色是澳大利亚的国色。千种相思，千娇百媚，每种相思都有独到的观赏价值（New, 1984；Simmons, 1987；Maslin, 2002）。

山龙眼科树种在景观建设和环境保护中有很高的应用价值和开发潜力，然而，迄今为止，除银桦外，大部分还没有引入我国。外来树种能否引种成功，在很大程度上取决于局部环境，中国之大，总会找到适宜一个特定树种的生长环境。银桦属（*Grevillea*）只有银桦作为观赏绿化树种常见于我国华南、西南和华东城市。银桦属也只有银桦是高大乔木，其他多为灌木或小乔木，但其形态之怪异，色彩之斑斓，与班克木属和哈克木属一样，令人眼花缭乱，都可以用作生态防护和景观建设材料。人们对于奇花异木的追求永无止境。我们相信，山龙眼科树木，特别是班克木属（*Banksia*）和华雅达属（*Telopea*）在"美丽中国"建设中，尽管目前知之者少，但将来会有很大的应用潜力（Wrigley and Fagg, 1989）。

3.5　澳大利亚树木的历史文化价值

自然界寿命最长的树木多在北美和地中海地区，这些树木之所以"尽享天年，寿终正寝"，除生物学原因以外，就是没有遭受人类破坏。在中国，外来树种能够长期存活，实属不易。国内那些存活至今，从国外引种的仍然健康生长的外来树种的个体树木，都是活着的历史文物，对于研究自然变化还是社会变革，都具有重要历史文化价值。

澳大利亚树种引种到中国以后，那些栽植在风景名胜之地或者在庙堂教会之所的树种，常常得以幸存下来。

桉树可能是最早引种到中国的澳大利亚树种。据文献记载（Morrison, 1895），昆明滇池边上海埂公园的蓝桉（*Eucalyptus globulus* Labill.），应该是在19世纪末期引种，现在仍然生长旺盛，昆明市林业局将其作为"中国第一桉"列入古树名木，加以保护。昆明金殿还保留许多高大的蓝桉。

梅兰芳于1910年手植于珠海共乐园内的柠檬桉[*Corymbia citriodora*（Hook.）K.D. Hill & L.A.S. Johnson]，仍然枝繁叶茂，承载民国初年的社会历史。广州沙面数株细叶桉（*Eucalyptus tereticornis* Sm.）也有百年以上，映射殖民租借历史。

在台北，士林官邸花园林荫路两旁有许多高大的白千层[*Melaleuca leucadendra*（L.）L.]，林语堂先生故居后花园内矗立一株南洋杉（*Araucaria cunninghamii* Aiton ex A. Cunn.），台湾大学校园内傅斯年先生墓园，有7株大叶桉（*Eucalyptus robusta* Sm.），这些树木大都经历了中国近百年来的社会历史变迁。

徐燕千和劳家琪（1984）考证，木麻黄最早于 1919 年引种到福建泉州。在厦门，也有百年左右的木麻黄。福州有中国最早引种的昆士兰贝壳杉[*Agathis robusta*（C. Moore ex F. Muell.）F.M. Bailey]和澳洲黑豆树（*Castanospermum australe* A. Cunn. ex Mudie）（吴中伦 1983）。

银桦，福建泉州开元寺内有 1 株，树龄当在百年以上。广东珠江口虎门，有一株巨大的银桦。昆明成都和江西赣州的行道树，都有银桦。

今天，广西东门林场和昆明海口林场保留桉树引种试验林，都会令人意识到过去的 30 年中，中国和澳大利亚在林业领域的国际合作和科技交流。

福建泉州是海上丝绸之路之起点。桉树、银桦和木麻黄等澳大利亚树种是中国近代社会改革和国家开放的见证者。澳大利亚树种在我国东南沿海和华南地区，不仅仅具有经济价值，还具有重要历史文化价值。特别是在广东，澳大利亚树种已经融入岭南文化，岭南文化重要元素之一是海洋文化，澳大利亚树种正是经过海上丝绸之路进入中国。今天，我们在岭南森林景观中，看到融入其中的澳大利亚树种，自然会联想到近百年来的海洋丝绸之路带来的经济繁荣和文化交流。

3.6　澳大利亚树木基因资源保存

一切森林经营活动，包括人工林的营造，都必须保障森林遗传资源的可持续性。森林遗传资源的保存绝不仅仅是通过建立自然保护区保护那些濒危物种，更重要的是在森林经营活动中保护和利用那些现在或将来具有重要经济价值的物种的基因资源，生物多样性是实现森林可持续经营和林业可持续发展的遗传物质基础与必要前提。

FAO 和许多国家的研究组织研究和制定了许多森林基因资源保存策略和方法。森林基因资源保存策略包括就地保存（*in situ* conservation）和异地保存（*ex situ* conservation），前者用于乡土树种，后者主要用于外来树种和濒危乡土树种。森林基因资源的保存策略侧重于就地保存，在很大程度上有别于农作物，森林基因资源的异地保存是一种辅助与补充形式，应当与人工林经营、林木育种和林木引种项目相结合（FAO *et al*.，2004）。

引种的外来树种的基因资源异地保存形式主要包括树种引种试验林、种源试验林、基因保存林；外来树种育种项目中的子代测定林、种子园或母树林等育种群体；植物园、树木园中外来树种的人工迁移与繁育；保存于种子库与器官的离体培养（*in vitro*）。

异地保存方式都是人为努力，无论在技术上和经济上都面临一定的困难，无论怎样，任何一个经济强大的国家都不可能将其所有的森林基因资源异地保存起来；而且，在理论上，究竟保存多少个种群和个体才能安全地保护一个物种在遗传学家和生态学家中间存在广泛争论（White *et al*.，2007）。由于澳大利亚树种在我国是外来树种，其遗传材料的获得性是有限的，对树种遗传变异研究认识不够，对优良地理种源在栽培条件下的生长表现或群体的遗传多样性还没有得到充分研究，有些树种尚未得到认识和描述，采用异地保存的策略和方法具有很大困难。

在现实中，我们已经引进的澳大利亚树种的遗传材料很多已经丢失，引种试验林没有得到很好的维护，引种项目半途而废，很少获得充足资源的长期保障。很少有像广西东门林场的桉树引种试验林那样，保护较好，这在我国桉树育种项目中仍然起着重要作用。

根据澳大利亚林木种子中心档案记录，在 1990~2002 年的 12 年间，我国收到桉树种子 147kg，包括 4280 种批，如果从 20 世纪 80 年代初算起，包括中澳之间的各种国际合作项目，可以估测，我国所获得澳大利亚树种的种子和其他遗传材料，其数量和价值是惊人的。然而，今天我们只看到很少树种保存下来。即便是引种试验失败了，也应该看到报道。对于林木引种驯化科学实验来说，有观察记录的失败也是成果。

时过境迁，再想获得那些基因资源几乎是不可能的。因此，无论怎样估计现存澳大利亚树种的基因资源之价值，都不会过分。

第4章 树 种 条 目

A—Z

A

***Acacia* Miller，相思属**（金合欢属），英文俗名 Acacia，Wattle，豆科（Fabaceae）含羞草亚科（Mimosoideae）或含羞草科（Mimosaceae）

乔木或灌木。二回羽状复叶或叶片退化，叶柄呈叶片状，为叶状柄。花小，两性或杂性，多数花组成圆锥状的穗状花序或圆球形的头状花序，1至数个花序簇生于叶腋，或于枝顶再排成圆锥花序，多为黄色，少数白色。荚果（New，1984；Simmons，1987）。

广义的相思属（*Acacia* sens. lat.）约 1500 种，以非洲种尼罗河金合欢（*Acacia scorpioides*= *Acacia nilotica*）为指定模式种，主要分布于南半球，包括澳大利亚、非洲、南美洲，个别种类分布至北半球。

澳大利亚相思近 1000 种，主要是叶状柄亚属（subg. *Phyllodineae*）。越来越多的证据表明，本属为多系发生。澳大利亚植物学家 Maslin 等（2003）提出将本属拆分，并因本属澳大利亚种类最多，为避免拆分后绝大多数种类需要更名将造成的命名学灾难，拟以澳大利亚羽脉相思（*Acacia penninervis*）作为 *Acacia* 新的模式种，从而拆分后狭义的相思属（*Acacia* sens. str.）即指以澳大利亚种类为主的 *Acacia* subg. *Phyllodineae*，而原来的相思亚属（*Acacia* subg. *Acacia*）则改名为金合欢属（*Vachellia*），另有非洲金合欢属（*Senegalia*）、美洲金合欢属（*Acaciella*）和无刺金合欢属（*Mariosousa*）（Orchard and Maslin，2003，2005）。这一提案，于 2005 年在维也纳第ⅩⅦ次国际植物学大会植物命名组以 2/3 多数票表决通过（Orchard and Maslin，2005）。

狭义的相思属（*Acacia* sens. str.），即叶状柄亚属（subg. *Phyllodineae*），是澳大利亚最大的维管植物种群，已经描述发表的有 975 种，发生于澳大利亚大陆东部南回归线以南的大分水岭山地和西南部半干旱、干旱内陆地带，澳大利亚北部和东北部为次分布中心。

澳大利亚相思类树种具有广泛的经济和生态利用价值，包括各类实木用材、纸浆、薪材、单宁、食品、饲料和环境改良。世界 70 多个国家和地区广泛引种栽培，目前人工林面积超过 200 万 hm^2，成为世界性的主要工业材树种。我国引种的种类有 20 余种，人们熟知的如黑荆（*Acacia mearnsii*）、银荆（*Acacia dealbata*）、马占相思（*Acacia mangium*）、大叶相思（*Acacia auriculiformis*）、厚荚相思（*Acacia crassicarpa*）、黑木相思（*Acacia melanoxylon*）和卷荚相思（*Acacia cincinnata*）等，是优良的工业用材（木材、单宁）和生态防护树种。在澳大利亚，相思类树种不仅用于经济产业，还广泛用于盐碱地、旱区植被重建和景观建设。有一些树种的果实具有作为木本粮食来源的潜在价值（New，1984）。

Acacia abbatiana Pedley，艾伯特山相思，Mt. Abbot wattle。灌木，4m，叶状柄线形，穗状花序呈总状。QLD；尚未引种；琼滇。

Acacia acradenia F. Muell.，毛枝相思，Velvet Hill wattle。灌木或小乔木，7.5m，叶状柄窄椭圆形至倒卵形，穗状花序，花期4~8月。WA、NT、QLD；尚未引种；琼滇。

Acacia acrionastes Pedley，平达里相思，Pindari wattle。灌木或小乔木，2~8m，叶状柄线形，头状花序，总状排列，花期7~8月。QLD、NSW；尚未引种；粤琼桂闽。

Acacia acuminata Benth.，尖尾相思，Raspberry jam wattle，Jam wattle。灌木或小乔木，1~12m，叶状柄线形至极窄椭圆形，穗状花序，花期7~10月。WA小麦带；耐盐碱，可用于植被修复、土壤保持、风景林营造，木材黑巧克力色，具树莓酱气味，纹理致密，硬而持久，农具、工艺材，为檀香寄主树；尚未引种；滇。

Acacia adsurgens Maiden & Blakely，竖叶相思，Whipstick wattle。灌木或小乔木，4m，叶状柄线形，穗状花序，花期5~9月。澳大利亚北方干旱地区广布；尚未引种；琼滇粤桂。

Acacia adunca A. Cunn. ex Don，钩尾相思，Wallangarra wattle，Cascade wattle。灌木或小乔木，6m，叶状柄窄线形，头状花序，总状排列，花期6~10月。澳大利亚东部大分水岭山地；尚未引种；琼粤桂闽。

Acacia aestivalis E. Pritz.，夏花相思。丛生灌木或小乔木，3m，叶状柄线形至窄倒披针形，头状花序，总状排列，花期11~12月，或1~2月，或5~6月。WA小麦带；尚未引种；滇。

Acacia alaticaulis Kodela & Tindale，翅轴相思。灌木或小乔木，4m，小枝棱脊、叶柄叶轴、花序轴具翅，羽状复叶，头状花序，总状排列或圆锥状，花期12~5月。NSW；尚未引种；粤桂闽。

Acacia alleniana Maiden，艾伦相思。灌木或小乔木，5m，叶状柄丝线状，头状花序。NT沿海及QLD西北端；尚未引种；琼粤桂。

Acacia ammophila Pedley，沙原相思。乔木，6m，叶状柄线形，头状花序，总状排列。QLD；尚未引种；琼粤桂。

Acacia amoena H.L. Wendl.，雅致相思，Boomerang wattle。灌木，3m，叶状柄倒披针形至椭圆形，头状花序，总状排列，花期7~10月。大分水岭中海拔地带；尚未引种；粤桂闽浙。

Acacia ampliata R.S. Cowan & Maslin，宽叶异脉相思。灌木或小乔木，叶状柄线形至线状椭圆形，短穗状花序，花期4~8月。WA西部；尚未引种；滇。

Acacia ampliceps Maslin，盐原相思，Salt wattle。丛生灌木或乔木，2~9m，叶状柄线形至披针形，头状花序，总状排列，花球大而密集，乳白色，花期5~8月。WA、NT，沙地盐碱地；尚未引种；滇琼。

Acacia anastema Maslin，沙梁小相思，Sandridge gidgee。乔木，6m，叶状柄线形，穗状花序单生，花期7~9月。WA；尚未引种；滇。

Acacia anaticeps Tindale，鸭头叶相思，Duck-head wattle。灌木或乔木，7m，叶状柄宽斜镰刀状，头状花序，总状排列或圆锥花序，乳白色，花期 5～6 月。NSW、WA，干旱平原，沙地及黏重盐碱土；尚未引种；滇。

Acacia anceps DC.，二列叶相思。灌木，3m，叶状柄椭圆形至倒披针形，头状花序单生，花期 10～11 月。澳大利亚西南部海岸带钙质沙地；尚未引种；滇桂粤琼。

Acacia ancistrocarpa Maiden & Blakely，钩荚相思，Fitzroy wattle，Fish-hook wattle，Pindan wattle，Shiny leaved wattle。多茎灌木或乔木，1～4m，叶状柄线状，穗状花序单生，雨季开花。热带干旱地区（WA、NT、QLD）广布，为植被恢复主要树种；尚未引种；滇琼粤桂。

Acacia aneura F. Muell. ex Benth.，无脉相思，Mulga。乔木，10～15m，旱地呈灌木状，叶状柄线形至窄椭圆形，无叶脉，被厚毛，绿灰色，具银色光泽，穗状花序，花期 3～5 月。广布于 20°S 以南干旱气候区，夏雨型（北带）、均雨型（内地）、冬雨型（南缘），优良饲料、薪材，木材心材暗褐色，硬重耐磨，旱区防护林、风景林树种；尚未引种；滇琼粤桂闽川。

Acacia angusta Maiden & Blakely，狭叶相思。灌木或小乔木，3～6m，叶状柄线状，头状花序，总状排列。QLD 东部中段地区；尚未引种；琼粤桂闽。

Acacia anthochaera Maslin，金伯利相思，Kimberly's wattle。多茎灌木或小乔木，2～7m，叶状柄窄线形，头状花序，总状排列，花亮黄色，芳香，花量极丰富，花期 8～11 月。WA 小麦带区（wheatbelt），耐盐碱，景观观赏、防风林树种；尚未引种；滇。

Acacia aprepta Pedley，迈尔斯围篱相思，Miles mulga。乔木，10m，叶状柄线形或窄倒披针形，穗状花序，花期 10 月至次年 1 月。QLD 东南部；尚未引种；粤桂闽。

Acacia argyraea Tindale，银光相思。灌木，3m，小枝密被银色毛，叶状柄镰刀状，穗状花序，花期 4～8 月。20°S 以北热带地区；尚未引种；琼滇。

Acacia argyrodendron Domin，乌木相思，Black gidyea，Blackwood。乔木，8～25m，叶状柄窄线形，头状花序，总状排列。QLD 中部大分水岭地区；尚未引种；琼粤桂。

Acacia argyrophylla Hook.，银叶围篱相思，Silver mulga。灌木，2～3m，新枝、倒披针形叶状柄及花序梗密被银灰色丝样毛，头状花序，总状排列，花期 7～11 月。SA；尚未引种；滇。

Acacia attenuata Maiden & Blakely，努萨维尔相思。灌木，3～5m，叶状柄倒披针形或窄长椭圆形，头状花序，总状排列，奶白色，花期 4～8 月。QLD 东南多雨沿海平原地带；尚未引种；琼粤桂闽。

Acacia aulacocarpa Cunn. ex Benth. var. *aulacocarpa*，槽纹果相思，Brown salwood，Black wattle，Golden-flowered salwood，Hickory wattle，Brush ironbark wattle，Grey wattle。乔木，高 10～20m，良好立地高可达 40m，径可达 1m，干旱立地呈灌木状，叶状柄镰刀状，穗状花序单生或总状，主花期热带地区 4～6 月、亚热带地区 8～9 月。分布自 NSW、QLD、NT 至 WA 北端的沿海地带，以及新几内亚南部。木材边材淡黄褐色，心材绿褐色、灰褐色或淡棕色，可作轻结构材、地板材、家具材等，制浆性能良好。已引种；琼粤桂。

Acacia auriculiformis A. Cunn. ex Benth.，大叶相思，Northern black wattle，Ear-pod wattle，

Darwin black wattle。乔木，高 8～20m，良好立地可达 25～30m，叶状柄线形至极窄椭圆形，镰刀状，穗状花序成对腋生，花期 6～7 月。QLD 和 NT 北端、新几内亚及附近岛屿，湿热气候，季风雨型。心材淡褐色至暗红色，纹理细腻，花纹美丽，可做家具、建筑材、制浆造纸。适应性强，可在 pH9.5 的造纸污泥和 pH3.0 的铀矿渣地生长，早期不耐阴、不抗风。已广泛引种至非洲南部、南亚东南亚国家，作为薪柴、人工林及观赏庇荫树种，可生产单宁，在印度用于培育胶虫。已引种；闽粤桂琼。

Acacia ausfeldii Regel，奥斯菲尔德相思，Ausfeld's wattle，Whipstick cinnamon wattle。灌木或小乔木，2～4m，叶状柄线状长圆形至窄椭圆形，头状花序。大分水岭西侧 NSW 中部及 VIC 中北部；尚未引种；粤桂滇。

Acacia ayersiana Maconochie，宽叶围篱相思，Broad leaf mulga。小乔木，5m，外貌蓝灰色，新枝密被白色平伏毛，叶状柄阔披针形，穗状花序单生，雨季开花。WA、NT 及 SA 的干旱地带广布；尚未引种；滇。

Acacia baeuerlenii Maiden & R.T. Baker，博氏相思。灌木，1～4m，叶状柄窄椭圆形，头状花序，总状排列，花乳白色，花期 6～8 月。NSW 东北部、QLD 东南部；尚未引种；琼粤桂闽。

Acacia baileyana F. Muell.，蓓蕾相思（库塔曼德拉相思、金花含羞草），Cootamundra wattle, Golden mimosa, Bailey's wattle。灌木或乔木，3～10m，羽状复叶具羽片 2～4 对，几无总柄，小叶片蓝灰色至灰绿色，头状花序，总状排列，总花序长于复叶，花亮黄色，花期 6～9 月。NSW，南方地区广泛栽培，用于美化观赏，欧洲用于切花。生长迅速，耐寒，易繁殖扩散。尚未引种；琼粤桂闽浙黔滇川湘赣。

Acacia bakeri Maiden，贝克相思，Baker's wattle, Marblewood, Scrub wattle, White marblewood。乔木，高至 40m，可能是澳大利亚相思中最大的种类，现罕见超过 8m 者。叶状柄椭圆形，头状花序，总状排列，乳黄色，花期春季。木材黄色，硬重，纹理致密，可做地板、家具、工具等。NSW、QLD，亚热带低地雨林林缘；尚未引种；琼粤桂闽。

Acacia balsamea R.S. Cowan & Maslin，香脂相思，Balsam wattle。灌木，1～2.5m，叶状柄条形，有香脂精油芳香，头状花序。WA 干旱内陆；尚未引种；滇。

Acacia bancroftiorum Maiden，班克罗夫特相思。灌木或乔木，6m，小枝暗红色，叶状柄镰刀状，头状花序总状或圆锥状，柠檬黄色。QLD 东部；尚未引种；琼粤桂闽。

Acacia barringtonensis Tindale，巴灵敦相思，Barrington wattle。灌木，1～6m，叶状柄窄椭圆形，头状花序，总状排列，花期 9～11 月。NSW 东北部；尚未引种；琼粤桂闽。

Acacia bartlei Maslin & J.E. Reid，巴图相思，Bartle's wattle。灌木或乔木，1.5～10m，叶状柄，头状花序，总状排列，花期 6～10 月。WA 南海岸中段，生于洼地，耐中度盐碱；尚未引种；滇桂粤。

Acacia betchei Maiden & Blakely，红梢相思，Red-tip wattle。灌木或乔木，4～5m，小枝暗红色，叶状柄线形，头状花序，总状排列或假顶生圆锥状，花期 1～3 月。NSW 至 QLD 的大分水岭山地；尚未引种；琼粤桂闽。

Acacia binervata DC.，双纵脉相思，Two-veined hickory。灌木状乔木，3～10m，叶状柄窄椭圆形至披针形，有2凸显纵脉，头状花序，总状排列或顶生圆锥状，花期8～11月。NSW至QLD，沿海湿润立地；尚未引种；琼粤桂闽。

Acacia binervia J.F. Macbr.，东南海岸相思，Coast myall, Coastal wattle。乔木或灌木，2～16m，小枝、叶状柄密被银色平伏毛，穗状花序单生，花期8～10月。NSW及VIC沿海及山地；尚未引种；粤桂闽浙。

Acacia blakei Pedley，布莱克相思。乔木或灌木，2～13m，叶状柄窄椭圆形镰刀状，穗状花序，花期8～11月。NSW及QLD沿海及山地；尚未引种；琼粤桂闽。

Acacia blayana Tindale & Court，布雷相思，Blay's wattle。乔木，25m，羽状复叶，头状花序呈腋生或顶生假圆锥状，花期9～10月。NSW东南沿海低山地带；尚未引种；琼粤桂闽。

Acacia boormanii Maiden，雪河相思，Snowy river wattle。灌木，1～4m，平茬萌芽力强，叶状柄窄线形，头状花序，总状排列，花期8～9月。NSW、VIC；尚未引种；粤桂闽浙。

Acacia brachybotrya Benth.，短总序相思，灰相思，Grey mulga, Grey wattle。灌木，1～4m，叶状柄灰绿色，头状花序，总状排列，花期7～9月。澳大利亚东南半干旱地带；尚未引种；滇粤桂。

Acacia brachystachya Benth.，短穗序相思，伞形围篱树，Umbrella mulga, Turpentine mulga, Grey mulga。灌木或乔木，2～6m，叶状柄线形，穗状花序，花期4～8月。除VIC外的各州内陆干旱地区；尚未引种；滇粤桂。

Acacia brassii Pedley，布拉斯相思。乔木或灌木，4～10m，叶状柄镰刀状，穗状花序，花期6～7月。QLD约克角半岛，湿润气候，在热带贫瘠立地生长迅速；尚未引种；琼。

Acacia brockii Tindale & Kodela，布洛克相思。乔木，5m，新叶银灰色，叶状柄线形，穗状花序，花期4～5月。NT北部；尚未引种；琼滇。

Acacia bromilowiana Maslin，布罗米罗相思，Bromilow's wattle。乔木或灌木，12m，叶状柄斜披针形，穗状花序呈总状，花期7～8月。WA西北部；尚未引种；滇琼。

Acacia brumalis Maslin，冬花相思。乔木或小乔木，高2～3m，叶状柄，头状花序总状，花期5～9月。WA西南地区；尚未引种；滇。

Acacia bulgaensis Tindale & S.J. Davies，宝佳相思，Bulga wattle。灌木或小乔木，1.5～8m，叶状柄镰刀状窄椭圆形，穗状花序，花期9～3月。NSW东部；尚未引种；粤桂闽。

Acacia burdekensis Pedley，柏德金河相思。乔木，9m，小枝灰色多脂，叶状柄线形，穗状花序。QLD东部；尚未引种；琼粤桂。

Acacia burrowii Maiden，巴罗相思，Burrow's wattle。乔木，6～13m，叶状柄窄椭圆形，穗状花序呈总状，花期7～10月。NSW、QLD，大分水岭内陆一侧。木材硬重，暗褐色，可做建筑材、装饰材、薪炭材。尚未引种；粤桂闽。

Acacia buxifolia A. Cunn.，黄杨叶相思，Box-leaf wattle, Crescent acacia, Hill wattle。灌木，1～4m，叶状柄窄椭圆形至倒卵形，头状花序，总状排列，花期7～9月。

QLD、NSW、VIC；尚未引种；琼粤桂闽。

Acacia caerulescens Maslin & Court，巴肯蓝相思，Buchan blue wattle。乔木，10～15m，叶状柄倒卵形或椭圆形，头状花序呈圆锥状，花期始于 11 月。VIC 石灰岩立地；尚未引种；粤桂闽浙。

Acacia caesaneura Maslin & J.E. Reid，西部蓝色围篱相思，Western blue mulga。灌木或乔木，3～10m，蓝灰色，小枝和幼叶状柄密被平伏毛，叶状柄直或镰刀状，穗状花序，花期 3～11 月。WA 中西部；尚未引种；滇。

Acacia caesiella Maiden & Blakely，蓝叶相思，Tableland wattle，Bluebush wattle。灌木或小乔木，1～7m，叶状柄线形至窄椭圆形，蓝绿色，头状花序，总状排列，花期 7～10 月。NSW 山地；尚未引种；粤桂闽。

Acacia calamifolia Sweet ex Lindl.，芦叶相思，Wallowa，Reed-leaf wattle。灌木，2～4m，叶状柄条形，头状花序单生或呈总状，花期 10～11 月。SA、NSW；尚未引种；滇。

Acacia calcicola Forde & Ising，钙土相思，Shrubby wattle，Shrubby mulga，Myall-gidgee，Northern myall，Grey myall。灌木或小乔木，3～6m，枝叶密被银色贴伏毛，叶状柄线形至极窄椭圆形，头状花序，总状排列，花期 9～11 月。广布于澳大利亚中部干旱地带，生于石灰岩钙质土；尚未引种；滇川。

Acacia calyculata A. Cunn. ex Benth.，白花相思。灌木，2.5m，叶状柄直或镰刀状，穗状花序，白色至奶油色，全年有花。QLD 约克角半岛东海岸；尚未引种；琼。

Acacia cardiophylla A. Cunn. ex Benth.，心叶相思，Wyalong wattle，Heart-leaf wattle。灌木，1～3.5m，羽状复叶，几无柄，羽片 8～19 对，小叶 4～14 对，头状花序，总状排列或圆锥状顶生，花期 8～11 月。NSW 中部和西南部，广泛栽培观赏；尚未引种；粤桂闽浙。

Acacia caroleae Pedley，卡洛尔相思。灌木或乔木，1～7m，叶状柄线形，蓝灰绿色，穗状花序呈总状，花期 8～10 月。NSW 及 QLD 内陆地区；尚未引种；琼粤桂闽。

Acacia catenulata C.T. White，链果相思，Bendee。乔木，15m，叶状柄扁平，穗状花序，荚果种子间溢缩。QLD 内地；尚未引种；琼粤桂。

Acacia celastrifolia Benth.，艳花相思（南蛇藤叶相思），Glowing wattle，Celastrus-leaved acacia。丛生灌木，1～4m，叶状柄倒卵形至倒披针形或椭圆形，头状花序，总状排列，花期 4～8 月。WA，花丰而明黄芳香，极富观赏价值；尚未引种；滇。

Acacia celsa Tindale，高干相思（褐木相思），Brown salwood。乔木，8～30m，径可达约 80cm，叶状柄不对称或近镰刀状，穗状花序单生，花期 1～3 月。QLD 自沿海平原至山地，雨林生境，为先锋或上层树种，木材用于建筑、家具、细木工板等，并可生产高强度牛皮纸；尚未引种；琼滇。

Acacia chalkeri Maiden，乔克相思，Chalker's wattle。灌木，1～4m，叶状柄倒披针形，头状花序，总状排列，花期 10～1 月。NSW 石灰岩土壤；尚未引种；粤桂闽。

Acacia cheelii Blakely，奇尔相思。灌木或乔木，10m，叶状柄窄椭圆形，镰刀状，绿灰色，穗状花序呈总状，花期 8～10 月。NSW 大分水岭西侧及西北平原地区；尚未引种；粤桂闽。

Acacia chisholmii F.M. Bailey，奇斯赫尔姆相思，Turpentine bush。灌木，4m，叶状柄线

形，穗状花序，花期5～8月。QLD中西部；尚未引种；琼粤桂。

Acacia chrysella Maiden & Blakely，金黄相思。灌木，3.5m，叶状柄线形，头状花序，总状排列，花期11～12月或1～8月。WA西南部；尚未引种；滇。

Acacia chrysotricha Tindale，贝林格河相思（金毛相思），Bellinger River wattle，Newry golden wattle。乔木，高6～21m，径可达30cm，枝叶、花梗大部被黄色至白色粗毛，羽状复叶近无总柄，羽片8～18对，小叶12～25对，头状花序，总状排列或圆锥状，花期7～8月。NSW，观赏；尚未引种；琼粤桂闽滇。

Acacia cincinnata F. Muell.，卷荚相思。灌木或乔木，5～25m，叶状柄斜窄椭圆形，穗状花序，荚果螺旋状卷曲，花期5～6月。QLD东海岸北部雨林林缘及高雨量河岸桉树疏林中，木材褐色，纹理致密美丽，建筑、家具用材及造纸材；已引种；闽粤桂琼滇。

Acacia citrinoviridis Tindale & Maslin，绿毛相思，River jam。小乔木，5～15m，新枝叶、荚果密被柠檬绿色毛，叶状柄线形或窄椭圆形，镰刀状，穗状花序，花期4～6月。WA；尚未引种；滇。

Acacia clandullensis B.J. Conn & Tame，克兰杜拉相思，Gold-dust wattle。灌木，2m，枝条悬垂，小枝密被毛，叶状柄圆形至宽椭圆形或倒卵形，头状花序单生。NSW；尚未引种；粤闽桂。

Acacia clelandii Pedley，科勒兰德相思。灌木，5m，叶状柄线状，穗状花序。SA及毗邻WA、NT地区；尚未引种；滇。

Acacia cockertoniana Maslin，柯克腾相思。灌木或乔木，3～7m，灰绿色，叶状柄窄线形至窄倒披针形，头状花序，花期10月至次年1月。WA西南极端干旱地区，富铁土壤；尚未引种；滇川。

Acacia cognata Domin，垂冠相思，Narrow-leaf bower wattle，Bower wattle。灌木或乔木，3～10m，小枝披垂，叶状柄窄线形至线状椭圆形，头状花序。NSW东南至VIC沿海平原及相邻山前地带，常栽培观赏或做树篱，多品种；尚未引种；粤闽浙桂滇川。

Acacia colei Maslin & L. Thomson，科尔相思，Cole's wattle。灌木或乔木，2～9m，叶状柄斜窄椭圆形，银灰绿色，穗状花序总状，荚果卷曲至螺旋状，花期5～9月。广布于北方干热地带（WA、NT、QLD），多沿季节性河流分布；木材坚硬，心材暗褐色，种子可加工食用，干叶可做饲料，可营造防风林、固沙林、观赏风景林。尚未引种；琼粤桂滇。

Acacia complanata A. Cunn. ex Benth.，翅茎相思（长荚相思），Flat-stemmed wattle，Long pod wattle。灌木或乔木，2～5m，小枝曲折、压扁状、具窄翅，叶状柄椭圆形，头状花序簇生，荚果线形，花期11～3月。QLD至NSW；尚未引种；琼粤闽桂滇。

Acacia concurrens Pedley，合脉相思，Curracabah。乔木或灌木，3～10m，叶状柄窄椭圆形，镰刀状，穗状花序，花期5～9月。NSW至QLD沿海，暖湿气候区，生长迅速，可用于植被重建、薪炭林；尚未引种；琼粤桂闽滇。

Acacia conferta A. Cunn. ex Benth.，密叶相思，Crowded-leaf wattle。灌木或乔木，4m，叶状柄线状倒披针形至窄长椭圆形，互生、轮生或簇生，头状花序，花期4～8月。NSW至QLD沿海平原及山地；尚未引种；琼粤闽桂滇。

Acacia conniana Maslin，柯恩相思。灌木，2~6m，叶状柄线形或披针形，穗状花序，花期 9~10 月。WA 沿海地区；尚未引种；滇桂粤琼。

Acacia conspersa F. Muell.，散生相思。灌木或乔木，7.5m，小枝、叶状柄、花萼均密被绒毛，叶状柄窄椭圆形或线形，穗状花序，花期 4~10 月。NT 北部热带地区；尚未引种；琼滇。

Acacia constablei Tindale，纳拉巴巴相思，Narrabarba wattle。灌木，1~5m，羽状复叶，羽片多 6~15 对，小叶 9~30 对，头状花序，总状排列或圆锥状，花期 6~7 月。NSW；尚未引种；粤桂闽。

Acacia convallium Pedley，阿里戈特河相思。乔木，6m，叶状柄卵形，镰刀状，头状花序簇生，花期 4~5 月。NT；尚未引种；琼滇。

Acacia coolgardiensis Maiden，库尔加迪相思，Sugar brother，Spinifex wattle。灌木或乔木，1~7m，叶状柄圆柱形、线形或线状椭圆形，灰绿色至银灰绿色，头状花序。WA，花繁叶茂，防风林带、庭院遮阴、观赏树种；尚未引种；滇。

Acacia courtii Tindale & Herscovitch，考特相思，North brother wattle。乔木或灌木，5~20m，枝叶披垂，叶状柄线形，穗状花序。花期 11 月至次年 1 月。NSW 东北部沿海地带；尚未引种；闽粤桂琼滇。

Acacia covenyi Tindale，科维尼相思，Blue bush。灌木或乔木，1.5~7.5m，小枝被粉霜，叶状柄窄长椭圆形，绿灰色，头状花序，总状排列，花期 8~9 月。NSW 大分水岭东坡，主要为石灰岩山地，观赏；尚未引种；粤桂闽浙。

Acacia cowleana Tate，考尔相思，Halls creek wattle。灌木或乔木，2~8m，叶状柄窄椭圆形至倒披针形，灰绿色，穗状花序，花期 6~8 月。广布于澳大利亚北方内陆干旱地带（20°S~25°S），沿季节性溪流分布，薪炭材、防护林、观赏；尚未引种；琼粤桂滇。

Acacia craspedocarpa F. Muell.，蜡叶相思，Hop mulga，Wax leaf wattle，Broad leaf mulga。球形灌木，高至 4m，叶状柄圆形至宽倒卵形或长圆形，短穗状花序，花期 3~9 月，木质荚果扁平厚直，缘具翅。WA 中南部，用于树篱、观赏；尚未引种；滇。

Acacia crassa Pedley，厚叶相思。灌木或乔木，12m，叶状柄极窄椭圆形，革质，穗状花序，花期 7~10 月。NSW、QLD 大分水岭至沿海地带；尚未引种；闽粤桂琼。

Acacia crassicarpa A. Cunn. ex Benth.，厚荚相思，Thick-podded salwood，Northern wattle。乔木，6~30m，叶状柄镰刀状披针形，穗状花序，荚果木质，花期 5~6 月。QLD 东北部沿海及新几内亚岛南部，区内无霜多雨，季风雨型。心材黄褐色，硬重持久，用于建筑、家具、造船、地板等，并可造纸。适应性强，可用于沿海沙地绿化和防风林。已引种；琼粤桂闽滇。

Acacia cremiflora B.J. Conn & Tame，乳黄花相思。灌木，2m，叶状柄椭圆形，平面排列，头状花序，花苍黄色至乳黄色。NSW 大分水岭西侧山地；尚未引种；粤桂闽。

Acacia cretata Pedley，布拉克山相思。灌木或乔木，8m，枝叶被粉霜，小枝压扁状有棱，叶状柄镰刀状，穗状花序，花期 7~9 月。QLD 中东部大分水岭山区；尚未引种；琼粤桂滇。

Acacia crombiei C.T. White，科龙比相思，Pink gidgee。乔木，10m，叶状柄窄线形，头

状花序，总状排列。QLD 中部；尚未引种；琼粤桂。

Acacia curranii Maiden，卡兰卷皮相思，Curly-bark wattle。灌木，3m，树皮窄条形刨花样卷缩剥落，叶状柄线形或压扁状，直立，短穗状花序，花期 8～9 月。QLD 至 NSW 的大分水岭西侧；尚未引种；琼粤桂闽。

Acacia cyclops A. Cunn. ex G. Don，西海岸相思，Western coastal wattle。灌木至小乔木，8m，叶状柄窄长圆形、椭圆形或倒卵形，头状花序，总状排列，花期 12 月至次年 3 月。广布于 WA 和 SA 沿海，耐干旱、耐盐雾、抗风、耐盐碱，不耐阴，落叶量大，用于沿海沙漠固定，木材致密，已引入南非，普遍用作薪材；尚未引种；滇桂粤。

Acacia cyperophylla F. Muell. ex Benth.，红枝围篱相思，Creekline miniritchi，Red mulga。灌木或乔木，12m，树皮刨花样卷缩剥落，红色或浅橙色，小枝红色，叶状柄柱形，穗状花序，花期 3～4 月或 7～8 月。WA、NT、SA、QLD，干旱地区，22°S～29°S；尚未引种；滇。

Acacia dallachiana F. Muell.，达拉奇相思，Catkin wattle。乔木，4～12m，叶状柄窄椭圆形，穗状花序，花期 10～3 月。NSW、VIC 高海拔地带；尚未引种；粤桂黔浙闽赣湘。

Acacia dangarensis Tindale & Kodela，丹嘎山相思。乔木，10m，羽状复叶，羽片 2～6 对，小叶 14～30 对，线形，头状花序呈顶生或腋生圆锥状，花期 8～9 月。NSW；尚未引种；粤桂闽。

Acacia dawsonii R.T. Baker，道森相思，Poverty wattle，Mitta wattle，Dawson's wattle。灌木，1～4m，叶状柄线形至窄椭圆形，头状花序，总状排列，花期 8～10 月。大分水岭西侧，贫瘠干旱石质山地；尚未引种；闽粤桂滇。

Acacia dealbata Link，银荆，Silver wattle。乔木，6～30m，干旱地带呈灌木状，树冠灰绿色，小枝具棱脊，羽状复叶，羽片 6～30 片，小叶 10～68 对，窄长圆形至线形，头状花序，总状排列或假圆锥状，花期 7～11 月。NSW 至 VIC 的大分水岭东西两侧山地，及 TAS 中低海拔地带，在南非已经栽培驯化。2 亚种：*Acacia dealbata* subsp. *dealbata* 多为高大乔木，叶大型，分布于低海拔地带；*Acacia dealbata* subsp. *subalpina* 为灌木或小乔木，叶小型，分布于高海拔地带。温暖、温凉湿润或亚湿润气候，北部为夏雨型，南部为冬雨型。木材心材淡褐色至浅桃色，适于造高档纸。树皮单宁含量 16%～36%，品质不及黑荆。生长迅速、根蘖能力强，耐寒，早实，广泛用于水土流失治理。种源间树形及生长习性差异大。叶色奇特，花量繁茂，作观赏。南美洲、东亚、南亚、南欧、非洲也有分布。已引种；苏沪浙闽赣粤桂琼黔川滇。

Acacia deanei（R.T. Baker）M.B. Welch，迪恩相思，Green wattle，Dean's wattle。灌木或乔木，1.5～7m，小枝具棱，羽状复叶，羽片 3～12 对，小叶 11～32 对，线形至窄长圆形，头状花序，总状排列或圆锥状，奶油色至苍黄色。QLD 至 VIC 的大分水岭西侧内地。分布区基本属温暖半干旱气候，夏雨型。适于防风林营建、水土保持、风景林带，木材可作薪柴。尚未引种；琼粤桂闽滇。

Acacia debilis Tindale，纤柔相思。灌木或乔木，6m，羽状复叶，羽片 1～4 对，小叶 5～17 对，头状花序，总状排列或假圆锥状，花期 7～9 月。QLD 至 NSW 山地西侧；尚未引种，琼粤桂闽滇。

Acacia decora Rchb.，绚丽相思（西部银相思），Western silver wattle，Showy wattle，Western golden wattle。灌木，1～3m，叶状柄倒披针形或线形，灰绿色，头状花序，总状排列，金花绚烂，花期 4～7 月。QLD 至 VIC 山地西侧广布，观赏；尚未引种；琼粤桂闽滇。

Acacia decurrens Willd.，绿荆，Green wattle，Black wattle。灌木至小乔木，3～5m，小枝因叶柄下延而呈翅脊，羽状复叶，羽片 3～13 对，小叶 15～45 对，线形，头状花序，总状排列，花期 7～9 月。NSW 东部沿海及台地，其他州沿海地带广泛栽培。木材轻韧，边材白色、心材浅桃色，可做建材、矿柱、栅栏、板材、造纸、薪材，树皮单宁含量 35%～40%。深根性，抗旱、固氮，用于水土保持、植被恢复、防护林及风景林营造。已引种；琼粤桂闽滇。

Acacia delibrata A. Cunn. ex Benth.，卷皮相思。灌木或乔木，9m，树皮刨花状卷缩剥落，小枝纤柔，暗红褐色，叶状柄极窄椭圆形至线形，穗状花序，花期 3～6 月或 8 月。WA 北端；尚未引种；滇。

Acacia demissa R.S. Cowan & Maslin，垂柳相思，Ashburton willow，Moondyne tree。灌木或乔木，4m，枝叶披垂，叶状柄线形至窄椭圆形，头状花序，花期 4～8 月。WA 西部内陆地区；尚未引种，滇。

Acacia denticulosa F. Muell.[Syn. ***Racosperma denticulosum*** （F. Muell.）Pedley]，砂纸叶相思，Sandpaper wattle。灌木，2～4m，植株纤细，叶状柄卵圆形，边缘多细密锯齿，茎与叶暗绿色，穗状花序微弯，金黄醒目，种子繁殖容易，常用于园艺栽培，对湿热夏季适应性较差。WA；尚未引种，滇川闽。

Acacia dictyophleba F. Muell.，羽脉相思，Desert wattle，Feather-veined wattle。灌木，1～4m，叶状柄倒披针形，厚革质，主次脉呈粗糙网状，头状花序。广布于澳大利亚内陆中部干旱区；尚未引种；滇。

Acacia didyma A.R. Chapm. & Maslin，双序相思。灌木或乔木，1.5～4m，叶状柄圆形至宽椭圆形，近肉质，灰绿色，头状花序，总状排列，花期 5～10 月。WA 西部沿海；尚未引种；滇。

Acacia difficilis Maiden，酷境相思。灌木或乔木，2～12m，叶状柄斜椭圆形，近镰刀状，穗状花序，花期 4～10 月。NT，多沿河道或低地分布；尚未引种；琼滇。

Acacia difformis R.T. Baker，垂叶相思，Drooping wattle，Wyalong wattle。灌木或乔木，1～6m，叶状柄窄倒披针形，常披垂，头状花序，总状排列，主花期 12 月至次年 1 月。NSW 至 VIC 的大分水岭以西地区；尚未引种；粤桂闽滇。

Acacia dimidiata Benth.，半叶相思，Swamp wattle。灌木至乔木，7.5m，叶状柄斜卵菱形，纵脉自下侧缘近基部发出，穗状花序，花期 7～10 月。QLD 西北部至 NT 热带；尚未引种；琼滇。

Acacia disparrima M.W. McDonald & Maslin，南方柳安相思，Southern salwood。灌木或小乔木，3～12m，叶状柄镰刀状，穗状花序，花期 1～5 月。QLD 和 NSW 沿海及邻近山地；尚未引种，琼粤桂闽。

Acacia distans Maslin，疏花相思，Manggurda wattle。乔木，8m，叶状柄线形，穗状花序呈总状，花簇间疏离，花期 3～5 月。WA 中西部，主要沿河道分布，暖热干旱

地带；可用于防护林，木材适作薪材、装饰材。尚未引种；琼滇。

Acacia dodonaeifolia（Pers.）Balb.，坡柳叶相思，Sticky wattle，Hop-leaved wattle。灌木至乔木，2～6m，叶状柄窄椭圆形，头状花序，花期7～11月。SA沿海地区，景观观赏；尚未引种；滇桂粤。

Acacia doratoxylon A. Cunn.，矛杆相思，Brown lancewood，Currawang。灌木或乔木，高3～12m，胸径可达15～35cm，叶状柄线形，穗状花序，花期8～9月或9～11月。广布NSW中部至VIC北部的山地西侧及平原，温暖半干旱和半湿润及冷凉半湿润气候区，常成单优群落，耐旱耐寒；心材暗褐色，边材黄色，致密持久，适作家具、工艺用材、薪材，用于观赏、防护林。尚未引种；粤桂闽滇。

Acacia dunnii（Maiden）Turrill，象耳相思，Dunn's wattle，Elephant-ear wattle。灌木或乔木，6m，叶状柄椭圆形至卵形，镰刀状，头状花序呈顶生或腋生圆锥状，花期6～7月。WA和NT的北部；尚未引种；滇琼。

Acacia duriuscula W. Fitzg.，韧叶相思。灌木或乔木，3m，叶状柄线形至线状椭圆形，头状花序，花期4～10月。WA；景观及水土保持树种；尚未引种；滇。

Acacia echinuliflora G.J. Leach，毛花相思。乔木，8m，小枝红褐色，叶状柄窄椭圆形或倒披针形，穗状花序，花期6～8月。NT北部；尚未引种；琼滇。

Acacia elachantha M.W. McDonald & Maslin，短花相思。灌木，3m，偶呈乔木，8m，叶状柄镰刀状，穗状花序，花期5～8月。WA至QLD热带干旱地带，速生，西非引进用于薪材、植被重建，并作为替代食物；尚未引种；琼滇粤桂。

Acacia elata A. Cunn. ex Benth.，高大相思，Cedar wattle，Mountain cedar wattle，Pepper-tree wattle。乔木，高30m，径可达0.6m，羽状复叶，羽片2～7对，小叶8～22对，披针形，头状花序呈腋生或顶生圆锥状，花期12月至次年3月。NSW中北部沿海和山地，雨林、湿润硬叶林和疏林中，已引种至南非、新西兰、美国（西南）地区，用于庭园观赏和防护林；尚未引种；琼粤桂滇闽浙。

Acacia elongata Sieber ex DC.，长叶相思，Swamp wattle，Slender wattle。灌木，5m，叶状柄线状，头状花序，总状排列，花期7～10月。NSW；尚未引种；琼粤桂闽。

Acacia eriopoda Maiden & Blakely，毛序梗相思，Broome pindan wattle。灌木或小乔木，2～8m，叶状柄线形至线状椭圆形，穗状花序，花梗花萼被长绒毛，荚果念珠状，花期4～8月。WA干旱地带；尚未引种；琼滇。

Acacia estrophiolata F. Muell.，南部铁木相思，Southern ironwood。乔木，16m，小枝柔垂，叶状柄线形或极窄椭圆形，头状花序。澳大利亚中部干旱地区；尚未引种；滇。

Acacia euthycarpa（J. Black）J. Black，直果相思。灌木，4m，或乔木，10m，叶状柄窄线形至倒披针形，头状花序，总状排列，荚果线形，花期8～10月。SA至VIC西北部；尚未引种；滇。

Acacia excelsa Benth.，铁木相思，Ironwood，Rosewood。乔木，20m，叶状柄窄椭圆形，头状花序单生或呈总状，花期3～6月。QLD至NSW内陆地带；尚未引种；琼粤桂闽滇。

Acacia falcata Willd.，弯叶相思，Sickle-shaped acacia，Silver-leaved wattle。灌木或乔木，2～5m，叶状柄窄椭圆形至倒披针形，镰刀状，头状花序，总状排列或圆锥状，花

期 4～8 月。自 QLD 至 NSW 的沿海地区和大分水岭东坡山地；尚未引种；琼粤桂闽浙滇黔川。

Acacia falciformis DC., 宽镰叶相思, Broad-leaved hickory, Mountain hickory。乔木, 12m 以上, 叶状柄倒披针形或窄椭圆形, 常镰刀状, 披垂, 头状花序, 总状排列或顶生圆锥状, 花期 7～10 月。QLD 中部经 NSW 至 VIC 南部的大分水岭以东沿海中海拔地带；木材淡褐色至粉红色, 可用于家具、工艺材及薪材, 坚韧耐久, 树皮单宁含量高；尚未引种；琼粤桂闽浙滇黔川湘赣。

Acacia fasciculifera F. Muell. ex Benth., 矮铁皮相思, Scrub ironbark, Rose wattle, Rose spearwood。乔木, 8～10m, 肥沃立地可达 20m, 胸径 60cm, 枝叶披垂, 叶状柄窄长圆形至窄椭圆形, 头状花序簇生或呈密集总状, 夏季开花。QLD 中南部沿海地带, 亚湿润温暖气候, 夏雨型；心材红褐色, 硬重, 可用于家具、建筑、薪材；尚未引种；滇桂琼粤闽浙。

Acacia faucium Pedley, 合萼相思。乔木, 10m, 叶状柄倒披针形, 纸质, 穗状花序。QLD 中部山地；尚未引种；琼粤桂闽滇。

Acacia fauntleroyi（Maiden）Maiden & Blakely, 冯氏相思。灌木或小乔木, 2～7m, 树皮刨花样卷缩剥落, 小枝、叶状柄、花梗被银色平伏毛, 叶状柄线状, 银灰绿色, 头状花序。WA 西南小麦带；尚未引种；滇。

Acacia filicifolia Cheel & M.B. Welch, 蕨叶相思, Fern-leaved wattle。灌木或乔木, 3～14m, 羽状复叶, 羽片 3～14 对, 小叶 23～93 对, 线状, 头状花序, 总状排列或圆锥状, 花期 7～10 月。NSW 沿海及中北部高原山地和 QLD 东南部沿海, 暖湿气候, 夏雨型；尚未引种；粤桂闽浙川滇。

Acacia fimbriata A. Cunn. ex Don, 毛缘相思（布里斯班金花相思）, Fringed wattle, Brisbane golden wattle。灌木或乔木, 6m, 叶状柄线形至窄长圆状椭圆形或窄披针形, 头状花序, 总状排列, 花亮黄色。自然分布于 NSW 至 QLD 中部的沿海及台地, SA 和 VIC 栽培驯化, 适于景观栽植；尚未引种；琼粤桂闽浙川滇。

Acacia flavescens A. Cunn. ex Benth., 黄毛相思, Yellow wattle, Red wattle。灌木或乔木, 4～20m, 小枝、花序轴被金黄色星状毛, 叶状柄斜窄椭圆形至披针形, 镰刀状, 头状花序, 总状排列或圆锥状, 花期 1～6 月。QLD 东部沿海至山地, 季风雨型或夏雨型；木材褐色硬重, 纹理致密, 树皮单宁含量 10%～26%；尚未引种；琼粤桂闽滇。

Acacia fleckeri Pedley, 弗列克相思。乔木, 3～13m, 小枝披垂, 叶状柄窄椭圆形至倒披针形, 头状花序。QLD 约克角半岛；尚未引种；琼滇。

Acacia flexifolia A. Cunn. ex Benth., 扭柄相思（冬花小相思）, Bent-leaf wattle, Small winter wattle。匍匐状浓密灌木, 1.5m, 叶状柄倒披针形, 直立, 头状花序, 花期 6～9 月。自 QLD 南部经 NSW 至 VIC 的大分水岭内陆一侧山坡及相邻平原, 适于庭院观赏；尚未引种；粤闽浙桂黔滇川。

Acacia flocktoniae Maiden, 弗洛克敦相思, Flockton wattle。灌木, 高 2～4m, 叶状柄簇集向上, 线状至窄倒披针形, 长 5～9cm, 头状花序 4～10 呈总状, 总序轴长 1～6cm, 主花期 6～8 月。NSW 中部台地, 海拔 500～1000m；尚未引种；粤桂闽。

Acacia floribunda（Vent.）Willd.，丰花相思，Gossamer wattle，White sallow wattle。灌木或乔木，2～8m，枝叶常披垂，叶状柄线形至窄披针形，穗状花序，花期 6～9 月。QLD 东南经 NSW 至 VIC 东部的沿海地带，澳大利亚东部和南部、新西兰、东南亚等多地栽培；尚未引种；粤桂闽浙滇川赣湘黔。

Acacia floydii Tindale，弗洛伊德相思。灌木或乔木，1.5～10m，羽状复叶和窄线形叶状柄并存，头状花序，总状排列或顶生圆锥状，花期 1～5 月。NSW 东北大分水岭地区雨林地带；尚未引种；粤桂滇。

Acacia fodinalis Pedley，弗丁相思。乔木，10m，叶状柄倒披针形，穗状花序，花簇疏散。QLD 东部河谷盆地；尚未引种；琼粤桂滇。

Acacia frigescens J.H. Willis，高山相思，Montane wattle，Forest wattle，Frosted wattle。灌木或乔木，3～15m，叶状柄窄椭圆形至倒披针状椭圆形，头状花序，总状排列，花期 9～11 月。VIC 东南部山地及亚高山地带；尚未引种；粤桂闽浙滇。

Acacia fulva Tindale，褐毛相思，Velvet wattle。灌木或乔木，1.5～15m，体表多密被银灰色绒毛，羽状复叶，羽片 4～12 对，小叶 11～28 对，窄披针形至卵形，头状花序，总状排列或圆锥状，花期 11～6 月。NSW 东部山地；尚未引种；琼粤桂闽滇。

Acacia gardneri Maiden & Blakely，加德纳相思。灌木或乔木，6m，叶状柄斜窄椭圆形，穗状花序，荚果线形，花期 6～7 月。WA；尚未引种；琼滇。

Acacia georgensis Tindale，乔治山相思，Dr George Mountain wattle，Bega wattle。灌木至乔木，3～12m，叶状柄窄椭圆形，镰刀状，穗状花序，花期 8～10 月。NSW；尚未引种；粤桂闽浙。

Acacia gillii Maiden & Blakely，吉尔相思，Gill's wattle。灌木，2～4m，枝条披垂，小枝、花序轴折曲，叶状柄窄倒披针形或线形，头状花序总状或单生，荚果线形。SA 南部；尚未引种；滇川。

Acacia gladiiformis A. Cunn. ex Benth.，剑叶相思，Sword wattle，Sword-leaf wattle。灌木，1～4m，叶状柄窄倒披针形，头状花序，总状排列，花期 6～10 月。NSW 至 QLD 南部的大分水岭山地及西坡；尚未引种；粤桂闽滇。

Acacia glaucocarpa Maiden & Blakely，蓝果相思，Glory wattle。灌木或乔木，2.5～10m，羽状复叶蓝绿色或绿灰色，羽片 2～8 对，小叶 12～33 对，头状花序呈圆锥状，苍黄色或奶白色，花期 2～7 月。QLD；尚未引种；琼粤桂滇。

Acacia gonocarpa F. Muell.，翅果相思。灌木或乔木，3.5m，叶状柄线形至窄椭圆形，穗状花序，荚果木质，具翅，花期 10～2 月。NT 至 WA；尚未引种；琼滇。

Acacia gonoclada F. Muell.，棱枝相思，Ganambureng。灌木或乔木，4m，小枝四棱状，叶状柄窄椭圆形或倒披针形，穗状花序，花期 5～7 月。广布于澳大利亚北部热带地区；尚未引种；琼滇。

Acacia gracillima Tindale，瘦冠相思。灌木或乔木，4～8m，树皮暗红色，刨花样卷裂，叶状柄线形，穗状花序，花期 5～7 月。WA；尚未引种，琼滇。

Acacia grandifolia Pedley，巨叶相思。乔木，8m，小枝棱脊显明，被灰色绒毛，叶状柄不对称椭圆形，硬革质，穗状花序，花期 7～10 月。QLD 山地；尚未引种；琼粤桂滇闽。

Acacia hakeoides A. Cunn. ex Benth.，黑荚相思，Black wattle，Hakea-leaved wattle，Hakea wattle。灌木或乔木，4m，叶状柄窄倒披针形或线形，头状花序，总状排列，荚果念珠状，黑色，花期6～10月。WA、SA、VIC、QLD；尚未引种；滇粤桂川闽。

Acacia halliana Maslin，霍尔相思。茂密灌木，2.5m，新枝密被苍黄色贴伏毛，叶状柄不等边窄长圆形或窄椭圆形，头状花序，花期8～10月。自SA至VIC和NSW边界中部地区；适宜观赏；尚未引种；滇川粤桂闽。

Acacia hamersleyensis Maslin，哈默斯利岭相思，Hamersley Range wattle。灌木或乔木，4m，叶状柄斜窄椭圆形，穗状花序，花期7～8月。WA；尚未引种；滇。

Acacia hamiltoniana Maiden，汉密尔顿相思，Hamilton's wattle。灌木，3m，叶状柄线形至倒披针形或窄椭圆形，头状花序，总状排列。NSW中南部大分水岭地区；尚未引种；琼粤桂闽滇。

Acacia hammondii Maiden，哈蒙德相思，Hammond's wattle。灌木或乔木，2.5～5m，叶状柄线形或窄椭圆形，穗状花序长，花期5～8月。自WA经NT至QLD的沿海热带地区；尚未引种；琼滇。

Acacia harpophylla F. Muell. ex Benth.，粉绿相思，Brigalow，Brigalow spearwood。乔木，25m，叶状柄窄椭圆形，镰刀状，灰色或银灰色，头状花序呈密集总状，花期7～9月。QLD中部以南沿海及内陆，至NSW中部山地西侧，热带亚热带湿润至半干旱气候区，北部及内陆为夏雨型，南部为均雨型；木材硬重，高质量薪材、炭材，易锯解，切面光滑，可做枕木、梁柱、家具、板材等，耐盐碱、耐土壤黏重，优良防护、遮阴及观赏树种；尚未引种；琼粤桂闽滇。

Acacia havilandiorum Maiden，哈维兰德相思，Needle wattle，Haviland's wattle。灌木或小乔木，1.5～4m，叶状柄条形，头状花序，花期7～10月。SA、VIC、NSW干旱地区；尚未引种；滇。

Acacia helicophylla Pedley，扭叶相思。灌木，4m，叶状柄窄长圆形、椭圆形或倒披针形，螺旋状扭转，穗状花序，花期3～8月。NT北端；尚未引种；琼滇。

Acacia hemignosta F. Muell.，棒叶相思，Club-leaf wattle。乔木或灌木，3～10m，树皮粗糙软木状，叶状柄倒披针形，头状花序，总状排列或圆锥状，花期7～10月。北方热带地区（NT、QLD、WA）；尚未引种；琼粤桂滇。

Acacia hemsleyi Maiden，赫姆斯莱相思。灌木或乔木，7m，叶状柄线形至极窄椭圆形或线状倒披针形，穗状花序，花期6～9月。北方热带地区（WA、NT、QLD）；尚未引种；琼粤桂滇。

Acacia holosericea A. Cunn. ex G. Don，丝毛相思，Candelabra wattle。大灌木或小乔木，9m，枝条三棱形，叶状柄宽斜椭圆形，密被毛，穗状花序，花期4～10月。自WA经NT至QLD的广大热带地区，亚湿润至半干旱气候，季风雨型。木材易劈裂锯解，干燥，心材暗褐色，在北澳用于废弃矿地植被恢复，萌芽更新能力弱。尚未引种；琼粤桂滇闽。

Acacia homaloclada F. Muell.，扁枝相思。灌木，5m，新枝粉红色，枝端压扁状，叶状柄披针形至窄椭圆形，头状花序，花期11～12月。QLD沿海；尚未引种；琼粤桂滇。

Acacia homalophylla A. Cunn. ex Benth.，平叶相思，Yarran。乔木，5～10m，叶状柄窄

椭圆状或倒披针形至线形，头状花序，总状排列，花期 8～10 月。自 QLD 以南、NSW 至 VIC 墨累河平原地带的广大东部地区；尚未引种；粤桂闽浙滇川。

Acacia hopperiana Maslin，哈珀相思。浓密灌木或小乔木，1～4m，小枝红褐色，叶状柄条形，穗状花序，花期 8 月。WA；尚未引种；滇。

Acacia howittii F. Muell.，霍伊特相思，Howitt's wattle，Sticky wattle。灌木或乔木，3～9m，枝条细柔披垂，叶状柄窄椭圆形至披针形，头状花序 1～2。VIC 东南部雨林，树形雅致优美；尚未引种；粤桂闽滇。

Acacia hyaloneura Pedley，透脉相思。灌木，3m，叶状柄窄椭圆形至线形或窄长披针形，中肋凸起，次脉透明状，穗状花序米黄色至苍黄色。NT 中北部及 QLD 东北部；尚未引种；琼粤桂闽。

Acacia hylonoma Pedley，林间相思。乔木，高可达 25m，胸径达 40cm，树皮光滑，黄褐色，小枝红色，叶状柄窄椭圆形，头状花序，总状排列，花期 8～11 月。QLD 东北部海岸雨林地带，木材可作梁柱；尚未引种；琼滇。

Acacia implexa Benth.，灰木相思，Lightwood，Hickory wattle，Broad-leaf wattle。乔木，3～15m，独茎或低位分叉，常因根出条而成群丛，幼时具羽状复叶，叶状柄窄椭圆形，镰刀状，头状花序，总状排列，花期 12 月至次年 4 月。东部地区沿海及山地（NSW、QLD、TAS、VIC）广布且普遍，多雨而排水良好地段；木材边材淡褐色、心材暗褐色，纹理致密，工艺、家具、地板用材，树皮单宁含量 20%～33%；速生，萌芽更新良好，耐火、耐旱、抗风、稍耐寒，可用于水土流失治理、防护林、观赏等。已引种；琼粤桂闽滇川。

Acacia inceana Domin，因斯相思。灌木，1～3m，叶状柄圆柱形至扁平，竖立，头状花序，花期 8～9 月。WA 小麦带，盐湖周边；尚未引种；滇。

Acacia incongesta R.S. Cowan & Maslin，散花相思，查尔斯峰相思，Peak Charles wattle。灌木，4m，叶状柄竖立，窄椭圆形，穗状花序，花簇松散，花期 3～6 月。WA 麻利地带；尚未引种；滇。

Acacia ingramii Tindale，因格拉姆相思。丛生灌木或乔木，2～7.5m，枝叶、花梗被金色或白色贴伏毛，叶状柄窄线形，头状花序，总状排列，花期 9～11 月。NSW 山地；尚未引种；粤桂闽滇。

Acacia inophloia Maiden & Blakely，麻皮相思，Fibre-barked wattle。灌木或乔木，1～3.5m，树皮蓬松麻状，老枝皮刨花样剥裂，叶状柄丝线状，多脂，短穗状花序单生，荚果均密被毛，花期 8～10 月。WA 小麦带；尚未引种；滇。

Acacia irrorata Sieber ex Spreng.，绿皮相思，Green wattle，Blueskin。大灌木或小乔木，5～20m，树皮绿色至黑色，羽状复叶，羽片 5～26 对，小叶 15～72 对，密集覆瓦状，头状花序，总状排列或假圆锥状。自 QLD 至 NSW 的沿海地带及相邻山地，暖湿气候区，夏雨型，木材硬重，树皮产单宁，观赏及植被恢复；已引种；粤桂闽浙川黔滇。

Acacia isoneura Maslin & A.R. Chapm.，同脉相思。灌木，3m，叶状柄圆柱形，纵脉等粗，头状花序无柄，花期 7～9 月。WA 小麦带；尚未引种；滇。

Acacia iteaphylla F. Muell. ex Benth.，弗林德斯山相思，柳叶相思，Flinders Range wattle，

Willow-leaved wattle, Winter wattle, Port lincoln wattle。灌木, 2~4m, 小枝末端披垂, 叶状柄线形, 有时窄椭圆形, 头状花序, 总状排列, 花期秋冬季。SA, 南方各州驯化栽培, 观赏, 多垂枝品种; 尚未引种; 粤桂闽浙滇川。

Acacia ixodes Pedley, 粘枝相思, Motherumbung。灌木或小乔木, 5~8m, 小枝多脂, 叶状柄窄长椭圆形至倒披针形, 头状花序亮黄色, 芳香, 花期8~11月。NSW大分水岭西侧山地及平原; 尚未引种; 粤桂闽滇。

Acacia jamesiana Maslin, 詹姆斯相思。浓密灌木或乔木, 2~6m, 新枝多脂, 叶状柄线状, 四棱形, 银灰色, 头状花序, 花期5~11月。WA内陆; 尚未引种; 滇。

Acacia jennerae Maiden, 詹纳相思, Coonavittra wattle。灌木或乔木, 2~6m, 多根出条形成群丛, 叶状柄窄椭圆形至窄倒披针形, 头状花序, 总状排列, 花期3~7月。南部干旱半干旱地带 (NSW、NT、SA、WA), 萌芽力旺盛, 适作薪材, 观赏; 尚未引种; 滇。

Acacia jibberdingensis Maiden & Blakely, 吉伯丁相思, Jibberding wattle。灌木或小乔木, 2~4m, 叶状柄线形, 穗状花序, 花期6~10月。WA小麦带; 适于观赏、防风林、水土流失治理; 尚未引种; 滇。

Acacia johannis Pedley, 约翰相思。灌木, 2m, 叶状柄窄椭圆形, 镰刀状, 头状花序, 花期2~4月。QLD; 尚未引种; 琼粤桂滇。

Acacia johnsonii Pedley, 约翰逊相思, Gereera wattle, Geereva wattle。灌木, 1.5~3m, 叶状柄线形, 头状花序, 花期8~10月。QLD、NSW; 尚未引种; 琼粤桂闽。

Acacia jonesii F. Muell. & Maiden, 琼斯相思。灌木, 4m, 多根出条, 羽状复叶无柄, 羽片2~11对, 小叶4~21对, 窄倒披针形或窄长圆形, 头状花序, 总状排列或圆锥状, 花期7~10月。NSW; 尚未引种; 粤桂闽。

Acacia jucunda Maiden & Blakely, 耶特曼相思, Yetman wattle。灌木或乔木, 2~8m, 叶状柄长倒披针形, 头状花序, 总状排列, 花期7~9月。QLD南部至NSW北部, 繁花艳丽, 栽培供观赏; 尚未引种; 琼粤桂闽滇。

Acacia julifera Benth., 穗花相思。灌木, 2~5m, 或小乔木, 10m, 叶状柄窄披针形, 镰刀状, 穗状花序, 花期3~8月。QLD中南部沿海地带和东北部内陆地区; 尚未引种; 琼粤桂闽滇。

Acacia juncifolia Benth., 灯芯草叶相思, Rush-leaf wattle。灌木, 3m, 枝条纤柔, 叶状柄圆柱形至近四棱形, 头状花序, 花期6~11月。QLD南部至NSW北部沿海及山地; 尚未引种; 琼粤桂闽滇。

Acacia kalgoorliensis R.S. Cowan & Maslin, 卡尔古利相思, Kalgoorlie wattle。浓密多茎灌木, 3m, 叶状柄条形, 头状花序, 花期7~10月。WA南部小麦带以东, 可用于半干旱、采矿区、盐碱地植被建设及观赏; 尚未引种; 滇。

Acacia kelleri F. Muell., 凯勒相思。灌木或乔木, 7m, 枝条披垂, 叶状柄集生, 线状至窄披针形, 穗状花序, 花期3~8月。WA北部、NT; 尚未引种; 琼滇。

Acacia kempeana F. Muell., 肯普相思, Witchetty bush, Wanderrie wattle。灌木或乔木, 5m, 叶状柄窄椭圆形, 穗状花序, 花期6~9月。澳大利亚内陆干旱半干旱地区; 尚未引种; 滇。

Acacia kenneallyi R.S. Cowan & Maslin，肯尼利相思。乔木或灌木，2～7m，叶状柄窄长椭圆形至线形，头状花序单生或总状，花期 5～6 月。WA 北部；尚未引种；滇琼。

Acacia kettlewelliae Maiden，布法罗山相思，Buffalo wattle。灌木或乔木，2～10m，叶状柄窄椭圆形至窄倒披针形，头状花序，总状排列，花期 9～12 月。NSW 南部至 VIC 大分水岭高海拔湿润山地，观赏；尚未引种；粤桂闽浙赣湘川滇。

Acacia kulnurensis Tindale & Kodela，库尔纽拉相思。灌木至小乔木，4m，枝条常下垂，羽状复叶，羽片 3～13 对，小叶 4～15 对，头状花序，总状排列或圆锥状，花期 3～9 月。NSW 东部山地；尚未引种；琼粤桂滇闽。

Acacia kydrensis Tindale，凯德拉相思，Kydra wattle。灌木，2m，叶状柄倒披针形，头状花序，总状排列，花期 9～11 月。NSW 沿海山地；尚未引种；粤桂闽滇。

Acacia laccata Pedley，亮枝相思。多脂灌木，4m，新枝具漆样光泽，叶状柄窄椭圆形，穗状花序，花期 5～9 月。NT、QLD、WA 热带地区；尚未引种；琼粤桂滇。

Acacia lamprocarpa O. Schwarz，矩果相思，Western salwood。乔木，12m，树皮纸片状层裂，叶状柄窄椭圆形，镰刀状，穗状花序，花期 4～6 月，荚果长圆形，扁平或螺旋状扭转。北部热带地区（NT、QLD、WA）；尚未引种；琼滇粤桂。

Acacia lasiocalyx C.R.P. Andrews，毛萼相思。灌木或乔木，2～10m，叶状柄线状，披垂，穗状花序，花期 7～10 月。WA 广泛分布，用于营造防风林和景观林；尚未引种；滇。

Acacia latescens Benth.，球花相思，Ball wattle。灌木或乔木，3～10m，叶状柄窄椭圆形至线形，镰刀状，头状花序，总状排列。NT；尚未引种；琼滇。

Acacia latifolia Benth.，阔叶相思，Broadleaf acacia。灌木或乔木，5m，小枝压扁状，叶状柄下延成翅，斜窄披针形至卵形或椭圆形，穗状花序，花期 5～10 月。NT、QLD、WA 热带地区；尚未引种；琼滇粤桂。

Acacia latisepala Pedley，宽萼相思。灌木，3m，小枝红褐色至黑色，羽状复叶，羽片 1～3 对，小叶 4～8 对，长圆形，有时与倒披针形镰刀状叶状柄并存，头状花序，总状排列或圆锥状，花期 7～9 月。QLD 东南部沿海及 NSW 北部山地；尚未引种；粤桂闽滇。

Acacia latzii Maslin，拉兹相思，Latz's wattle。灌木或乔木，3～7m，叶状柄窄线形至线状倒披针形，头状花序，总状排列。NT 南部及相邻 SA 地区；尚未引种；滇。

Acacia leeuweniana Maslin，列文相思。窄冠乔木，14m，树皮褐红色，刨花样卷缩剥落，叶状柄线形，穗状花序，花期 4～5 月、10 月。WA 北部，冠型美观；尚未引种；滇琼。

Acacia legnota Pedley，粗缘相思。灌木或乔木，2～4m，叶状柄窄椭圆形至倒披针状椭圆形，镰刀状，头状花序，荚果线状具凸缘。QLD 沿海；尚未引种；琼粤桂滇。

Acacia leiocalyx（Domin）Pedley，早花黑荆，Blackwattle, Early flowering black wattle, Lamb's tail wattle。灌木或乔木，6～10m，穗状花序，花期 6～10 月。QLD 以南至 NSW 的东部沿海及山地，木材花纹美观，但易劈裂；尚未引种；琼粤桂闽。

Acacia leiophylla Benth.，光叶相思，Smooth-leaved wattle。灌木或乔木，4m，叶状柄线形或倒披针形，头状花序，总状排列或圆锥状。SA 沿海地区；尚未引种；滇川。

Acacia leprosa Sieber ex DC., 腺叶相思（肉桂相思），Cinnamon wattle。灌木，4m，多脂芳香，叶状柄窄椭圆形至线形，头状花序单生或总状，苍黄色，稀有橘红色品种，花期 8～11 月。东部地区（QLD 以南、NSW、TAS、VIC）；尚未引种；粤桂闽浙赣湘黔川滇。

Acacia leptocarpa A. Cunn. ex Benth.，细荚相思。乔木，稀灌木，叶状柄窄椭圆形，镰刀状，穗状花序，荚果细长，卷曲。NT 和 QLD 沿海地带，热带气候。木材边材白色、心材暗褐色，纹理细密，硬重。尚未引种；琼粤桂滇。

Acacia leptoclada A. Cunn. ex Benth.，细枝相思，Sharp feather wattle。灌木，高 1～3m，枝条常披垂，羽状复叶，羽片 1～5 对，小叶 5～13 对，长圆形，头状花序，总状排列，花期 8～10 月。NSW 山地；尚未引种；粤桂闽滇。

Acacia leptophleba F. Muell. ex Benth.，隐脉相思。多脂灌木，2.5m，叶状柄斜窄椭圆形至窄倒披针形，穗状花序，花期 4～9 月。NT 和 WA 北方地带；尚未引种；琼滇。

Acacia leptostachya Benth.，纤穗相思，Townsville wattle，Slender wattle。灌木至乔木，0.5～6m，叶状柄窄椭圆形至披针形、线形，穗状花序。QLD 沿海及内陆；尚未引种；琼粤桂滇。

Acacia leucoclada Tindale，白枝相思，北方银荆相思，Northern silver wattle。灌木、小乔木，4～9m，枝多脂，密被灰色或白色毛，羽状复叶，羽片 5～18 对，小叶 11～45 对，小刀状至窄长圆形，头状花序，总状排列或圆锥状，花期 7～9 月。QLD 东南部和 NSW 大分水岭山地，温暖亚湿润气候；尚未引种；粤桂闽滇浙。

Acacia leucolobia Sweet，白萼相思。灌木，1.5～3m，小枝红色至红褐色，叶状柄倒卵形至椭圆形，头状花序，总状排列，花期 8～10 月。NSW 中东部山区；尚未引种；粤桂闽。

Acacia ligulata A. Cunn. ex Benth.，条叶相思，Dune wattle，Sandhill wattle，Umbrella bush。灌木或乔木，2～3m，叶状柄线形至窄椭圆形，头状花序，总状排列，花期 7～10 月。澳大利亚相思广布种之一，各州干旱地区，耐旱、耐寒；尚未引种；琼粤桂闽滇。

Acacia ligustrina Meisn.，女贞相思。灌木或乔木，1.5～3.5m，叶状柄长椭圆形、倒披针形或窄椭圆形，头状花序，花期 8～10 月。WA，适于土地植被恢复、观赏；尚未引种；滇。

Acacia limbata F. Muell.，白缘相思。灌木，2m，叶状柄镰刀状，边缘苍白色，穗状花序，花期 3～7 月。澳大利亚热带地区（NT、QLD、WA）；尚未引种；琼滇。

Acacia linarioides Benth.，柳穿鱼叶相思。灌木，2.5m，叶状柄密集，线形，穗状花序，花期 1～7 月。NT 北部；尚未引种；琼滇。

Acacia linearifolia Maiden & Blakely，窄叶相思，Stringybark wattle，Narrow-leaved wattle。灌木或乔木，高至约 10m，胸径可达 15～45cm，小枝暗红色，叶状柄窄线形，头状花序，总状排列，花期 8～10 月。NSW 低海拔地区，易萌芽更新，生长迅速，观赏；尚未引种；琼粤桂闽。

Acacia lineolata Benth.，线脉相思（矮垂枝相思），Dwarf myall。浓密球形灌木，3m，叶状柄线形至长椭圆形，纵脉黄色密集，头状花序，花期 6～9 月。WA 小麦带；

尚未引种；滇。

Acacia linifolia（Vent.）Willd.，亚麻叶相思，Flax-leaved wattle，White wattle。灌木，6m，叶状柄密集，线形，头状花序，总状排列，花乳黄色。NSW 大分水岭东侧；尚未引种；粤桂闽滇。

Acacia loderi Maiden，布罗肯山小相思，罗德相思，Broken hill gidgee。灌木或乔木，3～8m，叶状柄线形、近圆条形至压扁状，头状花序，总状排列或簇状，花期 8～10 月。NSW、SA 和 VIC 的内陆地区；尚未引种；粤桂滇。

Acacia longifolia（Andrews）Willd.，悉尼金花相思，金棒，Sydney golden wattle，Golden rods，Long leaved acacia，Sallow wattle。灌木或乔木，8m，叶状柄线形至椭圆形，穗状花序亮黄色，花期6～10月。自 QLD 东南部沿 NSW、VIC 至 SA 沿海及台地和 TAS 周边普遍分布，WA 引种栽培；尚未引种；琼粤桂闽浙湘赣川滇。

Acacia longiphyllodinea Maiden，岩生长叶相思，Long-leaf rock wattle。灌木，4m，叶状柄丝线形，穗状花序，花密集，花期8～9月。WA 小麦带，观赏；尚未引种；滇。

Acacia longispicata Benth.，长序相思。灌木至乔木，10m，小枝、叶柄、花梗被黄褐色至栗色贴伏毛，叶状柄斜窄椭圆形，镰刀状，穗状花序，花期6～8月。QLD 中部地带，温暖半干旱气候，夏雨型；尚未引种；琼粤桂滇闽.

Acacia longissima Hort. ex H.L. Wendl，长线叶相思，Long-leaf wattle。灌木或小乔木，2～6m，叶状柄线形，穗状花序，苍黄色至近白色，花期1～5月。QLD 东南部经 NSW 至 VIC 东部的沿海地带；尚未引种；琼粤桂闽浙。

Acacia loroloba Tindale，舌叶相思。灌木或乔木，9m，羽状复叶，羽片 10～18 对，小叶 14～50 对，长圆形，皮革质，头状花序，总状排列或假圆锥状，苍黄色，花期 12～3 月。QLD 沿海地区；尚未引种；琼粤桂闽。

Acacia lucasii Blakely，卢卡斯相思，Woolly-bear wattle，Lucas's wattle。灌木，4m，小枝被毛，幼时铁锈色，老时银白色，叶状柄密集，椭圆形至披针形，头状花序单生或呈总状，花期 8～11 月。NSW 与 VIC 交界地带大分水岭山区；尚未引种；粤桂闽。

Acacia lunata G. Lodd.，月牙相思，Lunate-leaved acacia。灌木，3m，叶状柄倒披针形至窄椭圆形，新月状弯曲，头状花序，总状排列，花繁，花期 7～11 月。NSW 悉尼地区；尚未引种；粤桂闽。

Acacia lysiphloia F. Muell.，脱皮相思，Turpentine bush。多脂灌木，6m，树皮刨花状卷缩剥落，红褐色，叶状柄线状斜倒卵形，穗状花序，花期 4～9 月。NT、QLD、WA 干旱热带地区；尚未引种；琼粤桂滇。

Acacia mabellae Maiden，梅布尔相思，Mabel's wattle，Black wattle。灌木或乔木，3～20m，新枝、花序轴、花梗被金色稀白色柔毛，叶状柄线状椭圆形至倒披针形，镰刀状，头状花序，总状排列，花乳白色，花期8～11月。NSW 沿海山地；尚未引种；粤桂闽。

Acacia macdonnelliensis Maconochie，麦克唐纳围篱相思，MacDonnell mulga，Hill mulga。灌木或乔木，3～6m，叶状柄极窄椭圆形至线形或丝线状，穗状花序。NT 中部及相邻 WA 地区；尚未引种；滇。

Acacia macnuttiana Maiden & Blakely，麦克纳特相思，McNutt's wattle。灌木，3m，叶状柄窄线形，头状花序，总状排列，花期 7~9 月。NSW 东北部山区；尚未引种；琼粤桂闽。

Acacia maconochieana Pedley，马伦相思，Mullan wattle。乔木，高至 12m，枝叶果均密被银白色贴伏毛，叶状柄线形，长 8~18cm，头状花序 2~4 呈总状。WA 和 NT 边界中部地区低地及盐湖周围，夏雨型；尚未引种；琼滇粤桂。

Acacia macradenia Benth.，腺缘相思，Zig-zag wattle。灌木或乔木，3~5m，小枝曲折，披垂，叶状柄窄椭圆形至窄长圆形，头状花序，总状排列，花期 7~9 月。QLD 中部和南部内陆地区，澳大利亚东部广泛栽培观赏；尚未引种；琼粤桂闽滇。

Acacia macraneura Maslin & J.E. Reid，大荚果相思，Big pod mulga。灌木或小乔木，3~7m，叶状柄条形，蜿蜒状弯曲，穗状花序，荚果大。WA 中西部内陆地区；尚未引种；滇。

Acacia maidenii F. Muell.，梅登相思，Maiden's wattle。灌木或乔木，高可达 20m，叶状柄镰刀状，穗状花序，花期 1~6 月。QLD 中部以南经 NSW 至 VIC 东部的沿海地带，暖湿气候；尚未引种；粤桂闽浙。

Acacia maitlandii F. Muell.，梅特兰相思，Maitland's wattle, Spiky wattle。灌木，3m，叶状柄常窄椭圆形至长倒披针形，具硬刺细尖头，头状花序，花期 5~10 月。广布于澳大利亚各州干旱地区；尚未引种；滇琼粤桂。

Acacia mangium Willd.，马占相思，Mangium, Hickory wattle, Black wattle, Brown salwood, Sabah salwood。乔木，7~30m，叶状柄斜窄椭圆形，穗状花序。QLD 热带沿海及新几内亚南部，热带气候，降雨量 1000~3000mm；木材心材淡黄色至褐色，易锯解刨光，稳定耐腐，适于造纸。已引种；琼粤桂滇。

Acacia maranoensis Pedley，玛拉诺相思，Womel。乔木，6~10m，叶状柄线形至窄椭圆形，头状花序，总状排列。QLD 低洼地带；尚未引种；琼粤桂闽。

Acacia mariae Pedley，金冠相思（玛丽相思），Golden-top wattle, Crowned wattle。灌木，2m，枝、叶、花梗密被银灰色贴伏绒毛，叶状柄密集，极窄椭圆形至窄倒披针形，头状花序，花期 7~10 月。NSW 山地及以西平原；尚未引种；琼粤桂闽滇。

Acacia masliniana R.S. Cowan，马斯林相思，Maslin's wattle。灌木或乔木，1~3m，叶状柄条形，刺硬，头状花序，花期 7~9 月。WA 小麦带以东，盐湖、沼泽、低洼地；尚未引种；滇。

Acacia matthewii Tindale & S. Davies，马修相思。高灌木或小乔木，3~15m，树皮长薄片状或纤维状开裂，叶状柄二型，成熟叶窄椭圆形，镰刀状，新梢叶短宽，椭圆形或倒卵形，穗状花序，花期 8~11 月。NSW 沿海中部；尚未引种；琼粤桂闽。

Acacia mearnsii De Wild.，黑荆，Black wattle。灌木或乔木，高至 16m，树皮黑色或灰色，枝、叶、果密被绒毛，羽状复叶，羽片 7~31 对，小叶 25~78 对，小刀状至窄长圆形或剑形，头状花序，总状排列或假圆锥状，花期 10~12 月。自 NSW 经 VIC 至 SA 的沿海地带，以及 TAS，暖湿气候，最冷月极端低温平均-3~7℃，沿海地带无霜，内地高海拔地带有霜日可达 80 天，低温至-12℃，降雨量 360~1600mm，南部为冬雨型，北部夏雨型。木材淡褐色，适于矿柱、建筑、家具、地板、造纸等，

树皮单宁含量 35%~51%，为世界最重要单宁生产树种。已引种；闽浙赣湘粤琼桂黔川滇。

Acacia megalantha F. Muell.，大花相思。多脂灌木，4m，叶状柄硬革质，穗状花序，花期 4~9 月。QLD、NT 至 WA；尚未引种；琼滇。

Acacia meiantha Tindale & Herscovitch，少花相思。灌木，2.5m，叶状柄线形，头状花序，总状排列，花期 7~10 月。NSW 东部山区；尚未引种；粤桂闽。

Acacia meisneri Lehm. ex Meisn.，迈斯纳相思。稠密灌木，4m，叶状柄椭圆形至倒卵形或倒披针形，头状花序单生或呈总状，花期 11~2 月。WA 小麦带；尚未引种；滇。

Acacia melanoxylon R. Br.，黑木相思，Blackwood, Black wattle, Black sally。乔木，高 6~45m，胸径可达 1~1.5m，偶为灌木，幼时具羽状复叶，叶状柄窄椭圆形、披针形或倒披针形，直或镰刀状，头状花序，总状排列，北部冬春季开花而南部春夏季开花。自 QLD 东南部、NSW、VIC、至 SA 东南部的广大沿海及相邻台地，以及 TAS 大部，海拔可至 1500m，暖湿、冷湿气候，极端低温平均 1~10℃，有霜日 1~40 天，平均降雨量 750~1500mm，南部为冬雨型，北部为夏雨型；广为栽培，适宜区域年均温 9~25℃，最低温-3~16℃，最高温 19~33℃，降雨量 480~2940mm；木材心材黄褐色至暗褐色，纹理美观，易加工。已引种；琼粤桂黔川滇闽浙。

Acacia melvillei Pedley，平展叶相思，梅尔维尔相思，Yarran。乔木，高 15m，径达 30cm，叶状柄窄椭圆形或长椭圆形、倒披针形、线形，头状花序，总状排列，花期 8~10 月。QLD 东南部、NSW 中部、VIC 西北部；木材致密硬重，红褐色，纹理美观，有香气，易加工；尚未引种；粤桂闽滇。

Acacia merinthophora E. Pritz.，曲枝相思，Zigzag wattle。灌木，4m，小枝披垂，曲折呈之字形，叶状柄四棱线形，极度弯曲，头状花序，花期 5~9 月。WA，湿润地区栽培观赏生长良好；尚未引种；滇。

Acacia merrickiae Maiden & Blakely，玛瑞克相思，Merrick's wattle。灌木，4m，叶状柄椭圆形至卵形，被粉霜，头状花序，总状排列，花期 4~6 月。WA 西南部小麦带；尚未引种；滇。

Acacia microbotrya Benth.，小花序相思（木蜜相思），Manna wattle。灌木或乔木，2~7m，叶状柄平展至披垂，窄椭圆形至倒披针形，镰刀状弯曲，头状花序，总状排列，花期 4~7 月。WA 西南部小麦带，耐旱、耐寒、耐中度盐碱，速生、易萌芽更新，种子可食，蜜源植物，花量丰富用于观赏，适应性强，用于营造防护林；尚未引种；滇。

Acacia microcarpa F. Muell.，小果相思，Manna wattle。灌木，2.5m，叶状柄常为倒披针形，头状花序，花期 8~11 月。SA 至 NSW 及 VIC；尚未引种；滇川粤桂。

Acacia microcephala Pedley，小头花相思。乔木，10m，叶状柄线形，头状花序，总状排列。QLD 中西部；尚未引种；琼粤桂滇。

Acacia microsperma Pedley，小籽相思，Bowyakka。乔木，10m，叶状柄线形，头状花序，总状排列或簇生。QLD；尚未引种；琼粤桂闽。

Acacia midgleyi M.W. McDonald & Maslin，米奇里相思，Cape York salwood。乔木，高至 25m，径可达 90cm，叶状柄不等边至镰刀形，穗状花序。种名取自澳大利亚林

学家 Stephen Midgley 的名字。QLD 约克角半岛地区特有，适作用材造林树种；尚未引种；琼粤桂滇闽。

Acacia mimula Pedley，沟酸浆相思。乔木，7m，叶状柄窄椭圆形至倒披针形，镰刀状，头状花序，总状排列或圆锥状，花白色至奶油色。NT；尚未引种；琼滇。

Acacia minyura Randell，沙漠围篱相思，Desert mulga。灌木，4m，枝条多蓝灰色树脂积淀，叶状柄扁平，穗状花序，花期 5~8 月。内陆干旱地区（NT、QLD、SA、WA）；属未引种；粤闽桂滇。

Acacia mitchellii Benth.，米切尔相思，Mitchell's wattle。灌木，2m，羽状复叶近无柄，羽片 1~6 对，小叶 2~7 对，窄长圆形、倒卵形，头状花序苍黄色至白色，花期多在 11 月至次年 3 月。NSW、VIC、SA；尚未引种；粤闽桂川滇。

Acacia mollifolia Maiden & Blakely，毛叶相思，Hairy silver wattle。灌木或乔木，1.5~6m，枝叶密被银灰色绒毛，羽状复叶近无柄，羽片 4~10 对，小叶 7~27 对，线形至小刀形，头状花序，总状排列或圆锥状，花期 3~5 月。NSW 东部山地；尚未引种；粤桂闽。

Acacia montana Benth.，麻利相思，Mallee wattle。灌木或乔木，1~4m，小枝、荚果被长毛，叶状柄窄长圆形、线形或窄椭圆形，头状花序，荚果线形，花期 8~11 月。自 QLD 东南至 SA 东南的大分水岭内地山地及相邻平原地带；尚未引种；粤闽川滇。

Acacia monticola J.M. Black，红皮相思，Red wattle，Curley-bark wattle。多脂灌木或乔木，高至 8m，树皮刨花样卷缩剥落，红褐色或灰色，叶状柄圆形、宽倒卵形、椭圆形，偏斜，头状花序，花期 4~8 月。北部、西北部（NT、QLD、WA）干旱半干旱地带，季风雨型；观赏、防护林、薪材；尚未引种；琼滇粤桂。

Acacia mountfordiae Specht，山地干花豆相思。灌木或乔木，高至 4m，叶状柄半月形，穗状花序，花期 6~9 月。NT 北端；尚未引种；琼滇。

Acacia mucronata Willd. ex H.L. Wendl.，柳叶相思，Variable sallow wattle，Narrow-leaf wattle。灌木或乔木，1~15m，叶状柄窄线形、长圆形或椭圆形，穗状花序乳白色或苍黄色，花期 8~12 月。NSW 至 VIC 的大分水岭以南，并广布于 TAS，有 3 亚种；尚未引种；粤桂闽浙川滇。

Acacia muelleriana Maiden & R.T. Baker，缪勒相思，Mueller's wattle。灌木或乔木，1.5~8m，羽状复叶，羽片 1 或 2 对，小叶 4~10 对，小刀形或线形，头状花序多呈圆锥状，奶白色，花期 8 月至次年 1 月。QLD 及 NSW 的山地；尚未引种；琼粤桂闽滇。

Acacia mulganeura Maslin & J.E. Reid，乳脂围篱相思，Hilltop mulga，Milky mulga。灌木或乔木，1.5~7m，树冠紧凑，灰绿色至蓝灰色，小枝被乳状蓝灰色或黄色树脂层，叶状柄斜椭圆形至倒卵形，灰色、蓝灰色、灰绿色，穗状花序，花期 3~10 月。广布于 WA 及 NT；尚未引种；滇。

Acacia multisiliqua（Benth.）Maconochie，多荚相思。灌木或乔木，1~5m，叶状柄窄椭圆形，头状花序，荚果线形，花期 2~8 月。自 WA 西北至 QLD 北部的广大干旱地区；尚未引种；琼滇粤桂。

Acacia multispicata Benth.，多穗相思，Spiked wattle。浓密球形灌木，2.5m，叶状柄条形至压扁状，穗状花序大量，花期 8~10 月。WA 小麦带，圆冠繁花，观赏；尚未

引种；滇。

Acacia murrayana F. Muell. ex Benth.，墨累相思，Murray's wattle，Sandplain wattle，Colony wattle，Powder bark wattle。灌木或乔木，8m，叶状柄线形至窄椭圆形，头状花序，总状排列，花期春季，8~11 月。分布于广大中南内陆干旱地带（自 WA 经 NT、SA 至 QLD 和 NSW 的大分水岭西缘），温暖干旱半干旱气候；尚未引种；琼粤桂滇。

Acacia myrtifolia（Sm.）Willd.，桃金娘叶相思（红枝相思），Myrtle wattle，Red stem wattle，South Australian silver wattle。丛生灌木，0.5~3m，枝条红色，叶状柄竖立，斜窄椭圆形至倒披针形，厚革质，头状花序，总状排列，乳白色或苍黄色，花期 6~10 月。广布于除 NT 之外的南方各州温带地区及 TAS，并最早引种至欧洲等地；尚未引种；粤桂闽浙湘赣黔川滇。

Acacia neriifolia A. Cunn. ex Benth.，夹竹桃叶相思，Oleander wattle。灌木或乔木，2~10m，径可达 15~25cm，枝、叶、花序轴被银白色毛，叶状柄窄椭圆形至几线形，头状花序，总状排列，花期 7~10 月。QLD 中南部和 NSW，大分水岭山地西坡；尚未引种；粤桂闽滇川。

Acacia nesophila Pedley，海岛相思。灌木，3.5m，叶状柄斜椭圆形，穗状花序。QLD 海岸带；尚未引种；琼粤桂。

Acacia neurocarpa A. Cunn. ex Hook.，脉果相思。灌木或乔木，3~8m，叶状柄竖立，窄椭圆形，穗状花序，花期 6~10 月。北方地区（NT、WA、QLD）；尚未引种；琼滇粤桂。

Acacia neurophylla W. Fitzg.，脉叶相思。灌木或小乔木，0.5~5m，叶状柄竖立，窄长椭圆形，穗状花序，花期 5~11 月。WA 小麦带；尚未引种；滇。

Acacia notabilis F. Muell.，麻利金花相思，Mallee golden wattle，Flinders wattle。灌木，5m，叶状柄窄椭圆形至倒披针形，皮革质，头状花序，总状排列，亮黄色，花期 7~11 月。SA 东部及相邻 NSW 和 VIC 地区；尚未引种；滇川。

Acacia obliquinervia Tindale，偏脉相思，Mountain hickory wattle。灌木或乔木，1~15m，叶状柄偏斜、倒卵形至窄倒披针形、窄椭圆形，头状花序，总状排列或圆锥状，花期 8~11 月。自 NSW 中部以南至 VIC 中南部山地，海拔 500~1700m；尚未引种；粤桂闽浙。

Acacia obtusata Sieber ex DC.，钝头相思，Blunt-leaf wattle，Obtuse wattle。灌木，0.5~3m，叶状柄倒披针形，头状花序，总状排列，花期 7~10 月。NSW 中南部山地；尚未引种；粤桂闽。

Acacia obtusifolia A. Cunn.，钝叶相思，Blunt leaf wattle，Stiff leaf wattle。灌木或乔木，0.5~15m，叶状柄线形至窄椭圆形，穗状花序苍黄色至奶油色，花期 12 月至次年 2 月。自 QLD 经 NSW 至 VIC 大分水岭东侧山地及沿海地区；尚未引种；粤桂闽浙。

Acacia oldfieldii F. Muell.，奥德菲尔德相思。灌木或乔木，1.5~5m，新梢具橘黄色丝样光泽，叶状柄线状椭圆形至线状倒披针形，穗状花序，花期 8 月。WA 西部沿海；尚未引种；滇。

Acacia olgana Maconochie，奥尔加山相思，Mount Olga wattle。灌木或小乔木，6~15m，

叶状柄线形至极窄椭圆形，幼时被金色毛被，穗状花序，花密集，亮黄色，花期 5～9 月。WA、NT、SA；尚未引种；滇。

Acacia oligoneura F. Muell.，少脉相思。灌木，2m，叶状柄窄倒披针形，穗状花序，花期 1～5 月。WA、NT；尚未引种；琼粤桂滇。

Acacia olsenii Tindale，奥尔森相思。乔木，15m，羽状复叶，羽片 9～17 对，小叶 50～106 对，长圆形至小刀形，头状花序呈腋生或顶生圆锥状，深黄色，花期 5 月。NSW 南部山区；尚未引种；粤桂闽。

Acacia oncinocarpa Benth.，斜纹荚相思。灌木或乔木，0.5～5m，沿海地带可成匍匐状，叶状柄窄椭圆形或窄倒披针形，穗状花序苍黄色至奶白色，荚果具斜网纹，花期 3～8 月。NT 热带地区；尚未引种；琼滇。

Acacia oraria F. Muell.，东北海岸相思。乔木，10m，树皮纤维状纵裂，叶状柄不等边倒卵状倒披针形至窄椭圆形，头状花序，总状排列。QLD 东部海岸；尚未引种；琼粤桂滇。

Acacia orites Pedley，山地相思，Mountain wattle，Mountain sallow wattle。乔木，5～30m，径可达 75cm，叶状柄极窄椭圆形至线形，穗状花序苍黄色或乳黄色，花期 8～10 月。QLD 和 NSW 的雨林林缘地带，28°S～29°S，海拔多在 400～900m，暖湿气候，夏雨型，木材心材褐色，硬度中等，易加工，可做高档家具；尚未引种；琼粤桂闽滇。

Acacia orthocarpa F. Muell.，竖荚相思，Pilbara weeping wattle，Straight-podded wattle。灌木或小乔木，4m，枝条常披垂，叶状柄条形，穗状花序，荚果线形，竖立。NT、QLD、WA 热带地区；尚未引种；琼滇粤桂。

Acacia oshanesii F. Muell. & Maiden，软木相思，Corkwood wattle，Irish wattle，Feather wattle，Ferny wattle，Silver wattle。灌木或乔木，2～12m，羽状复叶几无柄，羽片 7～27 对，小叶 14～51 对，长圆形，头状花序，总状排列或圆锥状，苍黄色或奶白色，全年有花。QLD 中部以南和 NSW 的沿海雨林地区；尚未引种；琼粤桂闽滇。

Acacia oswaldii F. Muell.，奥斯瓦德相思（伞灌相思），Umbrella wattle，Bean bush。灌木或乔木，2～8m，叶状柄线形、窄椭圆形，头状花序，花期 10～12 月。广泛分布于澳大利亚大陆干旱半干旱亚热带地区；尚未引种；琼粤桂闽滇。

Acacia pachycarpa F. Muell. ex Benth.，肥荚相思。灌木状乔木，3～6m，叶状柄宽线形至极窄椭圆形，镰刀状，穗状花序奶油色，花期 8～11 月。WA 北部及相邻 NT 干热气候地区；尚未引种；琼滇。

Acacia papyrocarpa Benth.，西部垂枝相思（纸荚相思），Western myall。灌木或小乔木，3～8m，冠型圆形，浓密整齐，叶状柄线形，头状花序，总状排列或簇状，荚果长圆形，花期 8～11 月。SA、WA；尚未引种；滇川。

Acacia paraneura Randell，垂枝围篱相思，Weeping mulga。乔木，10m，枝叶长披垂，叶状柄圆条形，穗状花序，花期 6～9 月。NT、WA、SA、QLD 内陆干旱地区；尚未引种；滇。

Acacia parramattensis Tindale，悉尼绿相思，帕拉马塔相思，Sydney green wattle，Parramatta wattle。乔木或乔木，15m，羽状复叶，羽片 6～16 对，小叶 15～40 对，

小刀形至线形，头状花序多呈圆锥状，苍黄色，花期 11～4 月。NSW，木材适于造纸；尚未引种；粤桂闽。

Acacia parvipinnula Tindale，银茎相思，Silver-stemmed Wattle。灌木或乔木，2～10m，树皮银白色或蓝灰色，小枝被短刚毛，有粉霜，羽状复叶，羽片 4～13 对，小叶 13～42 对，窄长圆形至小刀形，头状花序呈腋生总状或顶生、腋生圆锥状，苍黄色，花期 9～12 月。NSW 沿海及山地；尚未引种；粤桂闽。

Acacia patagiata R.S. Cowan & Maslin，金边相思。灌木，2.5m，叶状柄竖立，椭圆形至长圆状倒披针形，硬革质，绿灰色，边脉黄色，头状花序，花期 7～9 月。WA；尚未引种；滇。

Acacia pedina Kodela & Tame，桨叶相思。灌木或小乔木，2～7m，成熟态叶状柄倒披针形至倒卵形，头状花序，总状排列或圆锥状，花期 7～10 月。NSW；尚未引种；粤桂闽。

Acacia pedleyi Tindale & Kodela，佩德利相思。乔木，10m，羽状复叶，羽片 3～8 对，小叶 20～104 对，长圆形至小刀形，头状花序，总状排列或假圆锥状。QLD；尚未引种；琼粤桂闽。

Acacia pellita O. Schwarz，薄皮相思。灌木或乔木，4m，叶状柄斜窄椭圆形，穗状花序，花期 6～7 月。NT 和 WA 热带地区；尚未引种；琼滇。

Acacia pendula A. Cunn. ex Don，垂枝相思，Weeping myall, Silver-leaf bore。乔木，12m，枝条下垂如柳，叶状柄窄椭圆形，幼时密被灰白色贴伏毛，苍绿色至银绿色，头状花序，总状排列，花期夏秋季。QLD 中部以南经 NSW 至 VIC 边界的大分水岭地区，西至西侧半干旱平原，海拔 90～350m。木材硬重，有芳香气息，心材深巧克力褐色，边材沙棕色，收缩系数小，稳定，易加工，切面纹理美观，打磨后有丝样光泽，为土著传统工艺器具用材，观赏、景观、防护林树种。尚未引种；琼粤桂闽滇浙川黔湘赣。

Acacia penninervis Sieber ex DC.，羽脉相思，Hickory, Hickory wattle, Mountain hickory。灌木或小乔木，8m，叶状柄倒披针形至窄椭圆形，头状花序，总状排列或圆锥状，奶油色至白色，全年有花。此种为相思属新拟模式种，含 2 变种：*Acacia penninervis* var. *longiracemosa* Domin 和 *Acacia penninervis* var. *penninervis*。自然分布于 ACT、NSW、QLD 至 VIC 的广大东部地带；尚未引种；琼粤桂闽浙滇川黔湘赣。

Acacia petraea Pedley，岩生相思，Lancewood。灌木或乔木，3～10m，树皮纤维状纵裂，叶状柄线形，穗状花序，花期 5～9 月。QLD 及相邻 NSW 边界地区；尚未引种；粤桂滇。

Acacia peuce F. Muell.，松针相思，Waddy-wood, Waddy tree, Birdsville wattle, Pine acacia, Ironwood。乔木，15m，分枝短而平展，小枝和叶状柄披垂，姿态似松树或木麻黄，叶状柄四棱形，头状花序单生，荚果长圆形。QLD 及 NT，沙漠边缘地带，木质坚硬；尚未引种；滇粤桂。

Acacia phasmoides J.H. Willis，幽灵相思，Phantom wattle。灌木，1～4m，树皮银灰色，枝叶细柔，叶状柄窄线形，头状花序，花期 9～11 月。NSW 与 VIC 边界山地；尚未引种；粤桂闽。

Acacia phlebophylla H.B. Will., 显脉相思, Buffalo sallow wattle。乔木或灌木, 6m, 叶状柄倒披针形、倒卵形或椭圆形, 穗状花序, 花期6~12月。VIC和NSW东南部交界山区; 尚未引种; 粤桂闽。

Acacia pilligaensis Maiden, 皮里伽相思, Pinbush wattle, Pilliga wattle。灌木, 2~4m, 叶状柄条形或压扁, 头状花序, 花期8~10月。NSW和QLD内陆交界地区; 尚未引种; 粤桂闽滇。

Acacia pinguifolia J.M. Black, 肥叶相思, Fat-leaved wattle。浓密灌木, 1~2m, 小枝红褐色, 叶状柄条形或压扁线形, 粗壮肉质, 头状花序单生或呈总状。SA南部艾尔半岛, 沙地、盐碱地; 尚未引种; 滇川。

Acacia platycarpa F. Muell., 阔荚相思, Ghost wattle, White-barked wattle。灌木或乔木, 2~10m, 叶状柄椭圆形, 镰刀形, 头状花序, 总状排列或圆锥状, 乳白色至苍黄色, 花期11月至次年6月。北方地区广泛分布(WA、NT、QLD), 暖热气候区, 基本无霜, 夏雨型或季风雨型; 防护林、景观观赏树种; 属未引种; 琼粤桂滇。

Acacia plectocarpa A. Cunn. ex Benth., 绞荚相思, Black wattle。灌木或乔木, 9~13m, 枝叶果常多脂, 叶状柄线形至极窄椭圆形, 穗状花序, 荚果线形至小刀形, 节状凸起, 花期3~7月。广布于北方地区(NT、QLD、WA); 尚未引种; 琼粤桂滇。

Acacia podalyriifolia A. Cunn. ex Don, 银叶金球相思, Golden ball wattle, Mount Morgan wattle, Queensland silver wattle。乔木, 7m, 枝叶密被柔毛, 叶状柄椭圆形、卵形或倒卵形, 头状花序, 总状排列, 花亮黄色, 芳香, 花期6~7月。东部地区(QLD、NSW); 华南已有引种; 琼粤桂闽浙滇。

Acacia polifolia Pedley, 灰叶相思。灌木或乔木, 5m, 枝、叶、花序轴被银白色或浅黄色贴伏毛, 叶状柄窄椭圆形、倒披针形或窄长圆形至线形, 头状花序, 总状排列。QLD大分水岭山地; 尚未引种; 琼粤桂滇。

Acacia polybotrya Benth., 多花相思, Western silver wattle, Hairy feather wattle。灌木, 5m, 羽状复叶, 羽片常2~4对, 小叶4~12对, 小刀形至长圆形, 头状花序, 总状排列或圆锥状, 花期8~11月。QLD东南部至NSW中部; 尚未引种; 琼粤桂闽滇。

Acacia polystachya A. Cunn. ex Benth., 疏穗相思。沿海地带呈灌木状, 4m, 雨林中可成乔木, 25m, 叶状柄窄椭圆形, 直或镰刀状, 穗状花序, 花期5~7月。QLD中北部沿海, 季风雨型, 引种地多因寒害而呈灌木或多茎小乔木状; 尚未引种; 琼粤桂闽滇。

Acacia praelongata F. Muell., 长线相思。乔木, 6m, 枝叶披垂, 叶状柄窄线形, 头状花序, 总状排列。NT; 尚未引种; 琼滇。

Acacia prainii Maiden, 普瑞恩相思, Prain's wattle。灌木或乔木, 1.5~5m, 叶状柄竖立, 长线形或丝状, 头状花序, 总状排列, 花亮黄色, 繁茂芳香, 花期7~10月。西南部干旱半干旱地区(NT西南部、SA西部、WA南部), 观赏、防护林树种; 尚未引种; 滇。

Acacia pravissima F. Muell., 楔叶相思, Ovens wattle, Wedge-leaf wattle。灌木或乔木, 3~8m, 枝条细长弓曲, 叶状柄密集, 斜倒三角形, 头状花序, 总状排列, 繁茂,

花期 9~11 月。东南高海拔地区（NSW、VIC），驯化栽培，有观赏品种；属未引种；粤桂闽浙。

Acacia prominens A. Cunn. ex Don，戈斯福德相思，Gosford wattle，Golden rain wattle，Grey sally。灌木或乔木，5~9（25）m，叶状柄窄椭圆形，头状花序 5~25 呈总状，花柠檬黄色，花期 7~9 月。NSW 沿海地区，耐寒（-7℃），广泛引种栽培；尚未引种；琼粤桂闽浙滇。

Acacia pruinocarpa Tindale，粉荚相思，西部小相思，Western gidgee，Black gidgee，Black wattle。灌木或乔木，3~12m，叶状柄线形至线状椭圆形，头状花序，总状排列，花期 10 月至次年 1 月。西北部干旱地区（NT、SA、WA）；尚未引种；滇琼。

Acacia pruinosa A. Cunn. ex Benth.，披霜相思，Frosty wattle。灌木或乔木，6m，体表被粉霜，树皮暗红色或带紫色，小枝红色或蓝黑色，羽状复叶，羽片 2~5 对，小叶 7~20 对，窄长圆形，头状花序，总状排列或圆锥状，花期 8~10 月。QLD、NSW；属未引种；琼粤桂闽滇。

Acacia pteraneura Maslin & J.E. Reid，翅荚围篱相思，Broad-wing mulga。灌木至乔木，8m，叶状柄条形，蜿蜒状弯曲，穗状花序，荚果具缘翅。广布于 WA 内陆；尚未引种；滇。

Acacia pubescens（Vent.）R. Br.，绒毛相思，Downy wattle，Hairy-stemmed wattle。灌木，5m，小枝、叶轴被绒毛，羽状复叶无柄，羽片 3~12 对，小叶 5~20 对，小刀形至长圆形，头状花序，总状排列或圆锥状，花亮黄色，花期 8~10 月。NSW，最早引种至北欧；尚未引种；琼粤桂闽。

Acacia pubicosta C.T. White，毛肋相思。灌木或乔木，5m，小枝、花序轴初密被银白色贴伏毛，叶状柄线形，头状花序，总状排列，花白色或奶油色。QLD；尚未引种；琼粤桂。

Acacia pubifolia Pedley，白毛相思，Velvet wattle，Wyberba wattle。灌木或乔木，8m，枝叶被白色绒毛，叶状柄窄椭圆形或窄倒卵形，穗状花序，花期 9~11 月。QLD 至 NSW；尚未引种；粤桂闽。

Acacia pubirhachis Pedley，毛序轴相思。灌木或乔木，3~7m，小枝密被绒毛，叶状柄窄椭圆形至线形，穗状花序，花期 7~9 月。QLD 沿海；尚未引种；琼粤桂。

Acacia pustula Maiden & Blakely，腺疱相思。乔木，15m，叶状柄线形至窄椭圆形，叶缘具一疱状腺体，头状花序，总状排列。QLD；尚未引种；琼粤桂闽。

Acacia pycnantha Benth.，澳洲金花相思，Australian golden wattle，Broad leaved wattle。澳大利亚国花。灌木或乔木，3~8m，叶状柄窄椭圆形或倒披针形，镰刀形弯曲，头状花序，总状排列或圆锥状，花密集，亮黄色，花期 7~11 月。自然分布于 VIC、SA 及 NSW，TAS 和 WA 引种栽培，并为多个国家引种；观赏，树皮单宁含量 25%~40%，品质优于黑荆。尚未引种；粤桂闽浙滇川。

Acacia pycnostachya F. Muell. ex Benth.，密穗相思（玻利维亚山相思），Bolivia wattle。灌木或乔木，3~15m，被粉霜，叶状柄下延小枝呈窄翅与棱脊，窄披针状椭圆形或卵状椭圆形，穗状花序暗黄色，花期 7~10 月。NSW 山地，海拔 700~900m；尚未引种；琼粤桂闽。

Acacia quadrilateralis DC.，四棱叶相思。灌木，3m，小枝细柔，叶状柄四棱形，常每节 2～3 成簇，头状花序奶油色或淡柠檬黄色，花期 7～9 月。东部沿海（NSW、QLD）；尚未引种；琼粤桂闽滇。

Acacia quadrimarginea F. Muell.，棱果相思。灌木或乔木，1.5～6m，叶状柄窄椭圆形至线状椭圆形，镰刀状，穗状花序，荚果窄长圆形，具缘翅而呈四棱形，密被红色脂毛，花期 3～8 月。WA；尚未引种；滇。

Acacia quornensis J.M. Black，库恩相思，Quorn wattle。灌木，3m，叶状柄窄椭圆形至倒披针形，长 2～5.5cm，头状花序，总状排列。SA；尚未引种；滇川。

Acacia racospermoides Pedley，金合欢相思。灌木或乔木，2～6m，树皮白色，叶状柄窄长椭圆形，头状花序呈顶生圆锥状，深黄色。QLD 沿海；尚未引种；琼粤桂滇。

Acacia ramulosa W. Fitzg.，多枝围篱相思，Horse mulga, Narrow leaf mulga, Double-veined wattle。灌木或乔木，6m，叶状柄线形，穗状花序，雨季开花。中南部干旱半干旱地区（NSW、NT、QLD、SA、WA）广布；尚未引种；滇。

Acacia redolens Maslin，香草相思。灌木，2m，偶见乔木，达 10m，有香草气味，叶状柄倒披针形，头状花序，总状排列，花期 8～10 月。WA；尚未引种；滇。

Acacia resinimarginea W. Fitzg.，脂缘相思，Old man wodjil。灌木或乔木，7m，叶状柄竖立，菱状线形，菱角纵脉多脂，短穗状花序，花期 8～10 月。WA 内地西南部，用于植被恢复、防风林和景观林营造；尚未引种；滇。

Acacia resinosa R.S. Cowan & Maslin，脂枝相思，Summer wattle。芳香灌木，3m，枝条多脂，几包被表面，叶状柄竖立，圆条形，头状花序多脂，花期 6～12 月。WA；尚未引种；滇。

Acacia retinervis Benth.，密网脉相思。乔木，10m，或灌木，5m，叶状柄镰刀形，次脉密集呈网状，穗状花序，花期 5～7 月。WA；尚未引种；滇。

Acacia retinodes Schltdl.，沼地相思，Swamp wattle, Silver wattle。灌木或乔木，5～10m，湿润立地可达 8～10m，叶状柄倒披针形，头状花序，总状排列，花奶油色、苍黄色或金黄色，主花期 9～11 月。SA、VIC；尚未引种；滇川。

Acacia retivenea F. Muell.，网脉相思，Net-veined wattle。灌木，3m，枝、叶、花序梗、荚果被鬈曲绒毛，叶状柄不等边椭圆形、卵形或近圆形，上缘具浅圆齿，主脉 3～4 条凸起，具网状脉，头状花序，与叶状柄同步发生，呈假顶生圆锥状，花期 4～10 月。广布于 NT、QLD、WA 北部内陆地区；尚未引种；琼滇粤桂。

Acacia rhodophloia Maslin，红皮围篱相思，Minni ritchi, Western red mulga。灌木或乔木，5m，树皮红色或褐红色，刨花状剥裂，叶状柄线形、极窄椭圆形或极窄倒披针形，直或镰刀状，穗状花序，花期 3～10 月。西部干旱地区（NT、SA、WA）；尚未引种；滇。

Acacia rhodoxylon Maiden，红木相思，Brown spearwood, Rosewood, Ringy rosewood。乔木，20m，树皮刨花样卷曲剥离，叶状柄不等边窄椭圆形至倒披针形，穗状花序。QLD 中部沿海地区；尚未引种，琼粤桂滇。

Acacia rigens A. Cunn. ex Don，针灌相思，Needle wattle, Needle-bush wattle。灌木，3m，偶为乔木，6m，叶状柄圆或扁条形，头状花序，花期 7～10 月。各州干旱地区，主

要分布于 SA 至 VIC 和 NSW；尚未引种；滇川粤桂。

Acacia rivalis J.M. Black，溪畔相思，Silver wattle，Creek wattle。灌木或乔木，3～5m，树冠浓密，小枝几披垂，叶状柄线形，头状花序，总状排列，花期 4～11 月。SA 东部；尚未引种；滇川。

Acacia rothii F.M. Bailey，罗斯相思，Tooroo。乔木，12m，叶状柄窄长椭圆形，镰刀状，头状花序，总状排列，苍黄色，花期 6 月。QLD 北部半岛地区，心材暗红褐色；尚未引种；琼滇。

Acacia rubida A. Cunn.，红枝相思，Red-stem wattle，Red-leaf wattle。灌木或乔木，1.5～5（13）m，小枝红色或红褐色，叶状柄窄椭圆形至倒披针形，直或镰刀状，头状花序，总状排列，花期 7～11 月。广布于自 QLD 至 VIC 的大分水岭地区；尚未引种；粤桂闽浙湘赣滇。

Acacia ruppii Maiden & Betche，儒普相思，Rupp's wattle。灌木，3m，叶状柄簇生有时近轮生，线形至窄倒披针形或窄椭圆形，无显脉，头状花序，总状排列或单生，花期 7～9 月。NSW 和 QLD 边界山地；尚未引种；粤桂闽。

Acacia saliciformis Tindale，柳枝相思。灌木或乔木，2～7m，新枝披垂，叶状柄窄椭圆形至披针形，头状花序，总状排列，花苍黄色至奶白色，花期 4～9 月。NSW 沿海地段；尚未引种；粤桂闽。

Acacia salicina Lindl.，沼柳相思，Black sally wattle，Broughton willow，Cooba，Murray willow，River cooba，Swamp wattle，Willow wattle。灌木或乔木，3～13（20）m，枝条披垂，叶状柄下垂，线形至窄倒披针形或窄椭圆形，羽脉，头状花序，总状排列，花奶油色至苍黄色，主花期 4～6 月。广布于东部内陆地区，主要是 QLD 和 NSW，半干旱半湿润温暖气候，沿河流和冲积平原分布，较耐寒、耐涝渍、耐盐碱，已引种至中东、南亚、西欧等地区，木材心材暗褐色，纹理致密，硬重，适作家具，木材热值高，可经营短周期薪炭林，可用于矿区、旱地、河岸植被恢复和水土保持，景观树种；尚未引种；琼粤桂闽滇川。

Acacia saligna（Labill.）H.L. Wendl.，金柳相思，Golden wreath wattle，Orange wattle，Blue-leafed wattle，Western Australian golden wattle。灌木，2～6m，或乔木，5～9m，枝条常披垂，叶状柄长下垂，线形至披针形，直或镰刀状，羽脉，头状花序，总状排列，花金黄色，花期 7～9 月。自然分布于 WA 西南部沿海地带，东部和南部各州沿海地区引种栽培，并引种至南非、北非、中亚、西亚、南欧、中美洲等热带和温带地区，不耐寒，耐干旱、涝渍、盐碱，主要用于沙地、矿区治理、景观、观赏；尚未引种；滇川粤桂。

Acacia schinoides Benth.，翠柏相思，Green cedar wattle。灌木或乔木，10m，羽状复叶，羽片 2～7 对，小叶 10～28 对，小刀状至窄长圆形或窄披针形，头状花序呈圆锥状或总状，苍黄色，花期 11 月至次年 2 月。NSW 沿海；尚未引种；粤桂闽。

Acacia scirpifolia Meisn.，蔍草叶相思。灌木或乔木，2～4m，小枝曲折，叶状柄条形，肉质，头状花序，总状排列，花期 8～10 月。WA 西南部小麦带；尚未引种；滇。

Acacia sclerophylla Lindl.，硬叶相思，Hard-leaf wattle。灌木，2m，叶状柄竖立，线形至线状倒披针形，厚革质，头状花序，花期 8～10 月。南方地区（SA 东南部、VIC

西北部、NSW 西南部、WA 西南部）；尚未引种；滇川。

Acacia sclerosperma F. Muell.，大籽相思，Large-seeded cooba，Limestone wattle，Silver bark wattle。球形灌木，4m，树皮、枝条淡灰色至白色，叶状柄窄线形至窄椭圆形，头状花序，总状排列，花期 4~10 月。WA；尚未引种；滇。

Acacia semilunata Maiden & Blakely，半月叶相思。灌木或乔木，5m，叶状柄不等边窄椭圆形至长圆状倒披针形，下缘直而上缘弧曲，头状花序，总状排列，集生于上部叶腋。QLD 山区；尚未引种；琼粤桂闽。

Acacia sericata A. Cunn. ex Benth.，绢毛相思。灌木或乔木，2.5~10m，大部密被星状绒毛，叶状柄不等边卵形或椭圆形，镰刀状，头状花序呈腋生总状或顶生圆锥状，花白色。WA 北部；尚未引种；琼滇。

Acacia sertiformis A. Cunn.，花枝相思。灌木，2m，叶状柄平展，绕枝条螺旋状排列，宽椭圆形至圆形，头状花序深黄色，花期全年。NSW 和 QLD；尚未引种；琼粤桂闽滇。

Acacia sessilispica Maiden & Blakely，贴梗相思。灌木，2.5m，叶状柄竖立，圆条形，硬直，穗状花序苍黄色，花期 8~9 月。WA 小麦带；尚未引种；滇。

Acacia shirleyi Maiden，雪利相思，Lancewood，Shirleys lancewood。乔木，15m，树冠伞形，小枝淡褐色至黄褐色，叶状柄线形，穗状花序柠檬黄色，花期 3~7 月。NT 和 QLD 大部；尚未引种；琼粤桂闽滇。

Acacia sibilans Maslin，响叶相思，Whispering myall。乔木，12m，枝条常扭曲平展，叶状柄竖立，丝线形，被银色贴伏毛，头状花序，总状排列。WA 西部；尚未引种；滇。

Acacia sibina Maslin，矛叶相思，Spear wattle。灌木，3m，叶状柄条形，硬直，穗状花序，花期 8~10 月。WA 中部；尚未引种；滇。

Acacia silvestris Tindale，银毛相思，Bodalla silver wattle，Red wattle。乔木，30m，径可达 1.8m，树皮平滑，小枝密被白色至灰色贴伏毛，羽状复叶，羽片 5~18 对，小叶 17~50 对，窄披针形，头状花序呈圆锥状，花期 7~9 月。VIC 和 NSW 沿海，主要在海拔 300m 以下地带，温暖或温凉半湿润气候，均雨型；木材硬重，淡褐色，适作家具、建筑、矿柱、造纸等，树皮单宁含量高，栽植供观赏，并可作防风林；速生，耐中度干旱及低温（-6℃），喜湿润肥沃立地；尚未引种；粤桂闽浙滇。

Acacia simsii A. Cunn. ex Benth.，西姆斯相思，Heathlands wattle，Sims'wattle。灌木，4m，叶状柄线形至窄椭圆形，头状花序单生或总状，主花期 1~3 月。NT 北部和 QLD 东北沿海及丘陵地带，以及新几内亚南部，湿热气候；适作薪材，可用于水土流失治理、土壤改良、观赏；尚未引种；琼滇粤桂。

Acacia sparsiflora Maiden，散花相思，Currawang。乔木，15m，叶状柄镰刀状外弯，穗状花序呈总状，淡柠檬黄色，花期 5~8 月。QLD 东南部；尚未引种；琼粤桂闽。

Acacia spectabilis A. Cunn. ex Benth.，金花相思，Glory wattle，Golden wattle，Kogan wattle，Mudgee wattle，Pilliga wattle，Showy wattle。灌木或乔木，2~6m，羽状复叶近革质，羽片 2~7 对，小叶 2~8 对，窄倒卵形或长圆形，头状花序呈极长的总状或圆锥状，金黄色，花期 7~11 月。QLD 南部和 NSW，栽培观赏，中度耐寒；尚未引

种；琼粤桂闽浙。

Acacia spirorbis Benth. subsp. ***solandri***（Benth.）Pedley，索兰德相思。乔木，12m，叶状柄窄椭圆形，镰刀状，穗状花序单生或总状，花奶油色。QLD 沿海；尚未引种；琼滇。

Acacia stellaticeps Kodela，星花相思，Glistening wattle，Northern star wattle。灌木，2m，叶状柄斜椭圆状倒卵形，有时半圆形，常稍 S 形弯曲，头状花序，花期 2～9 月。WA 北部至 NT 西部边界地区；尚未引种；滇琼。

Acacia stenophylla A. Cunn. ex Benth.，河柳相思，River cooba，River myall，Black wattle，Dalby myall，Dalby wattle。乔木，20m，枝条常披垂，树冠圆形，叶状柄狭长，披垂，头状花序，总状排列，花乳白色至苍黄色，花期 3～8 月。广布于澳大利亚大陆东部干旱半干旱地区，以墨累河至达令河流域为主，沿河流聚集而生，最冷月平均温度 4～7℃，降雨量 40～600mm，夏雨型、夏季季风雨型，耐涝渍及阶段性水淹，极耐盐碱，中度耐旱；木材硬重，纹理致密，暗红褐色至几黑色，切面光滑，适作家具材；良好的防护、植被恢复、土壤改良及观赏树种；尚未引种；中亚热带以南各省。

Acacia stereophylla Meisn.，坚叶相思。灌木至乔木，1.5～6m，叶状柄线状或圆条形，穗状花序 2 单生，花期 6～12 月。WA 西南部小麦带；尚未引种；滇。

Acacia stigmatophylla A. Cunn. ex Benth.，瘤尖相思。灌木，3m，小枝有棱至近扁平，红褐色，叶状柄窄椭圆形，先端具小瘤状尖头，穗状花序淡柠檬黄色，花期 2～6 月。WA 北端和 NT 西部；尚未引种；琼滇。

Acacia stipuligera F. Muell.，宿托相思。灌木，6m，托叶宿存，叶状柄窄椭圆形，穗状花序双生，亮黄色，花期 5～7 月。北部热带地区 NT、QLD、WA 沙漠地带，基本无霜，季风雨型至夏雨型；适于防风固沙、观赏；尚未引种；琼滇粤桂。

Acacia storyi Tindale，斯托瑞相思。灌木或乔木，6m，径可达 15～23cm，羽状复叶近革质，羽片 8～18 对，小叶 26～92 对，长圆形至小刀形，头状花序，总状排列或圆锥状，奶油色或苍黄色，花期 4～8 月。QLD 沿海山地；尚未引种；琼粤桂闽。

Acacia stowardii Maiden，斯特瓦德相思，False witchetty bush。灌木或乔木，5m，叶状柄线形至极窄椭圆形，穗状花序淡黄色，主花期 8～12 月。澳大利亚大陆南部干旱半干旱地区；尚未引种；滇川。

Acacia striatifolia Pedley，条纹叶相思。灌木或乔木，8m，枝叶多疣凸，叶状柄窄椭圆形，穗状花序深黄色，花期 8～9 月。QLD 山地；尚未引种；粤桂闽。

Acacia stricta（Andrews）Willd.，立干相思，Hop wattle，Straight wattle。灌木或乔木，1～5m，小枝具黄色树脂条带，叶状柄竖立，线形至线状倒披针形或窄椭圆形，羽状网脉，中肋多脂，头状花序奶白色至柠檬黄色，花期 7～10 月。广布于自 QLD 东南以南、SA 东南以东的东南地区，主要为大分水岭东侧山地、沿海平原及 TAS；尚未引种；粤桂闽浙滇川。

Acacia suaveolens（Sm.）Willd.，甜花相思，Sweet wattle，Sweet-scented wattle。灌木，3m，叶状柄竖立，窄线形至线状倒披针形或极窄椭圆形，头状花序，总状排列，奶油色至柠檬黄色，花期 4～9 月。澳大利亚东部和南部沿海地带及 TAS；尚未引种；

琼粤桂闽浙滇川。

Acacia subporosa F. Muell.，油点相思，Narrow-leaf bower wattle，Sticky bower wattle。乔木，12m，枝条披垂，枝叶常发黏，叶状柄极窄椭圆形，多树脂腺点，头状花序，花期7～10月。NSW与VIC边界沿海雨林地区；尚未引种；粤桂闽。

Acacia subtessarogona Tindale & Maslin，四棱果相思。乔木，8m，小枝具棱脊，密被贴伏柔毛，叶状柄窄椭圆形，头状花序，荚果扁四棱形，花期7～10月。WA；尚未引种；滇。

Acacia subtilinervis F. Muell.，平脉相思，Net-veined Wattle。灌木，5.5m，叶状柄线状椭圆形或窄椭圆形，穗状花序，花期8～12月。NSW及VIC东端沿海及山地；尚未引种；粤桂闽。

Acacia symonii Whibley，西蒙相思，Symon's Wattle。灌木或乔木，2～4（8）m，树冠浓密，叶状柄线形，穗状花序。干旱地区中心地带（NT、SA、WA）；尚未引种；滇。

Acacia tenuinervis Pedley，细脉相思。灌木或乔木，9m，小枝橘红色或红褐色，叶状柄窄椭圆形，穗状花序，花期8～9月。QLD山地；尚未引种；粤桂闽。

Acacia tenuispica Maslin，细穗相思。灌木或乔木，4～6m，小枝具棱脊，叶状柄不对称窄椭圆形，穗状花序，花期5～7月。WA北部沿海地带；尚未引种；琼滇。

Acacia tenuissima F. Muell.，丝叶相思（扫帚相思），Broom wattle，Narrow-leaved wattle，Slender wattle，Mulga。多脂灌木，4m，叶状柄丝线形，穗状花序，荚果线形念珠状，花期3～8月。广布于WA、NT和QLD的内陆热带地区；尚未引种；滇。

Acacia tephrina Pedley，灰冠相思，Boree。乔木，20m，枝、叶、花梗、荚果密被银白色贴伏毛，叶状柄线形，头状花序，总状排列。QLD大分水岭西侧及NT；尚未引种；琼粤桂滇。

Acacia terminalis（Salisb.）J.F. Macbr.，阳光相思，Sunshine wattle。灌木，偶为小乔木，6m，羽状复叶，羽片1～8对，小叶5～21对，长圆形、椭圆形或窄卵形至披针形，头状花序，总状排列或圆锥状，奶油色、苍黄色或金黄色，花期2～10月。自NSW北部至VIC中部，以及TAS东部，沿海及山地，观赏；尚未引种；粤桂闽浙赣湘黔滇川。

Acacia tessellata Tindale & Kodela，斑皮相思。灌木至小乔木，2.5～15m，树皮方块状裂，叶状柄线形，头状花序奶油色或苍黄色，花期1～2月。NSW北部沿海至高海拔山地；尚未引种；琼粤桂闽。

Acacia thomsonii Maslin & M. McDonald，汤姆森相思，Thomson's wattle。灌木或乔木，2～6m，新梢被铜色或褐色树脂层，叶状柄倒披针形至窄长椭圆形，穗状花序2呈总状，花期6～8月。自WA东北经NT至QLD西部地区；尚未引种。琼滇。

Acacia torulosa Benth.，珠链相思，Torulosa wattle。灌木或乔木，1.3～15m，叶状柄线形至极窄椭圆形，穗状花序，荚果线形念珠状，花期3～7月。广布于NT和QLD热带地区；尚未引种；琼滇粤桂。

Acacia trachycarpa E. Pritz.，皮尔巴拉卷皮相思，Curly-bark tree，Pilbara minni ritchi。灌木或小乔木，5m，树皮红褐色，刨花状卷曲剥落，叶状柄偏斜，线形，穗状花序，花期5～8月。WA；尚未引种；滇琼。

Acacia trachyphloia Tindale，粗皮相思，Bodalla wattle，Golden feather wattle。灌木或乔木，4～18m，小枝、叶被白色至金黄色绒毛，棱脊突出，羽状复叶，几无柄，羽片6～25 对，小叶 8～40 对，窄长圆形，头状花序，总状排列或圆锥状，苍黄色或深黄色，花期 8～10 月。NSW 南部沿海及山地；尚未引种；粤桂闽。

Acacia trineura F. Muell.，三脉相思，Three-nerved wattle，Hindmarsh wattle。芳香灌木或乔木，5m，有时匍匐状，叶状柄倒披针形，头状花序，总状排列，花期 8～10 月。NSW、VIC 和 SA；尚未引种；粤桂闽滇川。

Acacia triptycha F. Muell. ex Benth.，三褶相思。灌木或小乔木，4m，新梢被金黄色贴伏毛，叶状柄竖立，线形，头状花序。WA 沿海地区；尚未引种；滇。

Acacia tropica（Maiden & Blakely）Tindale，热地相思。高灌或乔木，3～8m，叶状柄窄椭圆形，穗状花序，花期 6～8 月。NT、QLD；尚未引种；琼滇。

Acacia truncate（Burm.f.）Hoffmanns.，红眼相思，Red-eyed wattle。灌木，0.5～2m，圆丛状，头状花序，淡黄色。自然分布于澳大利亚西南海岸地带，可能是欧洲人最早采到标本的植物；WA；尚未引种；滇川。

Acacia tumida F. Muell. ex Benth.，皮尔巴拉旱地相思，Pilbara pindan wattle，Pindan wattle，Sickle-leaf wattle，Spear wattle。灌木或乔木，2～15m，小枝橘黄色或被粉霜，叶状柄镰刀状或不等边，穗状花序呈总状或圆锥状，金黄色，芳香，花期 5～8 月。WA、NT、季风雨型，不耐旱，薪材，种子可食；尚未引种；琼滇。

Acacia tysonii Luehm.，泰森相思，Tyson's wattle。灌木或乔木，1.5～6m，新枝苍黄色，后转银色，叶状柄窄椭圆形至窄长圆形，头状花序，总状排列，花期 7～9 月。WA；尚未引种；滇。

Acacia umbellata A. Cunn. ex Benth.，伞冠相思。灌木或乔木，3～6m，叶状柄披针形或椭圆状，穗状花序，主花期 4～7 月。NT 和 QLD 的北部地区；尚未引种；琼粤桂滇。

Acacia uncinata Lindl.，圆叶相思，Round-leaved wattle，Gold-dust wattle。灌木，2.5m，小枝密被黄毛，叶状柄近平展或绕茎螺旋状着生，椭圆形或倒卵形，头状花序呈腋生总状，苍黄色，花期 9～11 月。NSW；尚未引种；粤桂闽。

Acacia undulifolia A. Cunn. ex G. Lodd.，波缘相思。灌木，3m，叶状柄绕枝条螺旋状或轮状着生，宽卵形至宽椭圆形，头状花序，花期 10～11 月。NSW 蓝山高海拔地带；尚未引种；粤桂闽滇。

Acacia validinervia Maiden & Blakely，粗脉相思，Alumaru。灌木，4m，叶状柄椭圆形至倒披针形，头状花序，总状排列，花期 7～8 月。NT、SA、WA 内陆沙漠地带；尚未引种；滇。

Acacia venulosa Benth.，秀脉相思，Veiny wattle。灌木，3m，小枝密被白色毛被，叶状柄窄椭圆形，头状花序，总状排列，花期 6～11 月。QLD、NSW；尚未引种；琼粤桂闽滇。

Acacia verniciflua A. Cunn.，漆光相思，Varnish wattle，Seymour cinnamon wattle。灌木或乔木，1～8m，小枝多脂发黏，叶状柄窄椭圆形至披针形或线形，具脂点，头状花序单生或呈总状，奶黄色至金色，花期 8～11 月。东南大部地区（NSW、VIC、

TAS、QLD、SA）；尚未引种；粤桂闽浙滇川赣湘黔。

Acacia veronica Maslin，维罗妮卡相思，Veronica's wattle。灌木或乔木，3~10m，芳香，叶状柄线形至线状椭圆形，头状花序，总状排列，花序轴多脂，花白色或奶油色，花期3~9月。WA西南沿海；尚未引种；滇。

Acacia vestita Ker Gawl.，密毛相思，Hairy Wattle，Weeping Boree。灌木，4m，枝条披垂，小枝及叶状柄密被毛，叶状柄不等边窄卵状椭圆形，状花序呈总状，花亮黄色，花期8~10月。NSW大分水岭西侧；尚未引种；粤桂闽。

Acacia victoriae Benth.，刺托相思（巴库河相思），Elegant wattle，Bramble wattle，Prickly wattle。灌木或乔木，5~9m，托叶刺状，成熟枝上常刺基宿存，叶状柄窄长圆形或窄椭圆形，头状花序，总状排列，花苍黄色至白色，花期9~12月，荚果长圆形。广布于除VIC外的大陆干旱地区，冬雨型或夏雨型，中等速生，樵采萌芽力强，根系发达，耐中度低温、耐中等干旱，适应酸性土、盐碱土、钙质土，短命（10~15年）；木材适宜薪材，干旱地区用于土壤治理、矿区植被恢复、观赏，蜜源植物，叶、种可作饲料；种子为土著人重要的传统粮食，可加工多种现代食物；尚未引种；粤桂闽浙滇川黔。

Acacia viscidula Benth.，粘脂相思，Sticky wattle。灌木或小乔木，1~6m，枝叶多脂，叶状柄线形，竖立，头状花序，花期8~10月。QLD沿海山地及相邻NSW地区；尚未引种；琼粤桂闽。

Acacia vittata R.S. Cowan & Maslin，罗格湖相思，Lake Logue wattle。灌木，4m，小枝具褐色脂带，叶状柄窄椭圆形，头状花序单生或呈总状，花期8月。WA西南部；尚未引种；滇。

Acacia wanyu Tindale，线叶围篱相思，Silver-leaf mulga。灌木，4m，新梢具金色绢毛，叶状柄丝线形，被银色绢毛，穗状花序，花期3~6月。WA西北部；尚未引种；滇。

Acacia wardellii Tindale，沃德尔相思。灌木或乔木，5~7m，树皮银灰色或白色，叶状柄椭圆形，镰刀状，头状花序，总状排列，花苍黄色。QLD东南部；尚未引种；粤桂闽滇。

Acacia warramaba Maslin，瓦拉马巴相思。灌木，3.5m，叶状柄线形至窄椭圆形或倒披针形，头状花序，总状排列，花期11月至次年2月。WA；尚未引种；滇。

Acacia wattsiana F. Muell. ex Benth.，瓦特相思，Watt's wattle，Dog wattle。灌木或乔木，1~4m，叶状柄倒卵形至狭倒披针形，头状花序，总状排列，花期10~12月。SA南部；尚未引种；滇。

Acacia websteri Maiden & Blakely，韦伯斯特相思。高灌或乔木，5m，叶状柄线形，头状花序。WA南部内地；尚未引种；滇。

Acacia wickhamii Benth.，维克汉姆相思，Wickham's wattle。灌木，2.5m，叶状柄窄披针形至宽卵形、椭圆形、圆形，穗状花序黄色至橘黄色，花期3~9月。北部热带地区（NT、QLD、WA.）；尚未引种；琼滇。

Acacia wilhelmiana F. Muell.，威尔海姆相思，Wilhelm's wattle，Mist wattle。多脂灌木，3m，叶状柄线形或窄长椭圆形，乙状弯曲，头状花序，总状排列，花期8~11月。

南部麻利地区（SA、NSW、VIC）；尚未引种；滇川。

Acacia williamsiana J.T. Hunter，威廉姆斯相思。灌木或乔木，2~8m，叶状柄二型，幼树宽椭圆形至倒卵形，成龄树倒披针形、窄椭圆形或线形，穗状花序单生或总状，花期9~12月。NSW和QLD边界山地；尚未引种；粤桂闽滇。

Acacia williamsonii Court，威廉姆森相思，Whirrakee wattle。灌木，2m，叶状柄窄线形，头状花序，总状排列，花期8~10月。VIC，观赏；尚未引种；粤桂闽浙。

Acacia xanthina Benth.，黄花相思。灌木或乔木，4m，叶状柄窄椭圆形，头状花序，总状排列，花金黄色，花期8~10月。WA沿海；尚未引种；滇。

Acmena DC.，肖蒲桃属，桃金娘科（Myrtaceae）

约11种，分布于澳大利亚、印度、中南半岛、印度尼西亚和马来西亚，我国有肖蒲桃[*Acmena acuminatissima*（Bl.）Merr. et Perry] 1种，产东南部，果可食。本属与蒲桃属（*Syzygium*）极相近，不同之处为药室顶孔开裂，胚不分裂，种皮与果皮黏合。

乔木或灌木；叶对生，羽状脉，有油腺点；花小，排成聚伞花序或圆锥花序；萼管倒圆锥形或半球形，与子房合生，萼齿4~5；花瓣5，分离或合生成蒴盖；雄蕊多数，离生，花丝短，排成多列，插生于花盘上，药室广歧，顶孔开裂；子房下位，2~3室，胚珠数颗；浆果近球形；种子1颗，种皮与果皮黏合，子叶整块如单子叶，里面多裂。

Acmena smithii（Poiret）Merr. & L.M. Perry，史密斯肖蒲桃，Lilly pilly。乔木，20m，树皮红棕色，上部树皮光滑，叶具绒毛，厚似肉质，卵形，长5~10cm，宽2~5cm。QLD、NSW、VIC，常见于河溪边多种类型土壤上；尚未引种，琼粤闽桂。

Adansonia L.，猴面包树属，英文俗名Boabab, Monkey-bread tree，木棉科（Bombacaceae）

10种，热带。落叶乔木，树干粗短，肿大膨胀，直径可大9m；花大，白色，下垂，夜间开放，果球形木质。为人所熟知的有非洲猴面包树（*Adansonia digitata*）、马达加斯加猴面包树（*Adansonia madagascariensis*）和澳洲猴面包树（*Adansonia gregorii*）。

Adansonia gregorii F. Muell.，澳洲猴面包树，Baobab, Bottle tree。小到中等乔木，9~12m，树干基部肿胀膨大，直径可达5m，旱季落叶。WA和NT北部热带地区，可作观赏；华南已有引种。

Agathis Salisb.，贝壳杉属，英文俗名Kauri pine, Dammar pine，南洋杉科（Araucariaceae）

20种，常绿针叶树，多为大乔木，产达玛胶（dammar）。自然分布于印度尼西亚、菲律宾、马来西亚、澳大利亚、新西兰（Salmon, 1980; Boland *et al*., 2006）。

Agathis atropurpurea B. Hyland，紫皮贝壳杉，Blue kauri。大乔木，50m。QLD北部，热带树种；尚未引种；闽粤琼滇。

Agathis microstachya J.F. Bailey & C.T. White，小球果贝壳杉，Bull kauri, Bull pine。大乔木，50m。QLD北部，热带树种；尚未引种；闽粤琼滇。

Agathis robusta（C. Moore ex F. Muell.）F.M. Bailey，昆士兰贝壳杉，Smooth bark kauri，Queensland kauri。大乔木，50m，树皮光滑。QLD 南部，热带树种；尚未引种；闽粤琼滇。

Agonis（**DC.**）**Sweet，薄荷树属，**英文俗名 Peppermint tree，桃金娘科（Myrtaceae）

4 种，澳大利亚特有树种，分布于 WA 西南部沿海地区，仅薄荷树（*Agonis flexuosa*）为乔木，余皆为灌木；树皮纤维状，棕色，花序小，白色，叶深绿色，揉之可嗅强烈的薄荷味。

Agonis flexuosa（Sprengel）Schedauer，薄荷树，Peppermint。乔木，10～15m，树皮棕色，纤维状开裂，叶披针形，被绒毛，长 5～15cm，宽 0.5～1.5cm。WA，常生于硅质或钙质壤土；尚未引种；滇粤闽桂。

***Allocasuarina* L.A.S. Johnson，异果木麻黄属，**英文俗名 Sheoak，木麻黄科（Casuarinaceae）

灌木或乔木，59 种。小枝节间有深的沟槽，气孔隐藏其中。叶退化呈齿状，齿叶 4～14 枚，轮生。花雌雄异株或同株，雄花为短或长的穗状花序；雌花序着生于短侧枝，无柄；球果有柄或无柄，小苞片厚而且常常分开，背部具有 1 个或多个突起；种子具翅，褐色至黑色，有光泽，无毛或多毛。异果木麻黄具有菌根，能够固氮，通常生长在干旱贫瘠的立地，主要分布于澳大利亚南部，4 种扩展到昆士兰东北部，1 种分布于澳大利亚热带和亚热带的腹地沙漠地区（Johnson, 1980, 1982；王豁然，1985；Boland *et al.*, 2006）。

Allocasuarina brachystachya L.A.S. Johnson，短穗木麻黄。灌木，3m，通常雌雄同株。NSW，生长于矮疏林中沙壤土立地；尚未引种；闽粤桂。

Allocasuarina campestris（Diels）L.A.S. Johnson，田野木麻黄，Shrubby sheoak。灌木，1～3m，雌雄异株或同株，枝条浓密，直立，小枝达 20cm，向上伸展，生于沙质平原和红壤上。WA；已引种至琼粤桂闽。

Allocasuarina corniulata（F. Muell.）L.A.S. Johnson，小角木麻黄。灌木，2～3m，雌雄异株。WA 南部沙质平原；尚未引种，闽粤桂。

Allocasuarina crassa L.A.S. Johnson，厚木麻黄。匍匐或直立灌木，1～2m，常见于悬崖顶上裸露立地；雌雄异株或同株，树皮光滑，小枝长 17cm，疏散上举。TAS；尚未引种；滇闽粤桂。

Allocasuarina decaisneana（F. Muell.）L.A.S. Johnson，迪凯斯木麻黄，Desert sheoak。乔木，10～16m，小枝长 50cm，下垂。NT、SA 和 WA 东南部，主要生长于沙丘间低洼地带；已引种，粤桂滇。

Allocasuarina defungens L.A.S. Johnson，镰菌木麻黄。灌木，0.5～2m，雌雄异株或同株，有木质瘤，直立或近直立，树皮光滑，小枝长 12cm，上举。NSW，生长于沙壤土高灌木丛林；尚未引种；滇闽粤桂。

Allocasuarina dielsiana（C. Gardner）L.A.S. Johnson，迪尔斯木麻黄。乔木，4～9m，雌雄异株，小枝长 20cm，上举。WA，生于山地红壤地区；尚未引种；闽粤桂。

Allocasuarina decussate（Benth.）L.A.S. Johnson，横断木麻黄。小乔木，8~15m，偶见 1~3m 的灌木，雌雄同株，小枝 14cm，上举。WA；尚未引种；滇闽粤桂。

Allocasuarina diminuta L.A.S. Johnson，双微木麻黄。灌木或小乔木，1~5m，雌雄异株或同株，树皮光滑，小枝长 23cm，上举；有 3 亚种：*Allocasuarina diminute* subsp. *diminuta*、*Allocasuarina diminuta* subsp. *mimica* L.A.S. Johnson 和 *Allocasuarina diminute* subsp. *annectens* L.A.S. Johnson。NSW，生于台地、斜坡和海岸，也见于沙岩山脊和山坡灌丛或矮疏林里；尚未引种；闽粤桂。

Allocasuarina distyle（Vent.）L.A.S. Johnson，双针木麻黄。灌木，1~3m，雌雄异株，树皮光滑，小枝长 35cm 上举。NSW；尚未引种；闽粤桂。

Allocasuarina drummondiana（Miq.）L.A.S. Johnson，德拉蒙木麻黄。灌木，0.5~3m，雌雄异株，小枝长 2cm，基部绿色。WA，见于砖红壤山脊立地或沙质平原上的灌丛；尚未引种；闽桂滇。

Allocasuarina emuina L.A.S. Johnson，鸸鹋山木麻黄，Emu mountain sheoak。灌木，0.5~1.5m，散开形，雌雄异株，小枝上举，长达 12cm。QLD，生长于低矮灌木林酸性火山土壤上；尚未引种；琼粤闽。

Allocasuarina eriochlamys L.A.S. Johnson，毛被木麻黄。灌木，1~3m，常长在岩石缝隙，雌雄异株或同株，枝条密集，直立；有 2 亚种：毛被木麻黄 *Allocasuarina eriochlamys* subsp. *eriochlamys* 和大齿毛被木麻黄 *Allocasuarina eriochlamys* subsp. *grossa* L.A.S. Johnson。WA；尚未引种；闽粤桂。

Allocasuarina fibrosa（C. Gardner）L.A.S. Johnson，纤皮木麻黄，濒危。灌木，0.5~1.5m，见于山脊上沙壤和砖红壤的稀疏灌丛。WA；尚未引种；滇闽粤桂。

Allocasuarina filidens L.A.S. Johnson，线齿木麻黄。灌木，1.5~3m，长在斜坡的顶部和裸露坡面上部的岩裂缝里；雌雄异株，树皮渐变粗糙，小枝上举，长达 20cm；齿叶 5 或 6 枚，后弯至开散。QLD；尚未引种；琼粤闽桂。

Allocasuarina fraseriana（Miq.）L.A.S. Johnson，西澳木麻黄，Western Australian sheoak。乔木，5~15m，小枝长 30cm，上举。WA，生长于红壤或沙壤上；已引种至粤闽。

Allocasuarina glareicola L.A.S. Johnson，变色木麻黄。灌木，1~2m，雌雄异株或同株，纤细，直立，树皮光滑，小枝上举，长 20cm。NSW，生长于具有黏土的冲积砂砾土上和疏林中；尚未引种；粤闽桂。

Allocasuarina globosa L.A.S. Johnson，球果木麻黄。灌木，1.5m，雌雄异株，小枝向上伸展，长 12cm。WA 南部；尚未引种；闽粤桂。

Allocasuarina grampiana L.A.S. Johnson，格兰木麻黄。灌木，1.5~4m，雌雄异株，树皮光滑，小枝上举，长 15cm。VIC，生长于沙岩缝隙中；尚未引种，闽粤桂。

Allocasuarina gymnanthera L.A.S. Johnson，裸花木麻黄。灌木或乔木，2~5m，雌雄异株，少见同株，树皮光滑或开裂，小枝长 20cm，上举。NSW，生长于沙岩山坡的沙壤土的低矮疏林中；尚未引种；闽粤桂。

Allocasuarina hellmsii（Ewart & Gordon）L.A.S. Johnson，赫尔姆斯木麻黄。灌木，1~5m，雌雄异株，小枝长 16cm，直立。WA 和 SA；尚未引种；闽粤桂。

Allocasuarina huegellliana（Miq.）L.A.S. Johnson，休格尔木麻黄，Rock sheoak。

乔木，4~10m。WA，生长于花岗岩土壤上；已引种粤闽。

Allocasuarina humilis（Otta & A. Dieter.）L.A.S. Johnson，矮木麻黄。灌木，0.2~2m，雌雄异株或同株，直立至展开，小枝基部木质化，长12cm。WA，生长于沙壤土灌木中；尚未引种；闽桂滇。

Allocasuarina inophloia（F. Muell. & Bailey）L.A.S. Johnson，纤皮木麻黄，Stringybark sheoak。乔木，3~10m，纤维状树皮，枝条稀疏，小枝长达21cm，下垂或上举。QLD和NSW，生长于沙岩或砖红壤山脊立地；尚未引种；琼闽粤桂。

Allocasuarina lehmanniana（Miq.）L.A.S. Johnson，莱曼木麻黄。灌木，1.5~4m，雌雄异株或少数雌雄同株；有2亚种：*Allocasuarina lehmanniana* subsp. *lehmanniana* 和 *Allocasuarina Lehmanniana* subsp. *ecarinata* L.A.S. Johnson。WA；已引种，闽粤桂。

Allocasuarina littoralis（Salisb.）L.A.S. Johnson，滨海木麻黄，Black sheoak。乔木，少见灌木，5~15m，常雌雄异株，小枝长20cm，偶见35cm，上举或下垂。澳大利亚东海岸地区，QLD、NSW、VIC、TAS；已引种，琼粤闽桂。

Allocasuarina luehmannii（R.T. Baker）L.A.S. Johnson，莱曼木麻黄，Bulloak，Bulloke。乔木，5~15m。QLD中南部、NSW中部至VIC西北部；已引种至粤闽琼桂。

Allocasuarina mackliniana L.A.S. Johnson，麦克林木麻黄。灌木，0.5~3m，雌雄异株，少见同株，树皮光滑，小枝上举，长20cm；有3亚种：麦克林木麻黄 *Allocasuarina mackliniana* subsp.*machliniana*、毛线麦克林木麻黄 *Allocasuarina mackliniana* subsp. *hirtilinea* L.A.S. Johnson 和旱生麦克林木麻黄 *Allocasuarina mackliniana* subsp. *xerophila* L.A.S. Johnson。SA、VIC；尚未引种；闽粤桂。

Allocasuarina media L.A.S. Johnson，梅德木麻黄。灌木，1~3m，雌雄异株或少数同株，树皮光滑，小枝上举，长19cm。VIC，生长于沙壤上；尚未引种；闽粤桂。

Allocasuarina microstachya（Miq.）L.A.S. Johnson，小穗木麻黄。灌木，0.1~1m，雌雄异株，枝条交错，小枝长5cm，基部绿色。WA，生长于砖砾质沙红壤灌木丛；尚未引种；闽桂滇。

Allocasuarina misera L.A.S. Johnson，中性木麻黄。灌木，0.5~2m，雌雄异株或同株，树皮光滑，小枝上举，长10cm。VIC，生长于沙壤的灌木丛或疏林；尚未引种；闽粤桂。

Allocasuarina monilifera L.A.S. Johnson，念珠木麻黄。灌木，1.5~4m，雌雄同株。TAS；尚未引种；闽粤桂。

Allocasuarina muelleriana（Miq.）L.A.S. Johnson，缪勒木麻黄。灌木，0.5~3m，雌雄异株，少见同株，树皮光滑，小枝长12cm，上举；有3亚种：*Allocasuarina muelleriana* subsp. *muelleriana*（Miq）L.A.S. Johnson、*Allocasuarina muelleriana* subsp. *notocolpica* L.A.S. Johnson 和 *Allocasuarina muelleriana* subsp. *alticola* L.A.S. Johnson。SA、VIC，生于砾质土壤的稠密灌丛或矮林；尚未引种；闽粤桂。

Allocasuarina nana（Sieber ex Spreng.）L.A.S. Johnson，纳纳木麻黄。低矮灌木，

0.2~2m，枝条伸展，小枝上举，长 8cm。NSW、VIC，生长于海岸和台地沙岩；尚未引种；闽粤桂。

Allocasuarina ophiolitica L.A.S. Johnson，海蛇木麻黄。灌木，1~3m，小枝长 19cm，节间常具蜡白色外膜。NSW 南部，生长于蛇纹岩层缝隙，见于海岸灌丛和疏林；尚未引种；粤闽桂。

Allocasuarina paludosa（Sieber ex Spreng.）L.A.S. Johnson，沼泽木麻黄，Scrub, Swamp sheoke。灌木，0.3~3m，枝条伸展，雌雄同株或异株，树皮光滑，小枝上举或向后弯曲，长 20cm。NSW、VIC、TAS、SA 东南角；尚未引种；闽粤桂。

Allocasuarina paradoxa（Macklin）L.A.S. Johnson，奇异木麻黄。灌木，0.5~2m，雌雄异株或少数同株，树皮光滑，小枝长 15cm，上举。VIC，常生长在沙壤的灌木林；尚未引种；闽粤桂琼

Allocasuarina pinaster（C.A. Gardner）L.A.S. Johnson，海岸木麻黄。灌木，1~3m。WA，生长于砖红壤的灌木林中；尚未引种；琼粤闽桂。

Allocasuarina portuensis L.A.S. Johnson，港湾木麻黄。灌木，3~5m，雌雄异株，树干纤细，树皮光滑，小枝长 27cm，下垂至分散。QLD；尚未引种；闽粤桂琼。

Allocasuarina pusilla（Macklin）L.A.S. Johnson，小木麻黄。灌木，0.2~2m，雌雄异株，树皮光滑，小枝上举或分散，长 12cm。SA、VIC，生长于沙壤土灌木林里；尚未引种；闽粤桂琼。

Allocasuarina ramosissima（C. Gardner）L.A.S. Johnson，多枝木麻黄。灌木，1m。WA，生于沙漠灌丛；尚未引种；琼粤闽桂。

Allocasuarina rigida（Miq.）L.A.S. Johnson，硬枝木麻黄。灌木，0.5~4m，雌雄异株高，树皮光滑，小枝长 33cm，上举；有 2 亚种：硬枝木麻黄 *Allocasuarina rigida* subsp. *rigida* 和槽枝木麻黄 *Allocasuarina rigida* subsp. *exsul* L.A.S. Johnson。QLD、NSW；尚未引种；粤闽桂琼。

Allocasuarina robusta（Macklin）L.A.S. Johnson，罗布斯塔木麻黄。灌木，0.2~3m，雌雄同株，少见异株，树皮光滑，小枝上举，长达 20cm。SA 南部，生长于山地矮灌林或疏林里；尚未引种；粤闽桂。

Allocasuarina rupicola L.A.S. Johnson，小村木麻黄。灌木，1~3m，小枝长 18cm，齿叶不分散。QLD、NSW，生长于坡地花岗岩裂缝或多石河边；尚未引种；粤闽桂琼。

Allocasuarina scleroclada L.A.S. Johnson，硬枝木麻黄。灌木，1~3m，蔓生，雌雄异株，常具有单个主茎和弓形下垂小枝。WA 西南部，沿海岸零星分布，生长于石质山坡的红壤上或海滨公路边的石灰岩土壤上的矮树丛中；尚未引种；滇桂。

Allocasuarina simulans L.A.S. Johnson，铁木木麻黄。灌木，1~3m，小枝长 19cm。NSW，生长于沙壤上；尚未引种；闽粤桂。

Allocasuarina spinosissima（C. Gardner）L.A.S. Johnson，多刺木麻黄。灌木，2~4m，雌雄同株。WA，生长于沙质平原上；尚未引种；粤闽桂。

Allocasuarina striata（Macklin）L.A.S. Johnson，多纹木麻黄。灌木或小乔木，1~4m，雌雄异株或同株，树皮光滑或老树上有开裂，小枝上举，长 10cm。SA，生长于砖红壤或沙壤上的灌木林里；尚未引种；粤闽桂。

Allocasuarina tessellata（C.Gardener）L.A.S. Johnson，棋格木麻黄。灌木或乔木，3～5m，雌雄异株，小枝上举。WA，生长于岩石山上；尚未引种；滇。

Allocasuarina thalassoscopia L.A.S. Johnson，海鹄木麻黄。灌木，1m，少见2.5m；在斜坡上部常形成密闭矮林。QLD；尚未引种；琼粤闽桂。

Allocasuarina thuyoides（Miq.）L.A.S. Johnson，香木木麻黄。灌木，0.3～2m，枝条交错，小枝长3cm，无毛。WA，生于山脚的砖红壤和沙质平原的灌木丛中；尚未引种；粤闽桂滇。

Allocasuarina tortiramula E. Bennett，扭枝木麻黄。灌木，1.7m，雌雄异株，小枝分散，扭曲，长10cm。WA西南部，生长于花岗岩发育沙壤上；尚未引种；粤闽桂。

Allocasuarina torulosa（Ait.）L.A.S. Johnson，森林木麻黄，Rose sheoak或Forest oak。乔木，5～20m，常雌雄异株，小枝长14cm，下垂。QLD至NSW，生长于海岸山坡的疏林的下木层中；已引种至琼粤闽滇。

Allocasuarina trichodon（Miq.）L.A.S. Johnson，毛齿木麻黄。灌木，0.5～3m，直立至分散，齿叶长而分散，小枝长30cm，上举。WA，生长于高灌木丛中；尚未引种；闽粤桂。

Allocasuarina verticillata（Lam.）L.A.S. Johnson，轮枝木麻黄，Drooping sheoak。乔木，4～10m，小枝长达40cm，下垂。NSW、VIC；已引种，闽滇。

Allocasuarina zephyrea L.A.S. Johnson，泽菲木麻黄。灌木，0.5～2m，小枝长19cm。TAS，生长于灌木丛中或岩层上；尚未引种；闽粤桂。

***Alphitonia* Reiss. ex Endl.**，**麦珠子属**，鼠李科（Rhamnaceae）

乔木或灌木。全缘单叶互生，花两性或杂性，组成聚伞总状或聚伞圆锥花序，蒴果状核果。15～20种，分布于东南亚及南太平洋岛国，澳大利亚4种。用于用材、观赏及植被恢复。

Alphitonia excelsa（Fenzl）Benth.，高麦珠子，Red ash，Leather jacket，Coopers wood。常绿或半落叶乔木，7～25m，大型聚伞圆锥花序，花绿白色，花期南方11月至次年3月、北方4～5月晚秋至初冬。NSW、QLD、NT至WA北端的沿海地区，热带亚热带雨林地带；木材淡红色至褐色，家具、建筑材，耐干瘠，低温时落叶，散植树冠宽大，观赏、行道树；尚未引种；琼滇粤桂闽。

Alphitonia petriei Braid & C.T. White，粉红麦珠子，Pink Almond，Pink ash，White ash，White-leaf。乔木，20m左右，聚伞或圆锥花序，花白色，花期9～11月。自NSW东北角至NT北部的海岸雨林地带，无霜；木材粉红色，室内装饰用；速生，树冠宽大，防护、观赏用；尚未引种；琼滇粤桂。

***Angophora* Cav.**，**杯果木属**，英文俗名Angophoras，Apples，桃金娘科（Myrtaceae）

杯果木属与伞房属（*Corymbia*）和桉属（*Eucalyptus*）树种一起统称为桉树。成龄叶对生，花具有离生萼片，萼片未融合成蒴盖；10种4亚种2杂种。澳大利亚大陆东南部特有种，适合南亚热带华南、福州以南华东沿海和云南地区引种（Chippendale，1988；Boland *et al*.，2006）。

Angophora bakeri C. Hall，贝克杯果木，Narrow-leaved apple。乔木，10～18m。NSW；尚未引种；琼粤桂滇闽川。

Angophora costata（Gaertn.）Britten，光皮杯果木，Smooth-barked apple。乔木，25～30m；有2亚种。NSW；华南植物园引种；琼粤桂滇闽川。

Angophora floribunda（Sm.）Sweet，多花杯果木，Rough-barked apple。乔木，30m。NSW、QLD；尚未引种；琼粤桂滇闽川。

Angophora hispida（Sm.）Blaxell，矮杯果木，Dwarf apple。小乔木，8m，麻利。NSW；尚未引种；琼粤桂滇闽川。

Angophora inopina K.D. Hill，小杯果木。小乔木，8m。NSW；尚未引种；琼粤桂滇闽川。

Angophora leiocarpa（L.A.S. Johnson ex G.J. Leach）K.R. Thiele & Ladiges，光果杯果木。乔木，25m。NSW、QLD；尚未引种；琼粤桂滇闽川。

Angophora melanoxylon R.T. Baker，黑皮杯果木，Coolabah apple。乔木，15m。NSW、QLD；尚未引种；琼粤桂滇闽川。

Angophora robur L.A.S. Johnson & K.D. Hill，栎叶杯果木。小乔木，10m。NSW、QLD；尚未引种；琼粤桂滇闽川。

Angophora subvelutina F. Muell.，阔叶杯果木，Broadleaved apple。乔木，17～25m。NSW、QLD；尚未引种；琼粤桂滇闽川。

Angophora woodsiana F.M. Bailey，棱果杯果木，Smudgee。乔木，20m。NSW、QLD；尚未引种；琼粤桂滇闽川。

Araucaria Juss.，南洋杉属，南洋杉科（Araucariaceae）

20种，常绿针叶树，大乔木。侧枝轮生，扩展；幼态叶针状，成龄叶鳞片状，螺旋状排列或交互对生；树皮水平条状隆起，有树脂。自然分布于西南太平洋地区至南美（Boland *et al.*，2006）。优良用材与庭园观赏树种，世界各地广泛引种栽培。

Araucaria bidwillii Hook.，阔叶南洋杉，Bunya pine。大乔木，30～45m，直径1.5m，叶披针形，刚直锐尖，叶几无柄，基部扭转，排成两列；球果大，卵圆形，20～30cm，木质果鳞阔15cm，种子长5cm，卵形有尖，土下萌芽；树干饱满通直，树冠顶部圆丘状。QLD；优良用材与观赏树种；已有零星引种；闽粤琼桂滇。

Araucaria cunninghamii Aiton ex A. Cunn.，肯氏南洋杉，Hoop pine。大乔木，60m，胸径0.6～1.9m，子叶深裂，宛如4枚，成龄叶线形，螺旋状排列；球果顶生，近球形，长10cm；树干饱满通直，针叶成簇，聚生枝顶。QLD、NSW，优良用材与观赏树种；已有引种，华南习见；闽粤琼桂滇。

Archidendron F. Muell.，猴耳环属，含羞草科（Mimosaceae）

乔木或灌木，二回羽状复叶。头状花序，组成伞状、总状或圆锥状，肉质、革质或木质荚果，扁平或条柱形，单缝开裂，常卷曲至环状，种子黑色。94种，分布于热带亚洲及大洋洲，澳大利亚10种。

Archidendron grandiflorum（Sol. ex Benth.）I.C. Nielsen，大花猴耳环，Pink laceflower,

Laceflower tree, Fairy paint brushes, Tulip siris, Snowwood, Marblewood。乔木，15m，复叶具羽片 2～5 对，叶柄长 2～6cm，叶轴长 7～10cm，小叶 2～4 对，卵形至披针形，长 4～10cm，头状花序集成顶生圆锥状，有花 4～8，径 6～10cm，花萼长 8～10mm，花冠长 15～20mm，雄蕊长 30～50mm，上部深红色，下部奶白色，荚果长圆形，长 10～20cm，宽 20～25mm，内部红色。NSW 中部以北和 QLD 的沿海雨林地带，海拔至 1100m，观赏；尚未引种；琼粤桂闽滇。

Archidendron hendersonii（F. Muell.）I.C. Nielsen，白花猴耳环，White laceflower, White lace flower, Tulip siris, Henderson's siris。乔木或灌木，高至 30m，树皮软木质，羽叶柄长 1～3.5cm，羽片 1 对，小叶 6，卵形、披针状椭圆形至椭圆形，长 4.5～21cm，宽 2～9.5cm，基部偏斜，头状花序有单花 10～25 枚，径 6～8cm，集成圆锥状，长 5～14cm，花丝奶白色，长 20～30mm，木质荚果长至 11cm，强烈弯曲，外面深红色，内部亮黄色，花期 9～10 月。QLD 东部及 NSW 东北部沿海雨林地带，观赏；尚未引种；琼粤桂闽滇。

Archidendron hirsutum I.C. Nielsen，粗毛猴耳环，Cape laceflower。乔木，22m，旱季落叶，体表大部密被褐色粗毛，羽状叶片 1 对，小叶宽椭圆形至披针形，长 3.5～18cm，宽 2.5～9cm，头状花序有花约 10，集成圆锥状，长约 13cm，花丝粉红色，荚果革质至肉质，外表褐色，内部黄色或橙色。QLD 约克角半岛东部雨林中，常见于海拔 100m 以下，观赏；尚未引种；琼。

Archidendron lucyi F. Muell.，红荚猴耳环，Scarlet bean。乔木，30m，羽状叶片 2～3 对，小叶 2～3 对，卵形至椭圆形，长 5～23cm，宽 3.5～11.5cm，头状花序有花 2～5，集成圆锥状，常生于茎或老枝，长至 26.5cm，花冠漏斗形，绿白色，长 17～25mm，花丝奶白色，长 30～50mm，木质荚果长 7～12cm，卷绕，外表红色，内部橙色。QLD 东北沿海低地雨林，观赏；尚未引种；琼粤桂。

Archidendron vaillantii（F. Muell.）F. Muell.，维兰特猴耳环，橙色环果树，Salmon bean, Red bean。乔木，25m，羽状叶片 1～2 对，小叶 2～4 对，椭圆形至卵形，长 8～22.5cm，宽 2.5～13cm，花 4～8 枚簇生，集成顶生圆锥状，长至 22cm，花冠黄色，长 25～35mm，花奶白色，长 25～40mm，荚果卷绕，长 5～10cm，肉质至革质，内部亮橙色或红色。QLD 东北沿海雨林地带，垂直分布至海拔 1200m；木材粉红色至红色，装饰材；观赏树种；尚未引种；琼粤桂。

Archidendron whitei I.C. Nielsen，怀特猴耳环。乔木，15m，体表大部被毛，羽状叶片 1 对，小叶椭圆形，长 4.5～16cm，宽 3.5～7.5cm，花 6～12，簇生呈伞形，柄长 1.5～3cm，总状花序顶生或腋生，花白色，荚果长至 8cm，革质，红色，内部黄色或橙色，多疣凸。QLD 东北沿海雨林地带，海拔至 800m，观赏；尚未引种；琼粤桂。

Argyrodendron F. Muell.，布榕属（银木属），英文俗名 Booyong, Tulip oak，梧桐科（Sterculiaceae）

自银叶树属（*Heritiera*）中分离出来。高大乔木，大树常具板状根，掌状复叶，腋生圆锥花序，花单性，雌雄同株，无花瓣。约 10 种，分布于澳大利亚及南太平洋岛国。木材淡褐色至暗褐色，弦切面纹理美观，建筑材、装饰材（Boland *et al*., 2006）。

Argyrodendron actinophyllum（F.M. Bail.）H.L. Edlin，黑布榕，掌叶银木，Black booyong，Blackjack，Blush tulip oak。雨林树种，高 50m，具板根，叶大深绿，放射状向外开张。QLD 南部至 NSW 中部沿海暖温带雨林；尚未引种；琼滇粤桂。

Argyrodendron peralatum（F.M. Bail.）H.L. Edlin，红布榕，宽翅银木，Johnstone river red beech，Red crowsfoot，Red tulip oak。高达 45m。QLD 中部沿海山地雨林；尚未引种；琼滇。

Argyrodendron trifoliolatum F. Muell.，白布榕，三叶银木，White booyong，Silver tree，Brown tulip oak，Three leaved stavewood。树高至 40m。QLD 至 NSW 东北部沿海雨林地带；尚未引种；琼滇粤桂。

Atherosperma **Labill.**，香皮茶属，香皮茶科（Atherospermataceae）或杯轴花科（Monimiaceae）

乔木，单叶对生，单性花腋生，蒴果。单种属，澳大利亚特有，材用及观赏。

Atherosperma moschatum Labill.，香皮茶（香皮檫、假檫木），Southern sassafras，Blackheart sassafras。中小型常绿乔木或灌木，高 6~40m，树冠圆锥形，树皮、枝、叶、花具芳香气味，幼嫩部位及叶背密被灰毛，披针形至窄椭圆形，叶缘具齿或全缘，冬花下垂，花瓣上部白色，下部紫色，花蕊黄色。心材苍白色至淡褐色，有时黑色，纹理直、结构细，易加工。TAS、VIC、NSW，生于温带雨林，喜湿耐阴；尚未引种；浙闽赣粤湘桂黔滇川，冷湿环境。

Austromyrtus（**Nied.**）**Burret**，澳洲桃金娘属，桃金娘科（Myrtaceae）

灌木，3 种，分布于澳大利亚东海岸，QLD，NSW。

Austromyrtus dulcis（C.T. White）L.S. Sm.（Syn. *Myrtus dulcis* C.T. White），澳洲桃金娘，Midgen berry，Midyim。枝条铺展的小灌木，花白色，浆果紫色，可食，微甜，芳香。适应性强，可用于地面覆盖或园林观赏。自然分布于 QLD、NSW；尚未引种；琼粤桂滇川。

B

***Banksia* L.f.,班克木属**,山龙眼科(Proteaceae),银桦亚科(Grevilleoideae)

以英国植物学家 Joseph Banks(1743~1820)爵士名字命名,他在 1770 年随同库克探险航行时第 1 次采集到班克木标本。班克木属约 170 种,几乎全部自然分布于澳大利亚,唯热带种大齿班克木(*Banksia dentata*)延伸至巴布亚新几内亚、伊里安爪哇。在澳大利亚,除中部内陆干旱地区和雨林以外,均可见到班克木,但是多集中在西澳大利亚西南角和东部与东南部海岸地带,年雨量 400~500mm 的半干旱地区,200mm 以下干旱地区没有分布。如同桉树一样,班克木在澳大利亚东西两面的分布,受降雨类型支配,种类截然不同,也就是说,没有一种班克木既可见于西澳大利亚,又可见于东部,只有大齿班克木在北部热带地区广泛分布。班克木喜生于海滨沙丘和排水良好的暴露立地,沙壤土或红壤(Wrigley and Fagg,1989;Taylor and Hopper,1991;Cayzer and Whitbread,2001)。

班克木习性变化很大,从地面匍匐、低矮灌木到树高 25m 的中等乔木;树皮或薄而光滑,或厚而粗糙,有些种具有耐火栓皮,有些灌木种具有木质瘤,这些形态特征都是对于林火的生态适应。叶的形态变异很大,通常革质坚硬,边缘具齿,叶形从幼态到成龄发育阶段具有变化;幼树叶子常被不同颜色的毛,使之外观具有特色。根据花的性状,班克木属分成 2 组:Sect. *Banksia* 和 Sect. *Oncostylis*,前者花柱末端刚直,后者花柱末端钩状弯曲。班克木具有稠密紧实的穗状花序,其大小种间变异很大,栽培品种大蜡烛班克木(*Banksia grandis* 'Giant candles')之花序长达 40cm,有报道称,大叶班克木(*Banksia grandis*)1 个花序包含 6000 个单花。单花在花序上的排列型式多变,无论是芽苞阶段还是开花时期,魅力无限,夺人眼目。每一个小花与一枚更小的苞片相连,一对小花下面与一枚较大的苞片连在一起,形成 5 元结构,这 5 元结构按一定的型式重复,着生在木质的中央花序轴上。小花具有典型的山龙眼科花的构造,花被管 4 裂,花柱展露;杯状裂片包含花药,花粉在花开之前转移到花柱,此时柱头尚未具备授粉能力,花一开张,传粉媒介如昆虫和小哺乳动物在取食花蜜时,即将花粉携至他花,避免自花授粉,这种机制与桉树类似(王豁然,2010)。*Banksia* 的花序从基部向上开花,*Oncostylis* 则从上至下开花。班克木花的颜色多为黄色或橙色,少数种花序鲜红、淡紫或淡绿。班克木很少结实,蓇葖果内含 2 粒黑色种子,种子具翅,种子成熟至少 1 年时间;果实宿存经年,火烧后开裂,种子释出,雨后旋即萌发(Wrigley and Fagg,1989)。

班克木是非常优良的常绿观赏灌木,广泛种植于庭园,其花、果、叶和树干都具有很高观赏价值,花叶和果枝都可以做成名贵切花,堪称奇花异木。自 19 世纪末,班克木就引种至欧洲和北美。近年来,我国广东有少许引种。

Banksia acanthopoda(A.S. George)A.R. Mast & K.R. Thiele(Syn. *Dryandra acanthopoda* A.S. George),黄刺班克木。灌木,2m,叶长 5~13cm,叶缘具刺齿,50~60 单花聚生成头状花序,着生于短侧枝,黄色醒目,优良观赏灌木。WA;尚未引种;滇川。

Banksia aculeata A.S. George，卷筒叶班克木。灌木，2m，叶自中脉卷成筒状；稀有种。WA；尚未引种；滇中。

Banksia acuminata A.R. Mast & K. R. Thiele（Syn. *Dryandra preissii* Meisn.），黄花爬地班克木。匍匐灌木，高 0.2m，宽展 1.0m，具木质瘤，花橘黄色，奇特，稀有。WA；尚未引种；滇中。

Banksia aemula R. Br.（Syn. *Banksia elatior* R. Br.，*Banksia serrtifolia* R. Br.），瓦卢姆班克木，Wallum banksia。灌木或小乔木，树高 8m，多茂密分枝；蓇葖果旯是班克木树种中最大的，醒目；红色木材宜做家具，土著人吸食花蜜，优良观赏树木，生于海滨沼泽湿地灌丛，鸟类喜欢栖息其上，也常用于固定海滨流动沙丘，耐霜冻。QLD、NSW，1788 年即引种至英格兰；尚未引种；闽粤桂琼滇川。

Banksia alliacea A.R. Mast & K.R. Thiele，砂球班克木。匍匐灌木，0.4～2.0m，花黄褐色，外观奇特，生于砂砾壤土。WA 西南角；尚未引种；滇川。

Banksia anatona A.R. Mast & K.R. Thiele（Syn. *Banksia anatona* A.S. George），仙人掌班克木，Cactus Dryandra。灌木，4m，叶缘多锯齿，花黄绿色，生于沙地。WA；尚未引种；滇。

Banksia aquilonia（A.S. George）A.S. George [Syn. *Banksia integrifolia* subsp. *aquilonia*（A.S. George）K.R. Thiele，*Banksia integrifolia* var. *aquilonia* A.S. George]，昆北班克木，Northern banksia。小乔木，8m，生于热带湿地沼泽。QLD 北部沿海；尚未引种；粤桂琼滇。

Banksia arborea（C.A. Gardner）A.R. Mast & K.R. Thiele（Syn. *Dryandra arborea* C.A. Gardner），小树班克木。灌木或小乔木，2～8m，花黄色，生于砾质壤土。WA；尚未引种；滇。

Banksia armata（R. Br.）A.R. Mast & K.R. Thiele，阿玛达班克木。灌木，匍匐或直立，0.2～1.5m，花黄色，生于多石砾质红壤。WA；尚未引种；滇。

Banksia ashbyi E.G. Baker，艾斯比班克木，Ashiby's banksia。开展灌木，偶见 8m 小乔木，圆锥花序长 15cm，直径 8cm，花橘黄色，鲜艳美丽，生于年雨量小于 350mm 半干旱地带。植于庭园，优良名贵切花。WA；尚未引种；滇。

Banksia attenuata R. Br.，纤细班克木，Slender banksia。多干灌木或小乔木，0.4～10m，叶长可达 27cm，从先端至叶基渐狭，花序 5～26cm，黄色、褐色或淡红色。广布于 WA 西南海滨地带，沙地或沙丘；用作切花栽培或庭园观赏；尚未引种；滇川。

Banksia audax C.A. Gardner，澳达克斯班克木。低矮灌木，0.3～0.7m，具木质瘤，花橘黄色，奇特。WA；尚未引种；滇。

Banksia baueri R. Br.，宝瑞班克木，Woolly banksia。灌木，1.5m，生于沙地，无木质瘤，花黄色、橘红色、褐色；干切花持续时间很长。WA 西南角，但可以适应夏雨型区，耐盐碱，耐霜冻，澳大利亚东部有引种栽培；尚未引种；粤桂闽滇川。

Banksia baxteri R. Br.，鸟巢班克木，Baxteri's banksia，Bird's nest banksia。灌木，2～4m，花序近球形，黄绿色至橘黄色；叶缘深裂，几至中脉。广泛栽培，生产干鲜切花，WA 西南海岸地带；尚未引种；滇川闽粤桂。

Banksia blechnifolia F. Muell.（Syn. *Banksia pinnatisecta* F. Muell.），毛叶铺地班克木。匍

匍灌木，70cm，生于排水良好沙地；叶缘深裂，枝干常被沙埋，常覆盖周围地面2～4m，花序从地面露出，直立，奇特。耐干旱和-4℃低温，优良地面覆盖植物。WA；尚未引种；滇川。

Banksia brownii R. Br.，羽叶班克木，Feather leaved banksia。灌木或小乔木，4m，叶柔软，似鸟羽毛。WA；尚未引种，滇。

Banksia burdettii Baker f.，波特班克木，Burdett's banksia。圆球形灌木，2m，生于沙地。花序卵状圆锥形，橘黄色，醒目，广泛栽培，生产干鲜切花。WA；尚未引种；滇。

Banksia caleyi R. Br.，卡雷班克木，Cayley's banksia。灌木，0.6～2m，无木质瘤，生于砾石沙地，花红色或粉红色。WA；尚未引种；滇川。

Banksia calophylla（R. Br.）A.R. Mast & K.R. Thiele，美叶班克木。灌木，0.3～0.5m，匍匐，伸展，具木质瘤，花黄色。WA；尚未引种；滇川。

Banksia candolleana Meisn. [Syn. *Sirmuellera candolleana*（Meisn.）Kuntze]，堪多勒班克木，Propeller banksia。灌木，0.5～1.3m，具木质瘤，花黄色或橘黄色。WA；尚未引种；滇。

Banksia canei J.H. Willis.，卡尼班克木，Mountain banksia。灌木，3m，比较耐寒。NSW、VIC；尚未引种；粤桂滇闽。

Banksia coccinea R. Br.，红花班克木，Scarlet banksia。灌木，2～3m，单一主干，花序顶生，花柱深红色，叶硕大，革质，阔椭圆形；庭园观赏，干鲜切花。WA；尚未引种；滇川。

Banksia conferta A.S. George，密花班克木。灌木，4m，有2亚种：*Banksia conferta* A.S. George subsp. *conferta* 和 *Banksia conferta* subsp. *penicillata* A.S. George，前者分布于QLD，后者NSW；尚未引种；粤桂琼闽滇川。

Banksia densa A.R. Mast & K.R. Thiele，圆柱班克木。灌木，0.6～1.5m，叶密生于树干，呈柱形，花黄色。WA；尚未引种；滇川。

Banksia dentata L.f.，大齿班克木，Tropical banksia。灌木或小乔木，2.5～8m，花大醒目，黄色或奶黄色，叶长，叶缘有锯齿。广泛生于澳大利亚热带地区各种类型立地，也是唯一的自然分布于澳大利亚以外的班克木，也见于巴布亚新几内亚和伊里安爪哇。最常见栽培的班克木，庭园观赏，固土护坡，蜜源，蓇葖果常用作女人头饰；尚未引种；粤桂琼闽滇川。

Banksia elderiana F. Muell. & Tate，沙漠班克木，Swordfish banksia。唯一生于沙漠的班克木，灌木，3m，分枝密集，具木质瘤，叶线形，灰绿，花序悬垂，亮黄色。适合干旱地区，叶可做干切花。WA，澳大利亚东部引种栽培；尚未引种；粤桂闽滇。

Banksia ericifolia L.f.，石楠叶班克木，Heath leaved banksia。灌木，5m；有2亚种：*Banksia ericifolia* subsp. *ericifolia* 和 *Banksia ericifolia* subsp. *macrantha*。NSW；尚未引种；粤桂闽。

Banksia grandis Willd.，大叶班克木，Bull banksia，Giant banksia，Mangite。灌木或乔木，20～10m，叶长45cm，深裂至中脉；花序长40cm，顶生直立，黄色。WA；尚未引种；滇川。

Banksia hookeriana Meisn.，虎克班克木，Hooker's banksia。灌木，0.5～3m，多分枝，

无木质瘤；叶细线形，叶缘有细锯齿，向内弯曲，拱抱花序；花序直立，顶生枝头，花芽密被粉红色绒毛，美丽动人，常用于生产切花。WA；尚未引种；滇。

Banksia integrifolia L.f., 海滨班克木, Coast banksia, White honeysuckle。乔木，25m，偶见匍匐灌木；叶全缘，上表面深绿，下表面银灰，幼态叶有锯齿，花序淡黄色；分布区内形态变异很大；有 3 亚种：*Banksia integrifolia* subsp. *integrifolia*、*Banksia integrifolia* subsp. *compar* 和 *Banksia integrifolia* subsp. *monticola*，喜生于海滨暴露的流动沙丘，滨海城市的优良观赏树种。澳大利亚东海岸，QLD，NSW，VIC；尚未引种；粤桂琼闽滇川。

Banksia laevigata Meisn., 网球果班克木。灌木，生于西澳大利亚半干旱地带；有 2 亚种：网球班克木（Tennis ball banksia）（*Banksia laevigata* subsp. *laevigata*）和金网球班克木（Golden ball banksia）（*Banksia laevigata* subsp. *fuscolutea*）。种子不需要特殊处理，39～92 天发芽。WA；未引种，川滇闽。

Banksia littoralis R. Br., 沼泽班克木, Swamp banksia。小乔木，12m，树干长扭曲，生于海滨沼泽，耐海风，常用作屏障植物。WA；尚未引种；滇川。

Banksia marginata Cav., 银叶班克木, Silver banksia。灌木或乔木，12m，澳大利亚东部，适应各种立地，耐海风吹袭。种内地理变异大。NSW、VIC、SA、TAS；尚未引种，粤桂闽滇。

Banksia media R. Br., 南平班克木, Southern plains banksia。灌木，3m，偶见乔木，10m。生于西澳大利亚南部海岸，枝条伸展，耐盐雾。WA；尚未引种；滇。

Banksia menziesii R. Br., 孟吉思班克木, Firewood banksia。小乔木，10m，树干扭曲，圆锥状穗状花序顶生，长 12cm，粉红色、深红色或黄色，甚美；蓇葖果大而怪异，耐海风盐雾。普遍用于切花产业，夏威夷引种。WA；尚未引种；滇粤桂。

Banksia nivea Labill. [Syn. *Dryandra nivea*（Labill.）R. Br.]，尼维亚班克木。灌木，0.15～1.5m，花奶油色、黄色、橘黄色或粉红色，形态奇异。生于沙地或砾质红壤。WA；尚未引种；滇。

Banksia nutans R. Br., 垂花班克木, Nodding banksia。灌木，0.3～1.3m，花序生于侧枝，粉红色，美丽下垂，叶线形，细而短。WA；尚未引种；滇川。

Banksia oblongifolia Cav., 锈叶班克木, Fern-leaved banksia, Dwarf banksia。灌木，1m，穗状花序淡绿色，叶背具锈色绒毛。生于季节性积水湿地，容易栽培。QLD、NSW；尚未引种；粤桂琼闽滇川。

Banksia ornata F. Muell. ex Meissner, 沙漠班克木, Desert banksia。灌木，2.5m，生于维多利亚沙漠岩石裸露立地，耐干旱。VIC；尚未引种；滇川。

Banksia obovata A.R. Mast & K.R. Thiele, 楔叶班克木, Wedge-leaved dryandra。灌木，0.4～2m，无木质瘤，叶深裂楔形，尖端有锯齿，花奶黄色或橘黄色，生于海滨沙地或花岗岩红壤。WA；尚未引种；滇。

Banksia occidentalis R. Br., 红湿班克木, Red swamp banksia。灌木，2～3m，偶见小乔木。WA 西南海岸地带沙地或沼泽边缘，有 3 个间断种群；尚未引种；滇。

Banksia paludosa R. Br., 湿地班克木, Swamp banksia。灌木，1.5m，具木质瘤，喜生岩石裸露立地，或湿润沼泽。NSW；尚未引种；粤桂闽琼滇川。

Banksia petiolaris F. Muell. [Syn. *Sirmuellera petiolaris*（F. Muell.）Kuntze]，长柄班克木。匍匐灌木，侧枝长达 1m，叶长 40cm，直立，柄长，幼叶深红色；花穗坐于地表，长 16cm；优良地面覆盖植物，澳大利亚东部地区引种成功，耐寒，适应性强。WA；尚未引种；粤桂闽川滇。

Banksia plagiocarpa A.S. George，斜果班克木。灌木，5m，生于热带海滨，耐含盐海风，可做观赏和屏障植物。QLD；尚未引种；粤桂琼闽。

Banksia praemorsa Andrews，截叶班克木，Cut-leaf banksia。灌木，4~6m，树干粗矮，直径可达 30~40cm，分枝贴近地面，粗壮坚固，树皮粗糙；叶两面不同，先端截平；木质花序，长达 27cm，有几百朵小花组成，可见绿色花序类型，外观优美。生于海岸悬崖，沙地。西澳大利亚西南海岸地带，隔离种群；容易栽培，酸性土壤，排水良好；种子不需特殊处理，30~49 天发芽；尚未引种；滇川。

Banksia prionotes Lindl.，橘黄班克木，Acorn banksia。灌木或乔木，3~10m；叶缘如锯齿，穗状花序顶生，橘黄色，艳丽醒目。优良庭园观赏植物，广泛用作切花生产，夏威夷、以色列等地均有引种栽培，有可能适应我国东部地区。WA；尚未引种；滇川闽粤。

Banksia repens Labill.，爬地班克木，Creeping banksia。匍匐灌木，40cm，具木质瘤，叶长而深裂，叶与花穗均直立于地面。奇特的地面覆盖植物。WA；尚未引种；滇。

Banksia robur Cav.，阔叶班克木，Broad leaved banksia。灌木，2m，具木质瘤；叶卵形，革质阔大，长 30cm，宽 8cm；穗状花序顶生，花未开时蓝绿色，开后黄绿色；花叶形态诱人，优美的园艺观赏植物；对各种类型土壤均可适应，具有一定耐寒性。QLD、NSW；尚未引种；粤桂琼闽滇川浙。

Banksia rosserae Olde & Marriott，圆球班克木。灌木，2.5~3m，花序近球形，直径 5cm，黄色，醒目。唯一自然分布于内陆干旱地区的班克木。WA；尚未引种；滇粤闽。

Banksia saxicola A.S. George，岩生班克木，Grampians banksia。灌木，2~5m，花穗形态奇特，具有一定耐盐性。VIC；尚未引种；滇。

Banksia serrata L.f.，锯齿叶班克木，Saw banksia。灌木或乔木，2~15m；叶狭卵形，叶缘锯齿状，略呈波形；花序在开花前灰绿色，花开后黄绿色；木材耐久，花纹美丽，具有一定耐寒性。自然分布区从海岸地带向内陆延伸至蓝山。QLD、NSW；尚未引种；粤桂闽滇川。

Banksia spinulosa Sm.，弯钩班克木，Hairpin banksia。灌木，1~2m，具木质瘤；叶线形，近先端边缘有锯齿；穗状花序黄色或褐色，花柱先端弯曲呈钩状；沿澳大利亚东海岸从北向南广泛分布。遗传变异大，有 4 个地理变种：*Banksia spinulosa* var. *collina*、*Banksia spinulosa* var. *cunninghamii*、*Banksia spinulosa* var. *neoanglica*、*Banksia spinulosa* var. *spinulosa*；优良庭园观赏植物，蜜源，切花。QLD、NSW、VIC；尚未引种；粤桂琼闽滇川。

Banksia speciosa R. Br. [Syn. *Sirmuellera speciosa*（R. Br.）Kuntze]，长齿叶班克木，Showy banksias。叶线形，叶缘有三角状锯齿，长 20~45cm，宽 2~4cm；花序奶黄色，全年有花；无木质瘤，蜂鸟或小动物授粉；蓇葖果在树上宿存多年，11~12 年，种子仍有发芽力，火烧后释放种子；长齿叶班克木耐盐碱，但是对樟疫霉（*Phytophthora* *cinnamomi*）比较敏感。容易栽培，可生产切花，喜光照充足，排水良好和干燥立地。比较速生，种子不需特殊处理，27～40 天发芽。WA；尚未引种；滇川闽。

Banksia verticillata R. Br.，奥巴尼班克木，Albany banksia。灌木或乔木，1.3～6m，叶轮生，花穗黄或橘黄色；生于沙壤土或花岗岩裸露立地。WA；尚未引种；滇。

Banksia victoriae Meisn.，维多利亚班克木，Woolly orange banksia。灌木或小乔木，2～7m，无木质瘤；叶长 30cm，灰绿，幼时被毛；花序圆柱形，顶生，花柱金色。庭园观赏，切花。WA；尚未引种；滇川。

Banksia violacea C.A. Gardner，紫花班克木，Violet banksia。灌木，0.2～2m，偶见木质瘤，花序紫色或黄绿色；蓇葖果紧聚成圆球形，奇特。WA；尚未引种；滇。

Barklya F. Muell.，假丁香属，云实科（Caesalpiniaceae）

单种属，自羊蹄甲属（*Bauhinia*）独立出来。澳大利亚特有种。

Barklya syringifolia F. Muell.，假丁香，Barklya，Leather jacket，Crown of gold tree，Golden glory tree。乔木，18m，树皮白色或灰褐色，叶柄长 2～8cm，小叶阔心形，长 2.5～9cm，总状花序长 3～12cm，花序被锈色毛，花瓣黄色转橙色，荚果椭圆状长圆形，镰刀状，长 3～4.5cm，种子 1 或 2，花期 10～1 月，果熟期 2～5 月。QLD 中部以南至 NSW 东北沿海雨林地带；庭院观赏，播种或扦插、压条繁殖。；尚未引种；琼粤桂滇。

Bossiaea Vent.，褐豆属，蝶形花科（Papilionaceae）

拉丁文属名纪念植物学家 Joseph de Bossieu la Martinere，40～50 种。灌木或亚灌木，叶状茎（枝），柱状、翅状或棱状，叶片极端退化或缺如，花单生或簇生成花序。澳大利亚特有属，除 NT 外各州均有分布。

Bossiaea walkeri F. Muell.，仙人杖褐豆，Cactus pea，Walker's stick bush。灌木，2m，茎枝压扁翅状，宽 3～7mm，叶退化呈鳞片状，花长 20～25mm，花冠粉红至艳红色，龙骨瓣长约 20mm，荚果长圆形，长约 6cm，花期春季至秋季。NSW 与 VIC 内陆、WA 和 SA 南部干旱半干旱地带，耐旱，不耐水湿，要求排水良好，宜部分遮阴，耐-7℃低温；观赏、蜜源植物。闽粤桂滇

Brachychiton Schott & Endl.，瓶树属，锦葵科（Malvaceae）

31 种，乔木或灌木，自然分布于澳大利亚，1 种分布于新几内亚。树高 4～30m，旱季落叶。有些种树干粗短肿胀，干旱季节储存水分。叶形种内变异很大，掌状叶，深裂，裂片细长，基部相连，长达 4～20cm。所有种两性花，雌雄同株；花冠钟形，多为鲜红色；雌花具有分离的 5 瓣，形成分离的蓇葖果，各含数枚种子。种内花色变异，东部湿润地区种类开花之前落叶，干旱地区种类花叶同时出现。常见的有 2 种。

Brachychiton acerifolius（A. Cunn. ex G. Don）Macarthur & C. Moore，澳洲火焰树，Illawarra flame tree。乔木，20～40m，先花后叶，花开满树鲜红，犹如一团火焰；

出叶后，冠大荫浓。自然分布于澳大利亚东部亚热带地区，优良庭园观赏树种，世界各地广泛引种栽培；华南地区已引种；浙闽粤桂琼滇黔川。

Brachychiton rupestris (T. Mitch. ex Lindl.) K. Schum., 昆士兰瓶子树, Narrow-leaved bottle tree, Queensland bottle tree。乔木，10~25m，胸径可达 3.5m，树干肿胀膨大，旱季落叶，花乳白色，蓇葖果木质，船形。昆士兰瓶子树主要出现于从海岸雨林向内陆半干旱地带过渡的热带相思萨王纳群落（brigalow tropical savanna），形成很特殊的森林地理景观。我国华南城市已有引种栽培，对土壤适应范围较广；粤桂琼滇闽。

***Buckinghamia* F. Muell.**，白金汉木属，山龙眼科（Proteaceae）

高大常绿乔木。单叶，全缘，顶生或腋生总状或圆锥花序，两性花，有香气，蓇葖果，种子有缘翅。澳大利亚东部特有属，2 种。主要用于绿化观赏（Wrigley and Fagg, 1989）。

Buckinghamia celsissima F. Muell., 白花白金汉木, Ivory curl flower, Ivory curl, Spotted silky oak。乔木，30m，散植木多至 10m，花奶白色，具甜香，花期 1~4 月。QLD，雨林地带，澳大利亚东部和南部沿海地区广泛栽培，较耐旱耐寒，木材硬重持久；用材、行道树及庭园树；华南植物园已引种；琼粤桂滇闽浙。

Buckinghamia ferruginiflora Foreman & B. Hyland, 毛花白金汉木, Noah's oak, Spotted oak。乔木，30m，芽、枝条、花序密被锈色毛，花褐色，花期 6~11 月。QLD，雨林地带，用材；尚未引种；琼粤桂滇。

C

***Callistemon* R. Br.**，红千层属，英文俗名 Bottlebrush，桃金娘科（Myrtaceae）

常绿灌木或小乔木，树皮多坚实，不易剥落。单叶互生，几无柄，叶片多细长，革质，全缘，有油腺点。花两性，腋生，无梗，组成穗状或头状花序，花开后，花序轴继续延伸生长成叶枝；花萼筒坛状或钟状，萼齿 5，花瓣 5，不明显且早落；雄蕊多数，离生或基部稍连生，花丝细长，多为红色，使花序状如试管刷并呈现花色；子房半下位，与萼管合生，3～4 室。蒴果，全部包藏于宿存萼管内，球形或半球形，细小种子多数。

30～50 种，除 4 种分布于新喀里多尼亚外其余皆为澳大利亚特有种。喜湿润气候，但仍耐干旱，东南和西南多雨沿海地区尤多，常沿河流或湿地分布。本属树种，因花序形状如试管刷，俗称瓶刷子树（Bottlebrush），是澳大利亚和其他国家极为普遍的园林景观植物，栽培品种众多（Boland *et al.*, 2006）。

Callistemon acuminatus Cheel，尖叶红千层，Tapering-leaved bottlebrush。灌木，1～3m；叶窄披针形至窄椭圆形，长 4～11cm，宽 8～30mm；花序长 10cm，花丝深红色；几乎全年有花，春季为主。NSW 东北和东南沿海地带；尚未引种；粤桂滇闽。

Callistemon brachyandrus Lindl.，短叶红千层，Prickly bottlebrush，Scarlet bottlebrush。灌木或小乔木，1.5～8m；叶条形，长 2～6cm；花序长 3～5cm，花丝猩红色，花药亮黄色；花期春季至夏季。NSW 和 VIC、SA 的内陆地带，喜阳，耐干旱，可耐 −10℃低温；已引种；滇粤闽桂。

Callistemon citrinus（Curtis）Skeels，柠檬红千层，Crimson bottlebrush，Lemon bottlebrush。灌木，1～3m；叶倒披针形至窄椭圆形，长 3～10cm，宽 5～25mm；花序长 6～10cm，花丝亮红色，花药紫红色；几全年有花，春季为主。东部、NSW、VIC 东部，沿海沼泽地带及溪流沿岸；已引种，多品种；琼粤闽桂滇。

Callistemon comboynensis Cheel，峭壁红千层，Cliff bottlebrush。灌木，高可达 5m；叶窄倒披针形，长 3～10cm，宽 7～20mm；花序长 6～7cm，花丝红色，花药紫色；花期冬末至夏季为主。南部、NSW 北部、VIC 西北部和 SA 东南部，常生于石质山地峭壁和石隙，耐旱，耐霜冻；已引种；琼粤闽桂滇。

Callistemon flavovirens（Cheel）Cheel，绿刷红千层，Green bottlebrush。灌木，1～3m，新梢银白色；叶窄倒披针形，长 4～6cm，宽 5～10mm，叶面腺点凸起；花序长 4～6cm，花丝黄绿色，花药黄色；几全年有花。NSW 与交界地带，山区和台地沿溪流与山脚分布，耐干旱霜冻；尚未引种；粤闽桂滇。

Callistemon formosus S.T. Blake，美丽红千层，Kingaroy bottlebrush。灌木，2～6m，枝条披垂；叶窄卵形或窄椭圆形，长 3.5～8.5cm，宽 3～9mm；花丝米黄色至绿白色，花药黄色；全年有花，春季为主。东南部沿海地区，耐霜冻干旱；已引种；粤闽桂滇。

Callistemon glaucus（DC.）Sweet，灰绿红千层，Albany bottlebrush。灌木，高至 3.5m；叶窄卵形，长 4～13cm，宽至 2cm，灰绿色；花丝亮红色；花期春季为主，可多次

开花。SA 南部和西南部沿海地区，沼泽地带；已引种；琼粤桂滇。

Callistemon linearis（Schrad. & J.C. Wendl.）Sweet，细叶红千层，Narrow-leaved bottlebrush。灌木，高至约 3m；叶线形，扁平有沟槽或半筒状，长 4～12cm，宽 1～3mm；花序长 5～10cm，花丝淡红色；晚春至夏初开花。NSW 至东南部，海滨至山麓潮湿地带，耐寒；已引种；粤桂闽滇。

Callistemon montanus C.T. White ex S.T. Blake，山地红千层，Mountain bottlebrush。灌木或小乔木，高可达 8m，新梢红褐色；叶窄倒披针形，两侧常不等宽，长 4～12cm，宽 6～11mm；花序长 3～5cm，花丝猩红色，花药红褐色；花期春季至夏季为主。NSW 和 QLD 交界沿海地区，陡峭山地；尚未引种；粤闽桂滇。

Callistemon nervosus Lindl.，黄皮白千层，Yellow barked paperbark。灌木或乔木，高至 15m；叶互生，长 3～11.5cm，宽 0.5～4cm，狭披针形至阔椭圆形；花序长至 10cm，花丝白色、奶油绿色、黄绿色或红色；花期春季。NT 和 WA 及巴布亚新几内亚；尚未引种；琼粤桂闽。

Callistemon pachyphyllus Cheel，厚叶红千层，Wallum bottlebrush。灌木，高至 3m，枝条密集扭曲；叶窄倒披针形，厚革质，长 2.5～12cm，宽 3～15mm，灰绿色；花序长 5～10cm，花丝猩红色或黄绿色；夏季开花。NSW 北部至南部沿海，潮湿生境；已引种；粤闽桂滇。

Callistemon pallidus（Bonpl.）DC.，苍白红千层，Lemon bottlebrush。直立灌木，高至 8m，新梢银白色；叶窄椭圆形至倒披针形，长 2～8cm，宽 5～17cm，表面密生腺点；花序长 3～10cm；花丝奶油色至黄色，春至夏季开花。东南部、NSW、VIC 东部、TAS，山区溪岸和潮湿地带；已引种；粤闽桂滇。

Callistemon pearsonii R.D. Spencer & Lumley，佩尔森红千层，Blackdown bottlebrush。灌木，高至 2m；叶线形至窄卵形，长 1.5～4cm，宽 1.5～5mm；短穗状花序，径 4.5～6.5cm，花丝亮红色，花药黄色，花期春季至初夏。东南部山地，多沿河流分布；已引种；粤琼闽桂滇。

Callistemon phoeniceus Lindl.，紫穗红千层，Scarlet bottlebrush, Lesser bottlebrush。灌木或小乔木，高可达 6m；叶线形至卵形，长 3～11.5cm，宽至 1cm，蓝绿色；穗状花序，花丝亮红色；春夏季开花为主。WA 西南部，多沿水系沙地分布，喜光、喜湿；尚未引种；粤闽桂滇。

Callistemon pinifolius（Wendl.）Sweet，松叶红千层，Pine-leaved bottlebrush。灌木，高至 4m；叶条形，扁平或槽形，长 3.5～11.5cm，宽 0.5～3mm，花序长 5～10cm，花丝黄绿色或红色，晚春至初夏开花。东南部至 NSW 悉尼一带，潮湿生境，喜光、耐性强；尚未引种；粤闽桂滇。

Callistemon polandii F.M. Bailey，金尖红千层，Gold-tipped bottlebrush。灌木，高至 4m，新梢被铜色丝毛；叶窄卵形，长 4～13cm，宽 1.5～3.5cm；花序长 6～10cm，花丝亮红色，花药黄色，花期晚冬至夏季。北部，沙质或泥炭质立地，适生温暖生境；已引种；粤闽桂滇。

Callistemon quercinus（Craven）Udovicic & R.D. Spencer，奥基红千层，Oakey bottlebrush, Injune bottlebrush。大灌木或小乔木，高至 10m；叶窄披针形至椭圆形，长 2.5～7.5cm，

宽 0.3~1.2cm；穗状花序，花丝黄色或品红色；花期春季为主。中部，喜光、喜湿、耐轻霜。栽培品种四季红千层 *Callistemon* 'Injune'，已引种；粤闽桂滇。

Callistemon recurvus R.D. Spencer & Lumley，背折叶红千层，Tinaroo bottlebrush。小乔木或灌木，高至 7m；叶窄卵形，边缘反曲，长 1.5~5.5cm，宽 2~9mm；穗状花序长 3.5~5.0cm，花亮红色，花药黄色；花期几全年，冷季为主。北部高地，栽培作观赏；尚未引种；琼粤桂闽滇。

Callistemon rigidus R. Br.，硬叶红千层，Stiff bottlebrush。灌木，2~3m，嫩枝有棱；叶线形，硬革质，灰绿色，长 5~9cm，宽 3~6mm；花序长 5~10cm，花丝鲜红色；花期晚春至初夏。NSW 东南部，潮湿生境；已引种，广东及广西有栽培。

Callistemon rugulosus（Schltdl. ex Link）DC.，金药红千层，Scarlet bottlebrush。灌木，高至 5m；叶窄椭圆形至卵形，长 2~9cm，宽 0.3~0.9cm；花序长 5~8cm，花丝红色至紫色，花药黄色；花期夏季为主。SA 东南部，VIC 西部，沼泽和河道附近；喜光、喜湿润土壤，耐周期性干旱，也耐霜冻和盐碱；尚未引种；粤闽桂滇。

Callistemon salignus（Sm.）Sweet，柳叶红千层，Willow bottlebrush，White bottlebrush。灌木或小乔木，高至 15m，枝条披垂；叶披针形或窄椭圆形，长 4~15cm，宽至 1.5cm；花序长 5~8cm，花丝乳白色至黄色，有绿色、桃红色、红色或淡紫色等栽培品种；花期春季至夏初。东南部至 VIC 中部，多见于河流沿岸地区；已引种，琼粤桂闽滇。

Callistemon sieberi DC.，河滨红千层，River bottlebrush。灌木或小乔木，高至 8m，小枝柔软，多披垂，新梢品红色；叶线形至窄倒披针形，长 2~7cm，宽 2~8mm；花序长 3~5cm，花丝乳白色、淡黄色或品红色；花期夏季。自南端经 NSW 至 VIC 东部，沿河流分布；尚未引种；粤闽桂。

Callistemon subulatus Cheel，锥叶红千层。低矮灌木，1~3m，枝叶密集；叶线形、锥形或条形，长 2~5cm，宽 1~3mm；花序长 4~8cm，花丝暗猩红色；花期夏季。NSW 东南部至 VIC 东部，沿溪岸分布，适应性强，园林栽培普遍；尚未引种；粤闽桂滇。

Callistemon teretifolius F. Muell.，针叶红千层，Needle bottlebrush，Flinders ranges bottlebrush。灌木，高 3~4m；叶线形似针叶，长 4.5~15cm；花序长至 9cm，花丝亮红色或黄绿色；花期春季。SA 东部干燥石质山地，耐霜冻干旱；已引种；粤桂闽滇。

Callistemon viminalis（Sol. ex Gaertn.）G. Don，垂枝红千层，串钱柳，Weeping bottlebrush，Creek bottlebrush，Dwarf bottlebrush。灌木或小乔木，高至 8（35）m，枝叶披垂；叶线形至窄椭圆形，长 2.5~14cm，宽 3~7mm；花序长 4~15cm，花丝鲜红色；花期春季至夏初为主，其他季节零星开花。东部、NSW 东北部，沿水系分布；已引种；琼粤桂闽滇。

Callitris Vent.，**澳洲柏属**，柏科（Cupressaceae）

19 种，2 种分布于新喀里多尼亚，其余均为澳大利亚特有种，耐干旱瘠薄，生于疏林，澳大利亚重要的森林资源（Boland *et al.*，2006）。

Callitris glaucphylla J. Thomson & L.A.S. Johnson，白澳洲柏，Whit cypress pine，White pine。小到中等乔木，18m，直径45cm，偶见树高30m，直径90cm；耐干旱。主要分布于澳大利亚大陆南回归线以南，各州均有分布；尚未引种；浙闽粤桂川滇。

Callitris macleayana（F. Muell.）F. Muell. 马克林澳柏，Brush cypress pine。乔木，20~39m，直径60~80cm，喜生于雨林边缘。分布于NSW和QLD海岸地带，木材少疖疤，抗白蚁，经久耐用；尚未引种；浙闽粤桂川滇。

***Castanospermum* A. Cunn. ex Hook.，栗豆树属**，蝶形花科（Papilionaceae）
乔木，1种，澳大利亚及南太平洋岛屿分布（Boland *et al.*，2006）。

Castanospermum australe A. Cunn. ex Mudie，栗豆树（澳洲黑豆树、澳洲栗），Black bean，Moreton Bay chestnut。常绿乔木，高可达40m，胸径可达1.5m，羽状复叶，长30~60cm，小叶9~17，长椭圆形，长7~20cm，宽3~5cm，全缘，上面光亮，下面苍绿色；总状花序，长5~15cm，花冠长30~40mm，橙色至红色，荚果圆柱形，长10~20cm，粗4~6cm，种子3~5，褐色，径约30mm，重约30g。花期10~11月，果熟期3~5月。子叶2，肥硕，保持绿色可达1年；喜温热不耐严寒，耐短时轻霜，喜湿润不耐积水，喜阳耐阴，根系发达；用于庭院遮阴、固岸护坡及室内盆栽观赏。种子含生物碱，生食有毒，据称有抗人免疫缺陷病毒（HIV）和抗癌功效，烹饪后可食。木材硬重，纹理细密，抛光性佳，用于建筑、家具、雕刻等。在澳大利亚东部沿海，自NSW东北部至QLD约克角半岛，新喀里多尼亚及瓦努阿图也有分布，河畔或排水良好的台地。国内粤闽引种，用于室内盆栽观赏，商品名绿宝石、绿元宝、元宝树。

***Casuarina* Adans.，木麻黄属**，英文俗名Sheoak，Australian pine，Beefwood，木麻黄科（Casuarinaceae）
乔木，17种，分布于热带地区，东南亚、美拉尼西亚、法属波利尼西亚、新喀里多尼亚和澳大利亚。木麻黄形态酷似松树，许多人误以为松。嫩枝常绿，线形下垂，沟槽较深，叶退化呈齿状，5~20枚在节间轮生；雌雄同株或异株，雄花序顶生柔荑状，雌花序头状，生于短侧枝顶端，果序球果状，小坚果密集排列，顶具膜质薄翅。木麻黄耐盐碱，抗风，是我国东海和南海海岸最重要的沿海防护林树种和景观建设树种（Johnson，1980，1982；徐燕千和劳家琪，1984；王豁然，1985）。

Casuarina collina Poiss ex Parch. & Seb，山铁木麻黄，Mountain iron wood。乔木，5~35m。新喀里多尼亚；已引种，琼粤闽桂。

Casuarina cristata Miq.，鸡冠木麻黄，Black oak。乔木，10~20m，常见根蘖，树皮灰褐色，微裂或有鳞片，齿叶8~12枚，新枝条的小齿叶直立且较分散，健壮植株的小枝下垂，长达25cm，发育不良植株小枝展开。QLD、NSW，常生长在表面含有钙结核的灰色或褐色黏土上；已引种，闽粤桂浙。

Casuarina cunninghamiana L.A.S. Johnson,细枝木麻黄,River sheoak。乔木,15~35m,树皮灰褐色,鳞片状微裂,嫩枝齿叶6~10枚;有2亚种:*Casuarina cunninghamiana* subsp. *cunninghamiana* L.A.S. Johnson 和 *Casuarina cunninghamiana* subsp. *miodon* L.A.S. Johnson。QLD、NSW,沿河溪生长;已引种,琼粤闽桂滇浙。

Casuarina equisetifolia L.A.S. Johnson,木麻黄,Casuarina,Sheoak。乔木,6~35m,雌雄异株或同株,新枝齿叶直立,小枝长30cm,下垂;有2亚种:*Casuarina equisetifolia* subsp. *equisetifolia* L.A.S. Johnson 和 *Casuarina equisetifolia* subsp. *incana*(Benth.)L.A.S. Johnson。NT、QLD、NSW、东南亚及太平洋岛屿,可生长在海岸各种类型土壤上,耐盐碱,是木麻黄科分布最广的树种;我国引种已有一个多世纪历史,琼粤闽桂滇浙。

Casuarina glauca Sieber ex Spreng,粗枝木麻黄,Swamp sheoak。乔木,8~20m,少见灌木,常见根蘖,树皮灰褐色,鳞状微裂,齿叶12~17枚,嫩枝齿叶长而内弯,小枝散而下垂,长38cm。QLD、NSW东部沿海;已引种,粤闽桂琼滇浙。

Casuarina grandis L.A.S. Johnson,大木麻黄。乔木,35~40m。巴布亚新几内亚,沿河生长;已引种,琼粤闽桂。

Casuarina junghuhniana Miq.(Syn. *Casuarina montana* Miq.),山地木麻黄,Jemara。乔木,20~35m,小枝灰绿至深绿,树冠塔形。印度尼西亚和东帝汶,生长于海平面至3000m高山的多种类型土壤上;已引种,琼粤闽桂。

Casuarina obesa Miq.,湿地木麻黄,Swamp sheoak。乔木,8~20m,新枝上齿叶直立,齿叶12~16枚,小枝下垂或展开,长21cm;关节有常蜡质。WA、NSW、VIC,生长于微咸或盐碱的河岸或咸水湖附近;已引种,滇粤闽桂。

Casuarina oligodon L.A.S. Johnson,小齿木麻黄,Yar。乔木,10~30m,树皮灰棕色开裂,不规则片状脱落,具根蘖;有2亚种:*Casuarina oligodon* subsp. *ligodonm* L.A.S. Johnson 和 *Casuarina oligodon* subsp. *abbreviata* L.A.S. Johnson。巴布亚新几内亚,生长于高原河谷;已引种,琼闽粤桂滇。

Casuarina pauper F. Muell. ex L.A.S. Johnson,波普木麻黄。乔木,5~15m,齿叶9~13枚,具铁锈色绒毛,新枝齿叶伸直或弯曲;节间被蜡和短而密的绒毛。QLD、NSW、VIC、SA和WA,常生长在具有轻质表土和钙质底土的红褐壤地区;已引种,粤闽桂滇。

***Ceratopetalum* Sm.,角萼木属(角瓣木属),火把树科(Cunoniaceae)**

灌木或乔木,1~3小叶,顶生聚伞花序,萼片4或5,宿存,果熟时膨大,花瓣小,坚果。6~9种,澳大利亚东海岸、新几内亚,澳大利亚5种。材用及观赏。

Ceratopetalum apetalum D. Don,无瓣角萼木,Coachwood,Scented satinwood,Tarwood。中等乔木,15~25m,花无瓣,萼片宿存,长8mm,粉红色,花期春季至夏季。自NSW中部至QLD南部,沿海温带雨林;心材淡桃褐色或暗品红色,与边材的界限不明显,纹理直,结构细,有焦糖气味,易加工,切面光滑,用于地板、家具、装饰材等;尚未引种;琼粤桂滇。

Ceratopetalum gummiferum Sm.，胶皮角萼木，New South Wales Christmas bush。球形灌木或塔形小乔木，10m，3 小叶复叶，花瓣小，奶白色，圣诞时节果熟，宿存萼片粉红色至红色，长约 12mm，花期 10 月。NSW 沿海地区；观赏；需湿润环境，喜阴、疏松土壤，积水处易烂根；尚未引种；琼粤桂滇。

Ceuthostoma L.A.S. Johnson，隐孔木麻黄属，木麻黄科（Casuarinaceae）

乔木，2 种，小枝沟槽深而窄，气孔隐藏，轮生齿叶 4～20 枚。球果苞片外露，薄而明显。分布于东南亚（Johnson，1988）。

Ceuthostoma palauianense L.A.S. Johnson，帕拉万木麻黄，Palawan agoho。乔木，5～8m，树冠塔形，小枝绿色，长 20cm，花白色或乳白色，球果棕色坚硬。菲律宾帕拉万岛，特有种，沿河分布，强碱性土；尚未引种；琼粤闽桂。

Ceuthostoma terminale L.A.S. Johnson，顶生木麻黄。乔木。婆罗洲、印尼马鲁古群岛、菲律宾帕拉万岛和新几内亚岛，生于强碱性土的原始林或次生林，海拔 100～1500m；尚未引种；琼粤闽桂。

Corymbia K.D. Hill & L.A.S. Johnson，伞房属，英文俗名 Bloodwoods，桃金娘科（Myrtaceae）

桉树，91 种，乔木或麻利。复合花序，蒴果或多或少呈坛状，大而醒目；树皮龟裂，或多边鳞片状开裂，或呈方格状，宿存。种子较大，有些具翅。伞房属桉树大多数分布于澳大利亚北部和中部的热带干旱半干旱地区，多散生于疏林，耐瘠薄干旱，少数分布于东部沿海。斑皮桉在新南威尔士东海岸常常形成纯林，林下伴生澳洲苏铁（*Macrozamia* sp.），形成很独特的森林群落景观。我国已经引种的有柠檬桉、斑皮桉、托里桉、桃红木桉、伞房花桉、春红桉、鬼桉和方格皮桉等，适合我国南亚热带、东南沿海、华南、云南和四川盆地引种栽培。伞房属树种木材硬重，红褐色，宜作锯材和家具材，用于热带人工林或庭园观赏（Boland *et al.*，2006；Brooker and Kleinig，1983，1990，1994）。伞房属分类学沿革复杂，直到 1995 年才确定其属的地位（Pryor and Johnson，1971；Hill and Johnson，1995；Ladiges and Udovicic，2000；Centre for Plant Biodiversity Research，2006；CHAH，2006；王豁然，2010）。

Corymbia abbreviata（Blakely & Jacobs）K.D. Hill & L.A.S. Johnson，疏叶桉，Scraggy bloodwood。小乔木，6m。WA、NT；尚未引种；琼粤桂。

Corymbia abergiana（F. Muell.）K.D. Hill & L.A.S. Johnson，阿伯吉桉，Range bloodwood。乔木，15m。QLD；尚未引种；琼粤桂滇。

Corymbia aparrerinja K.D. Hill & L.A.S. Johnson，白仙桉，Ghost gum of central Australia。乔木，20m，树干通体白色，美丽壮观，澳大利亚土著艺术家的概念树；木材基本密度 1000kg/m^3。NT、QLD、WA；尚未引种；琼粤桂滇。

Corymbia arafurica K.D. Hill & L.A.S. Johnson，阿拉夫拉海鬼桉，Arafura Sea ghost gum。乔木，15m，树干白色。NT；尚未引种；琼粤桂滇。

Corymbia arenaria（Blakely）K.D. Hill & L.A.S. Johnson，沙生桉，Rough-barked bloodwood。小乔木，6m。WA；尚未引种；琼粤桂滇。

Corymbia arnhemensis（D.J. Carr & S.G.M. Carr）K.D. Hill & L.A.S. Johnson，峡谷红桉，Gorge bloodwood。小乔木，10m。NT、QLD；尚未引种；琼粤桂滇。

Corymbia aspera（F. Muell.）K.D. Hill & L.A.S. Johnson，糙叶鬼桉，Rough-leaved ghost gum。中等乔木，10～20m。QLD；尚未引种；琼粤桂滇。

Corymbia aureola（Brooker & A.R. Bean）K.D. Hill & L.A.S. Johnson，蓝蕾桉。小乔木，14m。QLD 有限分布；尚未引种；琼粤桂滇。

Corymbia bella K.D. Hill & L.A.S. Johnson，绿冠鬼桉，Ghost gum。乔木，30m，白干绿冠，姿态优美。NT、WA、QLD；尚未引种；琼粤桂滇。

Corymbia blakei K.D. Hill & L.A.S. Johnson，布来克桉。乔木，8～10m。QLD；尚未引种；琼粤桂滇。

Corymbia bleeseri（Blakely）K.D. Hill & L.A.S. Johnson，光皮红木桉，Smooth-stemmed bloodwood。乔木，20m，喜水湿。WA、NT；尚未引种；琼粤桂滇。

Corymbia bloxsomei（Maiden）K.D. Hill & L.A.S. Johnson，黄皮桉，Yellow jacket。乔木，15m。QLD；尚未引种；琼粤桂滇。

Corymbia brachycarpa（D.J. Carr & S.G.M. Carr）K.D. Hill & L.A.S. Johnson，短果桉。乔木，10～15m。QLD、NSW；尚未引种；琼粤桂滇。

Corymbia bunites（Brooker & A.R. Bean）K.D. Hill & L.A.S. Johnson，布尼特桉。乔木，25m。QLD、NSW；尚未引种；琼粤桂滇。

Corymbia cadophora K.D. Hill & L.A.S. Johnson，联叶桉。小乔木，6m；有 2 亚种： *Corymbia cadophora* K.D. Hill & L.A.S. Johnson subsp. *cadophora*，白花联叶桉； *Corymbia cadophora* subsp. *pliantha* K.D. Hill & L.A.S. Johnson，红花联叶桉。WA；尚未引种；滇。

Corymbia calophylla（Lindl.）K.D. Hill & L.A.S. Johnson，红花美叶桉，Marri, Port Gregory gum。乔木，40m，花开醒目，宜植庭园；木材经久耐用，基本密度 590～1080kg/m^3。WA；尚未引种；滇。

Corymbia candida K.D. Hill & L.A.S. Johnson，沙漠白皮桉。乔木，10～20m；2 亚种 1 杂种。WA；尚未引种；滇。

Corymbia catenaria K.D. Hill & L.A.S. Johnson，卡特那桉。乔木，15m。QLD；尚未引种；滇。

Corymbia chartacea K.D. Hill & L.A.S. Johnson，纸叶桉。乔木，8m。NT；尚未引种；琼粤桂滇。

Corymbia chillagoensis K. D.Hill & L.A.S. Johnson，齐拉高白皮桉。乔木，12m。QLD；尚未引种；琼粤桂滇。

Corymbia chippendalei（D.J. Carr & S.G.M. Carr）K.D. Hill & L.A.S. Johnson，沙丘桉，Sand-dune bloodwood。小乔木，5～8m。WA；尚未引种；滇。

Corymbia citriodora（Hook.）K.D. Hill & L.A.S. Johnson，柠檬桉，Lemon-scented gum。乔木，40m；树皮光滑，白色，有时呈粉红色或灰绿色；成龄叶披针形或狭披针形，揉之散发强烈柠檬香气；果卵形或坛形；分布区内降雨量 650～1600mm，耐瘠薄，

生于疏林地或受光林；木材硬重耐久，用作桥梁、矿柱、地板等；基本密度950～1010kg/m³；叶含芳香油；园林观赏和行道树。QLD；我国早期引种桉树之一，20世纪60年代雷州半岛大面积栽培；琼粤桂滇川闽浙台。

Corymbia clandestina（A.R. Bean）K.D. Hill & L.A.S. Johnson，可兰德桉。乔木，10m。零星分布于QLD；尚未引种；琼粤。

Corymbia clarksoniana（D.J. Carr & S.G.M. Carr）K.D. Hill & L.A.S. Johnson，长果红桉，Long fruited bloodwood。乔木，20m。QLD、NSW；尚未引种；琼粤桂滇。

Corymbia clavigera（A. Cunn. ex Schauer）K.D. Hill & L.A.S. Johnson，棒蕾桉，Apple gum。乔木，15m。NT、WA；尚未引种；琼粤桂滇。

Corymbia cliftoniana（W. Fitzg.）K.D. Hill & L.A.S. Johnson，沙漠红木桉。乔木，12m。NT、WA；尚未引种；琼粤桂滇。

Corymbia collina（W. Fitzg.）K.D. Hill & L.A.S. Johnson，丘地红木桉，Silver-leaved bloodwood。乔木，15m。WA；尚未引种；琼粤桂滇。

Corymbia confertiflora（F. Muell.）K.D. Hill & L.A.S. Johnson，阔叶方格皮桉，Broad-leaved carbeen。乔木，15m。WA、NT；尚未引种；琼粤桂滇。

Corymbia dallachiana（Benth.）K.D. Hill & L.A.S. Johnson，达拉齐长叶桉，Dallachy's gum。乔木，15m。QLD、NT；尚未引种；琼粤桂滇。

Corymbia dendromerinx K.D. Hill & L.A.S. Johnson，刚毛白皮桉。小乔木，8m。WA；尚未引种；滇。

Corymbia deserticola（D.J. Carr & S.G.M. Carr）K.D. Hill & L.A.S. Johnson，沙漠红麻利，Desert bloodwood。小乔木或麻利；有2亚种。NT；尚未引种；琼粤桂滇。

Corymbia dichromophloia（F. Muell.）K.D. Hill & L.A.S. Johnson，双红桉，Gum-topped bloodwood。乔木，12m。NT、WA；尚未引种；琼粤桂滇。

Corymbia dimorpha（Brooker & A.R. Bean）K.D. Hill & L.A.S. Johnson，二型叶桉。乔木，15m。QLD；尚未引种；琼粤桂滇。

Corymbia disjuncta K.D. Hill & L.A.S. Johnson，大叶红桉。乔木，15m。NT、WA、QLD、巴布亚新几内亚；尚未引种；琼粤桂滇。

Corymbia dunlopiana K.D. Hill & L.A.S. Johnson，邓洛普桉。小乔木或麻利，5m。NT；尚未引种；琼粤桂滇。

Corymbia ellipsoidea（D.J. Carr & S.G.M. Carr）K.D. Hill & L.A.S. Johnson，平顶坛果桉。乔木，12m。QLD；尚未引种；琼粤桂滇。

Corymbia eremaea（D.J. Carr & S.G.M. Carr）K.D. Hill & L.A.S. Johnson，等果红桉，Range bloodwood。乔木，5～12m或麻利，有2亚种。WA、NT、SA；尚未引种；琼粤桂滇。

Corymbia erythrophloia（Blakely）K.D. Hill & L.A.S. Johnson，红枝红桉，Red bloodwood。乔木，12m。QLD、NSW；尚未引种；琼粤桂滇。

Corymbia eximia（Schauer）K.D. Hill & L.A.S. Johnson，特桉，Yellow bloodwood。乔木，15m。NSW；尚未引种；琼粤桂滇。

Corymbia ferriticola（Brooker & Edgecombe）K.D. Hill & L.A.S. Johnson，沙漠铁桉。乔

木或麻利，8～15m；生于富铁立地；极耐干旱。WA；尚未引种；滇。

Corymbia ferruginea（Schauer）K.D. Hill & L.A.S. Johnson，锈色桉，Rusty bloodwood。乔木，12m。WA、NT、QLD；尚未引种；琼粤桂滇。

Corymbia ficifolia（F. Muell.）K.D. Hill & L.A.S. Johnson，红花桉，Red-flowering gum。乔木，10m；红花鲜艳夺目，优良观赏树种；在澳大利亚冬雨型地区，广植行道庭园。WA；尚未引种；滇。

Corymbia flavescens K.D. Hill & L.A.S. Johnson，黄叶桉。乔木，15m。WA、NT、QLD；尚未引种；琼粤桂滇。

Corymbia foelscheana（F. Muell.）K.D. Hill & L.A.S. Johnson，扇叶红桉，Smooth-barked bloodwood。乔木，10m。WA、NT；尚未引种；滇。

Corymbia gilbertensis（Maiden & Blakely）K.D. Hill & L.A.S. Johnson，吉尔伯特桉，Gilbert river ghost gum。乔木，12m。QLD；尚未引种；琼粤桂滇。

Corymbia grandifolia（R. Br. ex Benth.）K.D. Hill & L.A.S. Johnson，巨叶桉，Cabbage gum。乔木，12m，有3亚种。WA、NT、QLD；尚未引种；琼粤桂滇。

Corymbia greeniana（D.J. Carr & S.G.M. Carr）K.D. Hill & L.A.S. Johnson，格林桉。乔木，12m。WA、NT；尚未引种；滇。

Corymbia gummifera（Gaertn.）K.D. Hill & L.A.S. Johnson，伞房花桉（血红木桉），Red bloodwood。乔木，20～35m，偶见60m，木材基本密度740～1005kg/m^3，优良用材与观赏树种。QLD、NSW、VIC；已引种；琼粤桂滇。

Corymbia haematoxylon（Maiden）K.D. Hill & L.A.S. Johnson，红木桉。乔木，25m。WA；尚未引种；滇。

Corymbia hamersleyana（D.J. Carr & S.G.M. Carr）K.D. Hill & L.A.S. Johnson，哈默斯里桉，Hamersley bloodwood。乔木，12m，或麻利。NT；尚未引种；滇。

Corymbia hendersonii K.D. Hill & L.A.S. Johnson，汉德森红桉，Henderson's bloodwood。乔木，25m。QLD；尚未引种；琼粤桂滇。

Corymbia henryi（S.T. Blake）K.D. Hill & L.A.S. Johnson，大叶斑皮桉，Large-leaved spotted gum。乔木，35m；花芽、叶与果实均较柠檬桉和斑皮桉大；木材基本密度745～1080kg/m^3。QLD、NSW；已引种，琼粤桂滇闽浙。

Corymbia hylandii（D.J. Carr & S.G.M. Carr）K.D. Hill & L.A.S. Johnson，海兰德红桉。乔木，20m。QLD；尚未引种；琼粤桂滇。

Corymbia intermedia（R.T. Baker）K.D. Hill & L.A.S. Johnson，桃红木桉，Pink bloodwood。乔木，25～30m，偶见40m，沿澳大利亚东海岸从北向南分布，延伸2500km；木材基本密度800～860kg/m^3。QLD、NSW；少许引种，琼粤桂滇。

Corymbia jacobsiana（Blakely）K.D. Hill & L.A.S. Johnson，雅各斯纤皮桉，Stringy-barked bloodwood。乔木，15m。NT；尚未引种；琼粤桂滇。

Corymbia kombolgiensis（Brooker & Dunlop）K.D. Hill & L.A.S. Johnson，悬崖桉，Scarp gum。乔木，15m，生于硅质裸岩山地。WA；尚未引种；滇。

Corymbia lamprophylla（Brooker & A.R. Bean）K.D. Hill & L.A.S. Johnson，亮叶红桉，Shiny-leaved bloodwood。乔木，15m。QLD；尚未引种；琼粤桂滇。

Corymbia latifolia（F. Muell.）K.D. Hill & L.A.S. Johnson，宽叶桉，Round-leaved bloodwood。乔木，18m。WA、NT、QLD、巴布亚新几内亚；尚未引种；琼粤桂滇。

Corymbia leichhardtii（F.M. Bailey）K.D. Hill & L.A.S. Johnson，褐皮桉，Rusty jacket。乔木，15m。QLD；尚未引种；琼粤桂滇。

Corymbia lenziana（D.J. Carr & S.G.M. Carr）K.D. Hill & L.A.S. Johnson，窄叶麻利，Narrow-leaved bloodwood。麻利。WA；尚未引种；滇。

Corymbia leptoloma（Brooker & A.R. Bean）K.D. Hill & L.A.S. Johnson，杂色薄叶桉。乔木，15m，稀有种，适宜降雨量 2000mm 以上热带地区。QLD；尚未引种；琼粤桂滇。

Corymbia ligans K.D. Hill & L.A.S. Johnson，丽干红桉。乔木，18m。QLD；尚未引种；琼粤桂滇。

Corymbia maculata（Hook.）K.D. Hill & L.A.S. Johnson，斑皮桉，Spotted gum。乔木，45m，偶见 70m，直径 1~3m；树皮斑驳脱落，叶无柠檬香气，结实丰年间隔期数年；分布区较广，生于受光林或高大受光林，有时呈纯林，优良蜜源；澳大利亚天然林中主要用材树种之一，木材基本密度 745~1080kg/m³；优良用材林和观赏树种，世界广泛引种。QLD、NSW、VIC；已引种，琼粤桂滇闽浙。

Corymbia nesophila（Blakely）K.D. Hill & L.A.S. Johnson，海岛红桉，Melville Island bloodwood。乔木，30m。WA、NT、QLD；尚未引种；琼粤桂滇。

Corymbia novoguinensis（D.J. Carr & S.G.M. Carr）K.D. Hill & L.A.S. Johnson，热带低地红桉。乔木，25m。QLD、巴布亚新几内亚、伊里安爪哇；尚未引种；琼粤桂滇。

Corymbia oocarpa（D.J. Carr & S.G.M. Carr）K.D. Hill & L.A.S. Johnson，卵果桉。乔木，10m。NT；尚未引种；滇。

Corymbia opacula L.A.S. Johnson，鳞果红桉。乔木，10m。WA、NSW；尚未引种；滇。

Corymbia pachycarpa K.D. Hill & L.A.S. Johnson，厚果红桉。小乔木，6m，干形弯曲。WA、NT；尚未引种；滇。

Corymbia papillosa K.D. Hill & L.A.S. Johnson，疣毛桉。小乔木，6m，干形弯曲。NT、WA；尚未引种；滇。

Corymbia peltata（Benth.）K.D. Hill & L.A.S. Johnson，盾叶桉，Rusty jacket。乔木，15m。QLD；尚未引种；琼粤桂滇。

Corymbia petalophylla（Brooker & A.R. Bean）K.D. Hill & L.A.S. Johnson，花瓣叶桉。乔木，15m。QLD；尚未引种；琼粤桂滇。

Corymbia plena K.D. Hill & L.A.S. Johnson，大果红桉，Large-fruited bloodwood。乔木，20m。QLD；尚未引种；琼粤桂滇。

Corymbia polycarpa（F. Muell.）K.D. Hill & L.A.S. Johnson，多果桉，Long-fruited bloodwood。乔木，25m。WA、NT、QLD、NSW；尚未引种；琼粤桂滇。

Corymbia polysciada（F. Muell.）K.D. Hill & L.A.S. Johnson，多果方格皮桉，Apple gum。乔木，15m。NT；尚未引种；琼粤桂滇。

Corymbia porrecta（S.T. Blake）K.D. Hill & L.A.S. Johnson，长柄大果红桉，Grey bloodwood。乔木，18m。NT；尚未引种；琼粤桂滇。

Corymbia ptychocarpa（F. Muell.）K.D. Hill & L.A.S. Johnson，春红桉，Spring bloodwood。乔木，20m；叶革质，色亮绿，花丝红或粉红色，娇艳夺目，蒴果坛状，肥大，宜植行道庭园。QLD、NT；两广已有引种；琼粤桂滇闽。

Corymbia rhodops（D.J. Carr & S.G.M. Carr）K.D. Hill & L.A.S. Johnson，红蜜腺桉。乔木，15m，红花美丽。QLD、NT；尚未引种；琼粤桂滇。

Corymbia scabrida（Brooker & A.R. Bean）K.D. Hill & L.A.S. Johnson，黄皮糙叶桉，Rough-leaved yellow jacket。小乔木，10～15m。QLD；尚未引种；琼粤桂滇。

Corymbia serendipita（Brooker & Kleinig）Bean，纽卡索峡谷红桉，Newcastle Range bloodwood。小乔木，15m。QLD；尚未引种；琼粤桂滇。

Corymbia setosa（Schauer）K.D. Hill & L.A.S. Johnson，糙叶红桉，Rough-leaved bloodwood。乔木，20m 或多干麻利。NT、QLD；尚未引种；琼粤桂滇。

Corymbia sphaerica K.D. Hill & L.A.S. Johnson，对叶球果红桉。小乔木，10m 或多干麻利。NT；尚未引种；琼粤桂滇。

Corymbia stockeri（D.J. Carr & S.G.M. Carr）K.D. Hill & L.A.S. Johnson，斑格皮红桉，Blotchy bloodwood。小乔木，12m。QLD；尚未引种；琼粤桂滇。

Corymbia terminalis（F. Muell.）K.D. Hill & L.A.S. Johnson，沙漠红桉，Desert bloodwood。乔木，18m。WA、NT、QLD、NSW；尚未引种；琼粤桂滇闽。

Corymbia tessellaris（F. Muell.）K.D. Hill & L.A.S. Johnson，方格皮桉，Carbeen Moreton Bay ash。乔木，30m，树干通直，上部光滑，1m 以下基部树皮方格状开裂；心材红褐色，坚硬沉重，基本密度 1090kg/m^3；树形优美，宜作观赏。巴布亚新几内亚、NT、QLD；已引种至琼粤桂滇闽。

Corymbia torelliana（F. Muell.）K.D. Hill & L.A.S. Johnson，托里桉，Cadaghi。乔木，30m，树干通直，灰绿或苍绿，冠大荫浓，优良用材与观赏树种，宜植路旁庭园；木材基本密度 905～1010kg/m^3。QLD 东北部沿海山地，已引种，琼粤桂滇川闽。

Corymbia torta K.D. Hill & L.A.S. Johnson，扭叶桉。乔木，15m。WA；尚未引种；滇。

Corymbia trachyphloia（F. Muell.）K.D. Hill & L.A.S. Johnson，糙皮红桉，Brown bloodwood。乔木，10～25m。QLD、NSW；尚未引种；琼粤桂滇。

Corymbia umbonata（D.J. Carr & S.G.M. Carr）K.D. Hill & L.A.S. Johnson，锈果红桉，Rusty bloodwood。乔木，20m。NT；尚未引种；琼粤桂滇。

Corymbia watsoniana（F. Muell.）K.D. Hill & L.A.S. Johnson，大果黄皮桉，Large-fruited yellowjacket。有 2 亚种：毛叶大果黄皮桉 *Corymbia watsoniana* subsp. *capillata*（Brooker & A.R. Bean）K.D. Hill & L.A.S. Johnson，乔木，15m，QLD，尚未引种，琼粤桂滇；大果黄皮桉 *Corymbia watsoniana*（F. Muell.）K.D. Hill & L.A.S. Johnson subsp. *watsoniana*，Large-fruited yellowjacket，乔木，15m，QLD；尚未引种，琼粤桂滇。

Corymbia xanthope（A.R. Bean & Brooker）K.D. Hill & L.A.S. Johnson，褐皮红桉，Glen Geddes bloodwood。乔木，20m，生于蛇纹岩土壤。QLD；尚未引种；琼粤桂滇。

Corymbia zygophylla（Blakely）K.D. Hill & L.A.S. Johnson，合叶桉，Broom bloodwood。小乔木，8m。WA；尚未引种；滇。

D

***Davidsonia* F. Muell.**，**澳梅属**，英文俗名 Davidson Plum，澳梅科（Davidsoniaceae）

中小乔木，奇数羽状复叶，近茎端集生，叶轴具翅，小叶叶缘及轴翅具齿，花序腋生或茎枝生，圆锥状或穗状，花小，萼片 4~5，粉红色，无花瓣，肉质果核果状，似西梅果，被粉霜，深红色至黑色，软骨质或半木质。

澳大利亚特有属，3 种，分布于 NSW 东北部至 QLD 东南部，热带亚热带雨林地带。其果可食，味酸，果肉血红色，制作果酱果汁。

Davidsonia jerseyana（F. Muell. ex F.M. Bailey）G. Harden & J.B. Williams，戴维森澳梅，Davidson's plum, Mullumbimby plum。小乔木，5~10m，无分枝或少分枝，各部被毛，花序茎生，下垂，长 4~10（~30）cm，果长 3.5~4.5mm，宽 3~3.7cm，蓝色至黑色，果肉暗红色，花期 10 月至次年 1 月，果熟期 11 月至次年 2 月。NSW，海拔 300m 以下，亚热带河岸雨林，降雨量 1100~2000mm；果用栽培，种子繁殖，4 年后结实；尚未引种；琼滇桂粤闽。

Davidsonia johnsonii J.B. Williams & G. Harden，光叶澳梅，Smooth Davidsonia, Smooth Davidson's plum, Small-leaved Davidson's plum。灌木状小乔木，5~10（~18）m，多分枝，各部成熟后近无毛，花序茎端腋生，长 10~20cm，果长 2~4cm，宽 2.5~6cm，红紫色至紫黑色，果肉红色，分核种子不发育，花期 10~11 月，果熟期 2~4 月。NSW、QLD，亚热带雨林、潮湿硬叶林和溪谷雨林地带，海拔 260m 以下，种子不育，插条或分根繁殖；尚未引种；琼滇桂粤闽。

Davidsonia pruriens F. Muell.，澳梅，Ooray, Davidson's plum, Queensland Davidson's plum。小乔木，各部被毛，花序多茎枝生，下垂，长 12~80cm，果长 3.8~5.5cm，宽 3.2~5.3cm，蓝黑色，果肉暗红色，全年大部有花果，花期主要在 2~7 月，果熟期主要在 3~6 月。QLD，热带雨林，海拔 1000m 以下，作为观赏及果用树种在昆士兰北部栽植历史久远，抗氧化能力优于蓝莓；尚未引种；琼粤滇。

***Daviesia* Sm.**，**苦豆属**，蝶形花科（Papilionaceae）

常绿灌木或小乔木，或多年生草本状，叶变态为叶状柄或退化成鳞片状。约 200 种，分布于澳大利亚。

Daviesia mimosoides R. Br.，狭叶苦豆，Narrow-leaf bitter pea, Leafy bitter-pea。多茎灌木，1~5m，幼茎红色，叶状柄窄椭圆形或窄倒卵形，有时披针形，长 2~20cm，宽 4~30mm，总状花序，5~10 花，萼裂片增厚，黄色并染暗红色或栗褐色，花期 8~11 月。自 QLD 南部经 NSW 至 VIC 东部的沿海及山地，海拔自海平面至 1500m，观赏；尚未引种；琼粤桂闽滇。

Daviesia latifolia R. Br.，宽叶苦豆，Broad-leaved bitter pea, Hop bitter-pea。灌木，1~3m，叶状柄宽椭圆形、窄椭圆形、披针形或卵形，长 2~15cm，宽 5~50mm，边

缘具圆齿，总状花序，总序轴长 25～80mm，花黄色，带红色至褐色晕染，花期 9～12 月。QLD 东南经 NSW 至 VIC 南部的沿海及山地及 TAS 南部，海拔 0～1800m，观赏；尚未引种；琼粤桂闽浙滇川。

***Diploglottis* Hook.f，酸果树属（舌鳞花属），英文俗名 Tamarind，无患子科（Sapindaceae）**
乔木，偶数羽状复叶，小叶大型，全缘革质，腋生圆锥花序，花小型，花瓣 4～5，基部具 2 舌状鳞片，与花瓣近等长，果近球形，1～3 瓣裂，假种皮厚肉质，2 瓣，常红色，味酸。约 10 种，分布于马来群岛东部、新喀里多尼亚、新几内亚、澳大利亚，澳大利亚 8 种。

Diploglottis cunninghamii (Hook.) Hook.f. ex Benth.，酸果树，Native tamarind。常绿乔木，高至 35m，复叶小叶 6～12，长 10～35cm，宽 4～12cm，花序长 12～50cm，果扁球形，高 1～1.5cm，径 2.5～3cm，橘黄色，2～3 分果瓣，假种皮橘红色，味酸，花期 9～11 月，果熟期 12 月至次年 1 月。QLD、NSW，生于雨林，木材硬重，观赏、假种皮可食，可制作果酱；尚未引种；闽粤琼桂滇。

***Doryphora* Endl.，澳洲檫木属，英文俗名 Sassafras，香皮茶科（Atherospermataceae）**
4 种，澳大利亚有 2 种：*Doryphora aromatica* (F.M. Bailey) L.S. Sm.，分布于昆士兰东北部；*Doryphora sassafras* Endl.，分布于昆士兰和新南威尔士东部。

Doryphora sassafras Endl.，澳洲檫木，Sassafras，Yellow sassafras，Golden sassafras。大乔木，42m，胸径 1.2m，树冠小而紧密，侧枝与主干垂直，分枝处肿胀；单叶对生，革质光滑，月桂叶形，具齿或近全缘，枝叶树皮有香气；花 3 个簇生于叶腋，两性，花被片 4 或 6，2 或 3 轮，瘦果卵形至椭圆形。生长迅速，木材带黄色，用作地板、家具材等。生于澳大利亚东海岸，凉爽山地雨林，适生范围较宽。QLD、NSW；尚未引种；粤桂滇闽川。

Doryphora aromatica (F.M. Bailey) L.S. Sm.，香叶澳洲檫。乔木，12～40m。QLD；尚未引种；琼滇。

***Dysoxylum* Bl.，樫木属，英文俗名 Rosewood，楝科（Meliaceae）**
常绿乔木，羽状复叶互生，小叶通常全缘，花两性，4 或 5 基数，组成腋生圆锥花序，蒴果，5～4（3）瓣裂，每室有种子 1～2 颗。木材坚硬，装饰用材。约 75 种，分布于东南亚、南亚至澳大利亚。澳大利亚 3 种，分布于东部及北部沿海地区。

Dysoxylum fraserianum (A. Juss.) Benth.，澳洲桃花心木，Rosewood，Australian rose mahogany。大乔木，57m，直径 3.5m，偶数羽状复叶，长 6.5～25cm，4～12 枚叶片，暗绿。常见于亚热带常绿阔叶林，耐阴，生长慢，寿命长，木材有香气，边材淡褐色至奶油色，心材红褐色至暗红色，硬度中等，建筑、装饰、胶合板材。自然分布于 NSW、QLD；尚未引种；粤桂琼滇。

Dysoxylum mollissimum Blume subsp. ***molle***（Miq.）Mabb.（Syn. *Dysoxylum muelleri* Benth.）红豆樫木，Red bean，Miva mahogany，Miva，Onionwood。乔木，高达 35m，径可达 120cm，奇数羽状复叶，小叶 11～23 片。边材浅粉红色，心材红褐色，建筑、地板、家具、工艺、造船、胶合板。QLD 北部至 NSW 北部沿海雨林；尚未引种；琼滇粤桂。该亚种中国有分布。

E

***Endiandra* R. Br.**，土楠属，英文俗名 Walnut，樟科（Lauraceae）

常绿乔木或灌木。叶互生，羽状脉，圆锥花序或聚伞花序，腋生或假顶生，浆果状核果。材质优良。约 100 种，广布于东南亚、澳大利亚和西太平洋地区。澳大利亚有 38 种，自 QLD 北端至 NSW 南部，雨林季雨林地带。

Endiandra compressa C.T. White，白皮土楠，White bark，Queensland greenheat。乔木，30m。QLD、NSW，沿海山谷雨林；尚未引种；琼滇粤桂。

Endiandra crassiflora C.T. White & W.D. Francis，肉花土楠，Dorrigo walnut。乔木，20m。QLD、NSW，沿海山谷雨林地带；尚未引种；琼滇粤桂。

Endiandra discolor Benth.，异色叶土楠，Rose walnut，Domatia tree。板根树种，25～40m。QLD、NSW，沿海至海拔 1000m，热带或亚热带溪谷雨林；尚未引种；琼滇粤桂。

Endiandra globosa Maiden & Betche，球果土楠，Black walnut，Ball-fruited walnut。乔木，30m，有时具板根。QLD、NSW，热带低地雨林和亚热带山谷雨林；尚未引种；琼滇粤桂。

Endiandra hayesii Kosterm.，锈毛土楠，Rusty rose walnut。中型或大型乔木，20～35m，有时具板根。QLD、NSW，雨林及谷地森林；尚未引种；琼滇粤桂。

Endiandra hypotephra F. Muell.，蓝果土楠，Blue walnut，Northern rose walnut。乔木，30m，具板根。QLD，低地雨林；尚未引种；琼滇。

Endiandra introrsa C.T. White，红果土楠，Red plum，Dorrigo plum，Red walnut。乔木，40m，有时具板根。NSW 东北部，海拔 300～1000m，山谷温带雨林；尚未引种；琼滇粤桂。

Endiandra muelleri Meisn.，亮叶土楠，Mueller's walnut，Green-leaved rose walnut。乔木，30m，有时具板根。QLD、NSW，海拔 0～900m，山谷温带雨林；尚未引种；琼滇粤桂。

Endiandra palmerstonii（F.M. Bailey）C.T. White & W.D. Francis，昆士兰土楠（昆士兰胡桃木），Queensland walnut，Black walnut。乔木，35m，有时具板根。QLD，以及巴布亚新几内亚、南太平洋岛屿，海拔 0～1100m，沿海台地雨林；边材淡黄色，心材褐色带深色纵纹，硬度中等，家具材、装饰材、胶合板材等；尚未引种；琼滇。

Endiandra pubens Meisn.，毛枝土楠，Rusty walnut，Hairy walnut，Possum apple，Red apple，Whitebark walnut。乔木，25m。NSW、QLD，溪谷亚热带雨林；尚未引种；琼滇粤桂。

Endiandra sieberi Nees，栓皮土楠，Pink walnut，Pink corkwood，Corkwood，Hard corkwood，Corkwood laurel。乔木，30m，无板根。QLD、NSW，海岸和山地雨林，海拔 0～700m；尚未引种；琼滇粤桂。

***Eremophila* R. Br.**，爱沙木属，英文俗名 Poverty bush，Emu bush，Fuchsia bush，玄参科（Scrophulariaceae）

落叶小乔木或灌木，单叶互生，稀对生或轮生，两性花单生叶腋或成聚伞状，花萼管 5 裂，宿存，唇形花冠 5 裂，核果。澳大利亚特有属，200 余种，多分布于西澳大利亚干旱地区。耐严酷环境，花朵鲜艳。药用、观赏、植被恢复，栽培普遍。阳性树种，喜疏松通透土壤，几乎无需灌溉，阴湿环境易感病，耐修剪。

Eremophila alternifolia R. Br.，细叶爱沙木，Narrow-leaved emu bush。直立灌木，3m，叶线状圆柱形，花冠深红色，春季开花，其他季节零星开花。WA、SA、NSW、NT；尚未引种；滇川。

Eremophila bignoniiflora（Benth.）F. Muell.，鸸鹋爱沙木，Bignonia emu-bush，Creek Wilga，Bignonia emubush。灌木或小乔木，高至 7m，叶线形至线状披针形，花单生，花冠奶白色带紫红色条斑，冬、春、夏开花或全年零星有花。澳大利亚内陆；四川有试种；滇川桂黔粤湘赣闽浙。

Eremophila bowmanii F. Muell.，火鸡爱沙木，Silver turkeybush。灌木，1～3m，枝叶、花萼被灰白绒毛，叶线形、披针形、卵形至倒卵形，花单生，花冠淡紫色，冬末至夏初开花。NSW 和 QLD 的内陆地区；尚未引种；滇川桂粤闽。

Eremophila calorhabdos Diels，花杖爱沙木，Red Rod Emu Bush，Native fuchsia，Spiked eremophila。直立灌木，1～4m，窄冠，叶椭圆形至长圆形，花管状，长 3cm，红色、粉红色至紫色，花期 10～12 月，雨水适宜时可数月有花。WA，不耐冷湿，耐修剪；尚未引种；滇川桂。

Eremophila debilis（Andrews）Chinnock，匍匐爱沙木，Winter apple，Amulla。匍匐灌木，叶披针形至椭圆形，花冠淡紫色、白色或蓝色，春季至夏季开花。大分水岭西侧 NSW 和 QLD，地面覆盖植物、观赏；尚未引种；粤桂闽浙。

Eremophila deserti（Benth.）Chinnock，沙地爱沙木，Turkeybush。灌木，4m，叶线形至倒披针形，花冠奶白色，冬末至夏初开花。除 NT 的各州内陆；尚未引种；滇川桂粤湘赣闽浙。

Eremophila freelingii F. Muell.，岩滩爱沙木，Rock fuchsia bush。中小灌木，2m，叶披针形，花淡紫色至白色，冬末至春季开花，NSW、QLD、SA、NT 的内陆地带；尚未引种；滇川。

Eremophila gilesii F. Muell.，吉尔斯爱沙木，Desert fuchsia，Charleville turkey-bush，Green turkey-bush。矮灌木，1m，叶线形至线状倒披针形，花淡紫色至紫红色，秋末至春季开花。除 VIC 的大陆各州内地；尚未引种；滇川桂粤湘赣闽浙。

Eremophila glabra（R. Br.）Ostenf.，光叶爱沙木，Emu bush，Tarbush。灌木，匍匐状至直立，3m，叶披针形，花绿色、黄色、橘红色或红色，冬季至夏季，其他季节零星有花。澳大利亚各州干燥地带；四川引进试种；滇川桂粤湘赣闽浙。

Eremophila latrobei F. Muell.，绯红爱沙木，Crimson turkey-bush，Warty fuchsia bush。灌木，2m，叶线形至线状倒披针形，花冠红色至紫红色，冬季至夏初开花。除 VIC 的大陆各州内地；尚未引种；滇川桂粤湘赣闽浙。

Eremophila longifolia（R. Br.）F. Muell.，长叶爱沙木，Berrigan emubush，Dogwood，Long-leaved eremophila。灌木至小乔木，4～8m，枝叶披垂，叶线状披针形，花冠红色至褐红色，常年有花，春季至夏初集中，大陆各州干旱半干旱地带；尚未引种；

滇川桂粤湘赣闽浙。

Eremophila macdonnelii F. Muell. 麦克唐奈爱沙木。灌木，匍匐状或直立，叶线状或圆形，花紫色，冬春季开花。澳大利亚大陆内陆广布，不耐高湿；四川有试种；滇川湘赣闽浙。

Eremophila maculata（Ker Gawl.）F. Muell. 斑点爱沙木，Spotted emu bush。灌木，花粉红色、淡紫色、红色、黄色，冬春集中开花。大陆各州内陆及 TAS 北部广泛分布，稍耐潮湿；尚未引种；滇川桂粤黔湘赣闽浙。

Eremophila mitchellii Benth.，假檀香爱沙木，Budda，False sandalwood。灌木或小乔木，高至 10m，叶线形至线状披针形，花白色，春季开花。QLD、NSW，较耐潮湿；尚未引种；滇川桂粤黔湘赣闽浙。

Eremophila oppositifolia R. Br.，对叶爱沙木，Weeooka。灌木或小乔木，高至 10m，叶线形至线状披针形，花冠奶白色带红褐晕或粉红色，冬季至夏初开花。NSW、QLD、VIC、SA；尚未引种；滇川桂粤闽。

Eremophila scoparia（R. Br.）F. Muell.，帚冠爱沙木，Silver emubush，Scotia bush，Broom bush。灌木，3m，叶多数，线形至圆柱形，花冠紫色至白色，冬春季开花或全年有花。NSW、VIC、WA、SA；尚未引种；滇川桂粤闽。

***Erythrophleum* Afzelius ex R. Brown，格木属，**含羞草科（Mimosaceae）

10～15 种，分布于热带非洲、亚洲东部和澳大利亚北部地区。澳大利亚 1 种。

Erythrophleum chlorostachys（F. Muell.）Baill.，澳洲格木（澳洲铁木），Ironwood，Northern ironwood，Red ironwood，Cooktown ironwood，Camel poison，Poison tree，Black bean。乔木，高至 20m，胸径可达 55cm，稀灌木状。羽状复叶，叶柄长 3～8cm，叶轴长 3.5～13cm，羽片 2 或 3 对，长 7～20cm，小叶多 5～8 对，斜椭圆形、卵形、倒卵形或圆形，长 2.5～8.5cm，旱季落叶；穗状花序长 4.5～13cm，花奶油色至绿黄色，荚果扁平，长 11～20cm，花期 11～12 月，果熟期 1～6 月，新叶期 8～11 月。自 WA 经 NT 至 QLD 北部地区，11°S～20°S，海拔 100～1000m，半湿润至半干旱热带气候，平均最高气温 30～39℃，最低气温 13～22℃，夏雨型；全树含生物碱，有剧毒，澳大利亚土著用作草药；木材边材淡黄色，心材暗红褐色，硬重持久，抗白蚁，基本密度 1200kg/m^3，用于枕木、建筑、家具、工艺用材等；尚未引种；琼滇。

***Eucalyptus* L'Héritier，桉属，**英文俗名 Eucalypt（单数），Eucalypts（复数），桃金娘科（Myrtaceae）

乔木，灌木或麻利。树皮光滑脱落，纤维状宿存或方格状开裂。叶多革质，气孔下陷，多油腺细胞。花两性，有萼盖，花丝多为乳白色或淡黄色，少数红或橙色。虫媒，蒴果。植株个体发育过程可见幼苗期、幼龄期、过渡期和成龄期。除剥桉（*Eucalyptus deglupta*）、尾叶桉（*Eucalyptus urophylla*）、高山尾叶桉（*Eucalyptus orophila*）和维塔尾叶桉（*Eucalyptus wetarensis*）分布于菲律宾、印度尼西亚和巴布亚新几内亚以外，其余桉树全部分布于澳大利亚，形成各种不同类型的森林生态系统，呈现地球上独特的森林地理景观。至 2006 年年底，桉属包括 707 种 195 亚种 9 变种 3 杂种，共 914 个分类群。中国已经引种约 200 种，桉树已经成为我国南亚热带最重要的工业人工林树种，主要栽培于琼粤桂滇闽川诸省区，浙赣湘南部地区也有栽培（祁述雄，2002；王豁然，2010；Brooker and Kleinig，1983，1990，1994；Brooker，2000，CHAH，2006；Hill and Johnson，1991，1992，1994，1995，1998，2000；Pryor and Johnson，1971；Ladiges and Udovicic，2000）。

Eucalyptus acaciiformis H. Deane & Maiden，相思叶辛味桉，Wattle-leaved peppermint。小到中等乔木，生于花岗岩疏林地。NSW；尚未引种；琼粤桂闽滇。

Eucalyptus accedens W. Fitzg，粉皮旺都，Powder-bark wandoo。乔木，25m，木材沉重，心材暗红，抗白蚁，基本密度 960～1170kg/m³。WA；尚未引种；滇。

Eucalyptus acmenoides Schauer，白桃花心桉，White mahogany。高大乔木，25～60m，生于海岸地带，与昆士兰桉（*Eucalyptus cloeziana*）存在亚属间自然杂种。木材硬重耐久，基本密度 795～1010kg/m³。QLD、NSW；尚未引种；琼粤桂闽滇。

Eucalyptus acroleuca L.A.S. Johnson & K.D. Hill，白尖桉，Lakefield coolibah。乔木，25m，热带桉。QLD；尚未引种；琼粤桂闽滇。

Eucalyptus agglomerata Maiden，蓝叶纤皮桉，Blue-leaved stringybark。大乔木，40m，高大受光林，木材基本密度 930kg/m³。NSW 南部至 VIC 北部海岸地带；尚未引种；琼粤桂闽滇。

Eucalyptus aggregata H. Deane & Maiden，黑桉，Black gum。中等乔木，18m。NSW、VIC；尚未引种；琼粤桂闽滇。

Eucalyptus albens Miq. ex Benth.，白厚皮桉，White box。乔木，25m，疏林地。NSW、VIC、QLD；尚未引种；琼粤桂闽滇。

Eucalyptus albida Maiden & Blakely，白叶麻利，White-leaved mallee。麻利，3m，观赏。WA；尚未引种；滇。

Eucalyptus alipes（L.A.S. Johnson & K.D. Hill）D. Nicolle & Brooker，阿历皮斯麻利。麻利，耐盐碱。WA；尚未引种；滇。

Eucalyptus alligatrix L.A.S. Johnson & K.D. Hill，大河桉。乔木，15～30m，有 3 亚种。NSW、VIC；尚未引种；粤桂滇。

Eucalyptus ammophila Brooker & Slee，沙地麻利，Sand plain red gum。麻利。QLD；尚未引种；粤桂滇闽。

Eucalyptus amplifolia Naudin，广叶桉，Cabbage gum。乔木，30m，幼态叶阔圆；木材不如其他红桉类，基本密度 630～850kg/m³。NSW；昆明海口林场已有引种；粤桂滇闽浙川。

Eucalyptus amygdalina Labill.，黑皮辛味桉，Black peppermint。乔木，15～30m，偶见麻利状。TAS；尚未引种；滇。

Eucalyptus ancophila L.A.S. Johnson & K.D. Hill，山谷铁皮桉。乔木，35m。NSW；尚未引种；粤桂滇闽浙川。

Eucalyptus andrewsii Maiden，安德鲁斯桉，New England blackbutt。乔木，25～45m，

有 2 亚种。QLD、NSW；尚未引种；粤桂滇闽浙川。

Eucalyptus angophoroides R.T. Baker，杯果桉，Apple-topped box。乔木，40m，常生于沟谷、沼泽边缘。NSW、VIC；尚未引种；粤桂滇闽浙川。

Eucalyptus angulosa Schauer，棱果麻利，Ridge-fruited mallee。麻利，生于干旱沙地。WA；尚未引种；滇。

Eucalyptus angustissima F. Muell.，线叶麻利，Narrow-leaved mallee。麻利，生于干旱沙地。WA；尚未引种；滇。

Eucalyptus annulata Benth.，宿果麻利。麻利，蒴果宿存枝头。WA；尚未引种；滇。

Eucalyptus apodophylla Blakely & Jacobs，无柄桉，Whitebark。中等乔木，18m，树皮白色。WA、NT；尚未引种；粤桂滇闽。

Eucalyptus apothalassica L.A.S. Johnson & K.D. Hill，内陆白桃花心桉，Inland white mahogany。中等乔木，20m。NSW、QLD；尚未引种；粤桂滇闽。

Eucalyptus approximans Maiden，荒山麻利，Barren mountain mallee。OLD、NSW；尚未引种；粤桂滇闽。

Eucalyptus aquilina Brooker，大里山麻利，Mt. Le Grand mallee。麻利，稀少，蒴果大而奇特。WA；尚未引种；滇。

Eucalyptus arborella Brooker & Hopper，树麻利，Twertup mallet。麻利，花果形态奇异。WA；尚未引种；滇。

Eucalyptus archeri Maiden & Blakely，阿切尔麻利，Alpine cider gum。麻利或小乔木，形态似冈尼桉，耐寒。TAS；尚未引种；滇。

Eucalyptus arenacea Marginson & Ladiges，沙地纤维皮麻利，Desert stringybark。麻利或小乔木，10m，生于沙地。SA、VIC；尚未引种；滇。

Eucalyptus argillacea W. Fitzg.，金伯雷灰桉，Mount house box。小乔木，14m，生于平原或水边。WA、NT、QLD；尚未引种；琼粤桂闽滇。

Eucalyptus argophloia Blakely，银皮桉（昆士兰白桉），Queensland white gum。乔木，40m，耐盐碱，树皮光滑，白色，木材坚硬强韧。濒危树种。QLD；福建漳州已引种；琼粤桂闽滇。

Eucalyptus argyphea L.A.S. Johnson & K.D. Hill，银白麻利。麻利或小乔木。WA；尚未引种；滇。

Eucalyptus aromaphloia L.D. Pryor & J.H. Willis，香皮桉，Scent bark。中等乔木，22m，嫩皮揉之有香气。NSW、VIC；尚未引种；琼粤桂闽滇。

Eucalyptus astringens（Maiden）Maiden，敛皮桉，Brown malleet。乔木，15～24m，可生于石灰岩山地。WA；尚未引种；滇。

Eucalyptus atrata L.A.S. Johnson & K.D. Hill，赫伯顿铁皮桉，Herberton ironbark。乔木，15m。QLD；尚未引种；琼粤桂闽滇。

Eucalyptus atrovirens Brooker & Kleinig，安那布鲁红桉，Annaburroo bloodwood。小乔木，热带桉。NT；尚未引种；琼粤桂闽滇。

Eucalyptus badjensis Beuzev. & M.B. Welch，巴吉桉，Big badja gum。大乔木，45m；树皮粗糙，紧实，灰褐色，上部光滑；幼态叶对生无柄，成龄叶互生，狭披针形，两

面同色；每伞房 3 花；生于多砾石肥沃土壤，形成高大受光林；十三年生人工林木材基本密度 500kg/m³，纸浆材。NSW；1986 引种至昆明海口林场，生长良好，树干通直，二十年生近 30m 高；值得在粤桂闽川滇等省区试验推广。

Eucalyptus baeuerlenii F. Muell.，博氏麻利。麻利，9m，珍稀。NSW；尚未引种；闽粤桂滇。

Eucalyptus baileyana F. Muell.，贝利桉，Bailey's stringybark。乔木，25～40m，木材坚韧耐久，基本密度 720～905kg/m³。QLD、NSW；尚未引种；琼粤桂闽滇。

Eucalyptus bakeri Maiden，贝克桉，Baker's mallee。麻利或小乔木，5～12m；鲜叶含油率 3%，桉树脑含量 90%以上；宜庭园观赏。QLD、NSW；云南楚雄已引种；可在琼粤桂闽扩大引种。

Eucalyptus bancroftii（Maiden）Maiden，橙桉，Orange gum，Bancroft's red gum。乔木，30m，树皮光滑，新皮橘黄色，种子红褐色。QLD、NSW；尚未引种；粤桂闽滇。

Eucalyptus banksii Maiden，班克斯桉，Tenterfield woolybutt。乔木，30m。QLD、NSW；尚未引种；粤桂闽滇。

Eucalyptus barklyensis L.A.S. Johnson & K.D. Hill，巴克里桉，Barkly coolibah。小乔木，10m。NT，热带桉；尚未引种；粤桂闽滇。

Eucalyptus baudiniana D.J. Carr & S.G.M. Carr，包迪尼桉。小乔木，10m。WA；尚未引种；滇。

Eucalyptus baxteri（Benth.）Maiden & Blakely ex J.M. Black，褐纤皮桉，Brown stringybark。从麻利到大乔木，树皮纤维状，种内变异大。SA、VIC、NSW；尚未引种；粤桂闽滇。

Eucalyptus beaniana L.A.S. Johnson & K.D. Hill，伊斯拉铁皮桉。小乔木，10m，稀有热带桉。QLD；尚未引种；琼粤桂闽滇。

Eucalyptus behriana F. Muell.，雄麻利，Bull mallee，Broad-leaved box。麻利，4m。SA、VIC、NSW；尚未引种；粤桂闽滇。

Eucalyptus benthamii Maiden & Cambage，边沁桉，Nepean River gum。大乔木，40m，濒危，野生群体约 6000 株；树干饱满通直，树干基部向上 1m 树皮宿存，再向上则脱落光滑；耐寒、耐贫瘠、耐盐碱；在南非和南美表现良好；萌盖半球形，花芽无梗或几近无梗；幼态叶蓝绿色，圆形或卵形，对生无柄，形色优美，极具观赏价值。十三年生人工栽培树木基本密度 500kg/m³。NSW；云南楚雄引种，16 年生，表现良好，已结实；桂北、湘南、闽南亦有引种。

Eucalyptus beyeri R.T. Baker，拜尔桉。乔木，25m，树皮坚硬，生于高地砂岩。NSW；尚未引种；粤桂滇。

Eucalyptus bigalerita F. Muell.，北方橙皮桉，Northern salmon gum。乔木，15m，树皮光滑、白色、奶油色或三文鱼肉色；美丽，热带地区栽培观赏。WA、NT；尚未引种；琼粤桂滇。

Eucalyptus biturbinata L.A.S. Johnson & K.D. Hill，类斑叶灰桉，Grey gum。乔木，30m，似斑叶桉。QLD、NSW；尚未引种；琼粤桂滇，或许已经作为斑叶桉引种。

Eucalyptus blakelyi Maiden，布莱克利桉，Blakely's red gum。乔木，25m，树皮光滑，

具有白、灰、兰灰或粉红色脱落斑块；木材基本密度 840～980kg/m^3。QLD、NSW、VIC；已有零星引种；粤桂滇闽。

Eucalyptus blaxlandii Maiden & Cambage，布拉斯纤皮桉，Lapland's stringybark。乔木，35m。NSW；尚未引种；琼粤桂滇。

Eucalyptus bleeseri Blakely，光皮红木桉，Smooth-stemmed bloodwood。乔木，20m，热带桉。WA、NT；尚未引种；琼粤桂滇。

Eucalyptus boliviana J.B. Williams & K. Hill，波里维亚桉。麻利或小乔木，濒危种。NSW；尚未引种；琼粤桂滇闽。

Eucalyptus bosistoana F. Muell.，波西斯特桉，Boito's box，Coast grey box。大乔木，60m，木材坚硬耐久，基本密度 985～1190kg/m^3。NSW、VIC；尚未引种；琼粤桂滇。

Eucalyptus botryoides Sm.，葡萄桉，Southern mahogany，Bangalay。大乔木，40m；耐盐离子，在海滨地带长生于木麻黄后面，可用作沿海防护林；木材耐久，用于建筑，基本密度 765～985kg/m^3。NSW、VIC；中国早期引种桉树之一，琼粤桂滇闽浙川习见栽培，现已渐少。

Eucalyptus brachyandra F. Muell.，短花丝桉，Tropical red box。小乔木，弯曲褶皱，生于裸岩，耐干旱。WA、NT；尚未引种；滇。

Eucalyptus brachycalyx Blakely，短萼桉，Gilja。麻利或小乔木，8m，生于干旱地区、SA、WA；尚未引种；滇。

Eucalyptus brachycarpa D.J. Carr & S.G.M. Carr，短果桉。小乔木。QLD；尚未引种；琼粤桂滇。

Eucalyptus brassiana S.T. Blake，布拉斯桉，Cape York red gum。乔木，20m，热带桉。QLD、巴布亚新几内亚；或许已有零星引种；琼粤桂滇。

Eucalyptus brevifolia F. Muell.，短叶白桉，Snappy gum。小乔木，12m。WA、NT；尚未引种；琼粤桂滇。

Eucalyptus brevistylis Brooker，短花柱桉，Rate's tingle。大乔木，40m。WA；尚未引种；滇。

Eucalyptus bridgesiana R.T. Baker，苹果桉，Apple box。乔木，22m，幼态叶灰绿色，公园绿化，蜜源；基本密度 670～935kg/m^3。QLD、NSW、VIC；已有零星引种；琼粤桂滇。

Eucalyptus brockwayi C.A. Gardner，布洛维桉，Dundas mahogany。小乔木。WA；尚未引种；滇。

Eucalyptus brookeriana A. M. Gray，布洛克桉，Brooker's gum。大乔木，40m，基本密度 800kg/m^3。VIC、TAS；尚未引种；滇。

Eucalyptus broviniensis A.R. Bean，布洛文尼亚红桉，Brovinia gum。小乔木。QLD；尚未引种；琼粤桂滇。

Eucalyptus brownii Maiden & Cambage，布朗桉，Brown's box。小乔木，16m。QLD；尚未引种；琼粤桂滇。

Eucalyptus burgessiana L.A.S. Johnson & Blaxell，伯格斯麻利，Faulconbridge mallee。麻利，7m，濒危。NSW；尚未引种；琼粤桂滇。

Eucalyptus caesia Benth.，蓝灰麻利。麻利，果大蓝灰色，花丝红色诱人，分布区有限，观赏栽培。WA；尚未引种；滇川。

Eucalyptus calcareana Boomsma，灰绿麻利。麻利或小乔木，10m。WA、SA；尚未引种；滇。

Eucalyptus caleyi Maiden，卡里铁皮桉，Caley's ironbark。乔木，27m，树皮黑色坚硬。QLD、NSW；尚未引种；粤桂闽川滇。

Eucalyptus caliginosa Blakely & McKie，阔叶纤皮桉，Broad-leaved stringybark。乔木，27m。QLD、NSW；尚未引种；粤桂闽川滇。

Eucalyptus calycogona Turcz.，方果麻利，Gooseberry mallee。麻利或小乔木，芽和果均具4条棱。SA、VIC、NSW；尚未引种；粤桂闽川滇。

Eucalyptus camaldulensis Dehnh.，赤桉，River red gum。乔木，20m，偶见45m；树皮光滑，白色、灰色、褐色或红色。赤桉耐瘠薄、盐碱和干旱，耐寒。木材坚硬耐久，用于建筑枕木和人造板；萌蘖力强，良好薪炭材。优良蜜源植物。叶含芳香油。广泛用于城镇绿化和荒山造林。木材基本密度 735~975kg/m^3。现在种下分类群含7亚种。赤桉是分布最广的一种桉树，在整个澳大利亚大陆常沿淡水水系分布，多生于疏林地。我国最早引种的桉树之一，华南和东南沿海常见早期引种赤桉；南京、南昌和贵州均可见赤桉。

Eucalyptus camaldulensis subsp. *simulata* Brooker & Kleinig，昆北赤桉，Red gum。北方种群，QLD。以昆士兰北部 Laura River、Kennedy River、Petford 种源为代表，包括种批 13662、13663。蒴盖长，极似细叶桉，很久以来一直作为赤桉与细叶桉的杂种，树干通直，分枝少，早期生长快，宜作用材树种。1980年以后我国做过引种和种源试验，在福建漳州生长表现很好。尚未推广应用。琼粤桂闽浙川。

Eucalyptus camaldulensis Dehnh. var. *camaldulensis*，赤桉，Murray River red gum。南方种群，昆士兰北部也有分布。树干多分枝，枝下高较低，花芽球形，蒴盖具细尖，树皮块状脱落，呈灰白与红褐色；枝叶纤细。耐寒，宜作观赏。QLD、NSW、VIC；我国早期引种赤桉多为此亚种，现在南方诸省偶见，耐干旱贫瘠。

Eucalyptus camaldulensis var. *obtusa* Blakely，钝盖赤桉，Red gum。北方种群。蒴盖短而钝圆，树皮脱落，多色彩，白色、灰白色或粉红色。WA、NT、QLD。1980年以后我国做过引种和种源试验，尚未推广应用。琼粤桂闽浙川。

Eucalyptus cambageana Maiden，库瓦拉桉，Coowarra box。大乔木，35m，热带桉；基本密度1130kg/m^3。QLD；尚未引种；琼粤桂闽。

Eucalyptus cameronii Blakely & McKie，卡美伦纤皮桉，Diehard stringybark。大乔木，40m，新英格兰地区特有种。NSW；尚未引种；琼粤桂闽。

Eucalyptus camfieldii Maiden，坎菲尔德纤皮桉，Camfield's stringybark。麻利或小乔木，悉尼周围有限分布。NSW；尚未引种；琼粤桂闽。

Eucalyptus campaspe S. Moore，银顶桉，Silver-topped gimlet。小乔木，11m。WA；尚未引种；滇。

Eucalyptus camphora R.T. Baker，樟脑桉，Mountain swamp gum。中等乔木，22m，叶柄较长，叶圆形或阔卵形，用于制作干花装饰. 有研究报道，叶释放微量氰化物气

体。QLD、NSW、VIC；滇川有零星引种。

Eucalyptus canaliculata Maiden，大果灰桉，Large-fruited grey gum。大乔木，30m，生于疏林。NSW；尚未引种；琼粤桂滇闽川。

Eucalyptus canescens D. Nicolle，沙漠麻利。麻利，生于维多利亚大沙漠沙丘或沙地，固沙干旱，整株蓝灰色或绿色，特有种。SA；尚未引种，滇川。

Eucalyptus cannonii R.T. Baker，佳能纤皮桉，Cannon's stringybark。中等乔木，12～25m，有限分布。NSW；尚未引种；琼粤桂滇闽川。

Eucalyptus canobolensis（L.A.S. Johnson & K.D. Hill）J.T. Hunter，卡诺波桉。大乔木。NSW；尚未引种；琼粤桂滇闽川。

Eucalyptus capillosa Brooker & Hopper，万多桉，Wandoo。乔木或麻利。WA；尚未引种；滇。

Eucalyptus capitellata Sm.，小头桉，Brown stringybark。小乔木，20m。NSW；尚未引种。

Eucalyptus carnea R.T. Baker，宽叶白桃花心桉，Broad-leaved white mahogany。中等乔木，25m，耐干旱瘠薄。QLD、NSW；尚未引种；琼粤桂闽滇。

Eucalyptus cephalocarpa Blakely，头果桉，Mealy stringybark。小到中等乔木，8～24m。VIC；尚未引种；滇川。

Eucalyptus chapmaniana Cameron，查普曼桉，Bogong gum。大乔木，30m，幼态叶圆形，大而无柄，观赏性强。NSW、VIC；1986年引种至昆明海口林场；粤桂滇闽川。

Eucalyptus chartaboma D. Nicolle，伽尼特山桉。乔木，花橙色，叶含芳香油，生于热带萨王纳疏林，QLD；尚未引种，闽粤桂滇琼。

Eucalyptus chloroclada（Blakely）L.A.S. Johnson & K.D. Hill，巴拉丁桉，Baradine gum，Red gum。乔木或麻利。QLD、NSW；尚未引种。

Eucalyptus chlorophylla Brooker & Done，绿叶麻利。乔木或麻利。WA、QLD；尚未引种。

Eucalyptus cinerea F. Muell. ex Benth.，灰桉，Argyle apple。小到中等乔木，幼态叶对生，无柄，圆形或心形，蓝灰色，成龄大树亦少见成龄叶。ACT、NSW、VIC；云南和其他省区偶见零星栽植，多作行道树或庭园观赏。

Eucalyptus cladocalyx F. Muell.，棒萼桉，Sugar gum。大乔木，35m，树皮光滑，多彩，叶上下表面颜色不同。南澳特有种，耐干旱，广泛栽培用作观赏和防护遮阴。木材最坚硬沉重耐久的桉树之一，抗白蚁，心材黄色，具绿色条纹；基本密度 665～1400kg/m^3。SA；尚未引种；滇川。

Eucalyptus clivicola Brooker & Hopper，西澳绿麻利，Green mallet。麻利。WA；尚未引种；滇。

Eucalyptus cloeziana F. Muell.，昆士兰桉，Gympie messmate。大乔木，55m，昆士兰特有种，与任何一种桉树都无近缘关系，昆士兰桉亚属只此一种。20世纪80年代后期，昆士兰桉引种至广西、广东、福建等地，干形通直，生长表现良好，福建大面积发展。心材黄褐色，坚韧耐久，抗白蚁，基本密度855～1140kg/m^3，优良锯材。已引种，粤桂滇川。

Eucalyptus cneorifolia DC., 袋鼠岛细叶麻利, Narrow-leaved mallee, Kangaroo Island mallee。麻利, 生产桉叶油。SA; 尚未引种。

Eucalyptus coccifera Hook.f., 塔斯马尼亚雪桉, Tasmanian snow gum。小乔木, 惠灵顿山和塔斯马尼亚岛中部山地特有种, 耐寒, 冬季林地可见积雪。云南或许零星引种。

Eucalyptus conferruminata D.J. Carr & S.G.M. Carr, 包德岛麻罗克桉, Bald Island Marock。小乔木, 8m。WA; 尚未引种; 滇川。

Eucalyptus conglobata (Benth.) Maiden, 聚球麻利, Port Lincoln mallee。麻利, 5m。SA、WA; 尚未引种; 滇。

Eucalyptus conglomerata Maiden & Blakely, 沼生纤皮桉, Swamp stringybark。小乔木或灌木, 12m。QLD; 尚未引种; 琼粤桂滇川。

Eucalyptus conica H. Deane & Maiden, 圆锥桉, Fuzzy box。中等乔木, 20m。QLD、NSW; 尚未引种; 琼粤桂滇川闽浙。

Eucalyptus conjuncta L.A.S. Johnson & K.D. Hill, 小乔木, 15m。NSW; 尚未引种; 粤桂滇川闽浙。

Eucalyptus consideniana Maiden, 康西登桉, Yertchuk。乔木, 30m。NSW、VIC; 尚未引种; 粤桂滇川闽浙。

Eucalyptus conspicua L.A.S. Johnson & K.D. Hill, 伊顿桉。小乔木, 10m, 叶蓝灰色, 生于排水不良沼泽地。NSW、VIC; 尚未引种; 粤桂滇川闽浙。

Eucalyptus coolabah Blakely & Jacobs, 库拉巴, Coolibah。乔木, 20m。NT、QLD、NSW、SA、WA; 尚未引种。

Eucalyptus cordata Labill., 心叶桉, Silver gum。灌木, 3m, 或中等乔木, 20m; 幼态叶对生, 心形无柄, 被蓝灰色蜡粉, 可见于成龄大树, 成龄叶仅见于冠顶。塔斯马尼亚东南部很小地区; 较耐寒, 观赏; 宜云南。

Eucalyptus cornuta Labill., 角蕾桉, Yate。中等乔木, 25m, 有时呈麻利状, 散生于海岸。WA; 尚未引种; 滇。

Eucalyptus coronata C.A. Gardner, 冠麻利, Crowned mallee。麻利, 2m, 果硕大奇异。WA; 尚未引种; 滇。

Eucalyptus corrugata Luehm., 糙果麻利, Rough-fruited mallee。麻利或小乔木, 15m。WA; 尚未引种; 滇。

Eucalyptus corticosa L.A.S. Johnson, 栓皮桉。NSW; 尚未引种; 粤桂滇闽。

Eucalyptus corynodes A.R. Bean & Brooker, 昆士兰铁皮桉。乔木, 20m。QLD; 尚未引种; 琼粤桂滇闽。

Eucalyptus crebra F. Muell., 狭叶坚皮桉. Narrow-leaved ironbark。乔木, 30m, 热带桉, 树皮坚硬宿存; 木材坚硬耐腐, 基本密度 890~1200kg/m^3; 优良蜜源植物。QLD、NSW; 尚未引种; 琼粤桂滇闽。

Eucalyptus crenulata Blakely & Beuzev., 细圆齿桉, Silver gum, Buxton gum。小乔木, 12m, 耐寒, 濒危。VIC; 尚未引种; 粤桂滇闽川。

Eucalyptus creta L.A.S. Johnson & K.D. Hill, 大果白花桉, Large-fruited gimlet。小乔木, 3~15m。WA; 尚未引种; 滇。

Eucalyptus croajingolensis L.A.S. Johnson & K.D. Hill. 蓝绿桉。乔木，30m，叶色蓝绿。NSW、VIC；尚未引种；粤桂滇闽川。

Eucalyptus crucis Maiden，十字桉，Silver mallee。麻利或小乔木，幼态叶具黑色芳香油腺点，树冠由幼态叶和中间叶构成，蓝灰色不见成龄叶；生于岩石裸露立地。WA；尚未引种；滇。

Eucalyptus cullenii Cambage，库仑铁皮桉，Cullen's ironbark。小乔木，18m，热带桉。QLD；尚未引种；琼粤桂滇闽。

Eucalyptus cunninghamii Sweet，蓝山岩麻利，Cliff mallee ash。麻利，2m。NSW 有限分布；尚未引种；琼粤桂滇闽川。

Eucalyptus cupularis C.A. Gardner，杯果桉，Halls Creek white gum。小乔木，10m。WA；尚未引种；滇。

Eucalyptus curtisii Blakely & C.T. White，克迪斯麻利，Plunkett mallee。麻利或小乔木，12m。QLD；尚未引种；粤桂滇闽。

Eucalyptus cyanoclada Blakely，蓝蕾桉。小乔木，7m，热带桉。NT；尚未引种；琼粤桂滇。

Eucalyptus cyanophylla Brooker，蓝叶麻利，Blue-leaved mallee。麻利，6m。SA、NSW、VIC；尚未引种；粤桂滇闽。

Eucalyptus cyclostoma Brooker，环孔麻利。麻利，2m。NSW、WA；尚未引种；粤桂滇闽。

Eucalyptus cylindrocarpa Blakely，筒果桉，Woodline mallee。麻利，偶见小乔木，10m。WA；尚未引种；滇。

Eucalyptus cypellocarpa L.A.S. Johnson，山地灰桉，Mountain grey gum。大乔木，65m，树干通直，木材硬重耐久，用于桥梁建筑，海滨设施和造纸，基本密度 655～955kg/m^3。NSW、VIC，从新南威尔士北部高地沿海岸地带向南延伸，至维多利亚州向西至吉普斯兰德，广泛分布于高大受光林。20 世纪 80 年代曾在昆明海口林场试验，早期速生；可在粤桂滇川闽浙扩大试验。

Eucalyptus dalrympleana Maiden，山桉，Mountain gum。乔木。树干基部 1m，树皮宿存，以上脱落，灰黄色，杂以粉红色或橄榄绿色斑，夏季雨后尤其斑驳美丽；幼态叶无柄对生，蓝灰色；垂直分布于海拔 500～1700m；基本密度 482～775kg/m^3；引种时慎选地理种源，包括 2 亚种：三花山桉（*Eucalyptus dalrympleana* Maiden subsp. *dalrympleana*），大乔木，40m，每伞房 3 花，NSW、SA、VIC、TAS；七花山桉（*Eucalyptus dalrympleana* subsp. *heptantha* L.A.S. Johnson），乔木，30m，每伞房 7 花，NSW。1986 年引种至云南，较耐寒；滇桂闽浙。

Eucalyptus dawsonii R.T. Baker，道森桉，Slaty gum。乔木，20m。NSW；尚未引种；粤桂滇闽。

Eucalyptus dealbata A. Cunn. ex Schauer，红桉，Tumbledown。乔木，15m，树皮光滑，优良蜜源。QLD、NSW、VIC；滇浙已有引种。

Eucalyptus deanei Maiden，迪恩桉，Deane's gum。大乔木，45～65m，偶见 75m，是新南威尔士最高的树种之一。与巨桉和柳桉相似，垂直分布达海拔 1200m，有两个地

理间断的分布区。木材用于建筑，室内装饰和地板，基本密度 960kg/m³。QLD、NSW；1986 年云南海口林场有引种，早期速生，可进一步扩大引种试验，并与巨桉和柳桉杂交。

Eucalyptus decolor A.R. Bean & Brooker，变色桉。乔木，25m。QLD；尚未引种；粤桂琼滇。

Eucalyptus decorticans（Bailey）Maiden，脱皮桉，Gum-top ironbark。乔木，40m。QLD；尚未引种；琼粤桂滇闽。

Eucalyptus delegatensis R.T. Baker，大桉，Alpine ash。大乔木，40m，偶见 90m；包括 2 亚种。木材用途广泛，人造板、家具、地板、装修和纸浆，基本密度 530～750kg/m³。NSW、VIC、ACT、TAS；1990 年在云南楚雄有引种试验，像其他单蒴盖亚属桉树一样，环境选择审慎。

Eucalyptus delicata L.A.S. Johnson & K.D. Hill，美味桉。麻利或小乔木。WA；尚未引种；滇。

Eucalyptus dendromorpha（Blakely）L.A.S. Johnson & Blaxell，布达王桉，Budawang ash。乔木，30m，习见 15m。NSW；云南有引种试验，环境选择审慎。

Eucalyptus denticulata I.O. Cook & Ladiges，齿叶亮果桉，Errinundra gum。大乔木，60m，高大通直，基本密度 530～750kg/m³。VIC，作为地理种源，包括于 1986 在云南进行的亮果桉地理种源试验中。

Eucalyptus diptera C.R.P. Andrews，双翅桉，Two-winged gimlet。麻利或小乔木，8m。WA；尚未引种。

Eucalyptus dissimulata Brooker，红盖麻利，Red-capped mallee。麻利。WA；尚未引种；滇。

Eucalyptus distans Brooker, Boland & Kleinig，凯色琳粗皮桉，Katherine box。小乔木，10m，热带桉。NT；尚未引种。

Eucalyptus diversicolor F. Muell.，卡瑞（异色桉），Karri。大乔木，90m，是澳大利亚最高的树木之一，现存活立木，87m；树干通直。分布于狭长的（Margaret River to Denmark）丘陵地带，形成高大受光林。重要用材树种，沉重结实，坚韧耐久，出材率高；木材用于建筑和地板，现在资源锐减，基本密度 790～985kg/m³，优良蜜源。WA；尚未引种；滇。

Eucalyptus diversifolia Bonpl.，异叶麻利，Soap mallee。麻利或小乔木，6m。SA、WA、VIC；尚未引种；滇。

Eucalyptus dives Schauer，丰桉（阔叶辛味桉），Broad-leaved peppermint。乔木，25m，鲜叶含芳香油 2%，用于化工。NSW、ACT、VIC；滇闽已有引种。

Eucalyptus dorrigoensis（Blakely）L.A.S. Johnson & K.D. Hill，道里格白桉，Dorrigo white gum。形态特征与边沁桉相似，曾经作为边沁桉的一个变种。NSW；边沁桉自 1986 年起先后引种至云南、广西、福建和云南等省区。

Eucalyptus dumosa J. Oxley，白麻利，White mallee，Congoo mallee。麻利或小乔木，树干密生，可做绿篱。NSW、VIC、SA；滇中有引种。

Eucalyptus dundasii Maiden，邓达斯桉，Dundas blackbutt。小乔木，20m，木材坚韧耐

用。WA；尚未引种；滇。

Eucalyptus dunnii Maiden，邓恩桉，Dunn's white gum。大乔木，50m. 树干通直，重要森林树种，木材用于造纸、建筑等，基本密度800kg/m^3，自然分布于 Coffs Harbour 西面海岸台地，向北延伸至昆士兰相邻地带，分布区有限而相互隔离。喜生于玄武岩发育土壤，常见于低坡谷地的高大受受光林或临近雨林。NSW、QLD；20 世纪80 年代初期引种至广西，后期至云南、四川、浙江、江苏、江西、湖南和贵州等省。现在广西、湖南和福建已建大面积人工林。速生，可耐-12℃短时低温。在云南楚雄和四川黑龙滩，十年生树木已经开花结实；无性繁殖困难。

Eucalyptus dura L.A.S. Johnson & K.D. Hill，杜拉桉。中等乔木，25m. 昆士兰州东南角，特有种。QLD；尚未引种；琼粤桂滇闽。

Eucalyptus dwyeri Maiden & Blakely，德维尔红桉，Dwyer's mallee gum。麻利或小乔木。NSW、VIC、QLD；尚未引种。

Eucalyptus elata Dehnh.，滨河白桉，River peppermint。乔木，30m。NSW、VIC；1990 年引种至云南楚雄一平浪林场。

Eucalyptus elegans A.R. Bean，雅桉，Narrow-leaved ironbark。QLD、NSW；尚未引种；桂粤闽滇。

Eucalyptus elliptica（Blakely & McKie）L.A.S. Johnson & K.D. Hill，宾得米尔白桉，Bendermeer white gum。NSW；尚未引种。

Eucalyptus eremicola Boomsma，红沙麻利。麻利，3m。SA；尚未引种。

Eucalyptus eremophila（Diels）Maiden，异果沙麻利。麻利，4m，良好的公路护坡和风障与蜜源树种。WA；尚未引种；滇。

Eucalyptus erosa A.R. Bean.，昆士兰纤皮桉。乔木，30m。QLD；尚未引种；粤桂琼滇。

Eucalyptus erythrocorys F. Muell.，红盔桉，Illyarrie。小乔木，8m，花丝黄绿色或黄色，蒴果大；耐干旱，是半干旱地区（年雨量 350mm）优良绿化观赏树种。WA；尚未引种；滇。

Eucalyptus erythronema Turcz.，红花麻利，Red-flowered mallee。麻利，花丝深红色，宜作观赏。WA；尚未引种；滇。

Eucalyptus eudesmioides F. Muell.，齿萼桉，Mallalie。麻利或小乔木。WA；尚未引种。

Eucalyptus eugenioides Sieber ex Spreng.，薄叶纤皮桉，Thin-leaved stringybark，White stringybark。乔木，30m。QLD、NSW；尚未引种；琼粤桂闽滇。

Eucalyptus exilipes Brooker & A.R. Bean，细叶铁皮桉，Fine-leaved ironbark。QLD，尚未引种；粤桂琼滇。

Eucalyptus exilis Brooker，蓝枝麻利。麻利。WA；尚未引种。

Eucalyptus exserta F. Muell.，窿缘桉，Queensland peppermint。乔木，25m，木材基本密度 905～1010kg/m^3。QLD；最早引种到我国的桉树之一，20 世纪 60 年代后期为我国雷州半岛和华南其他地区主要桉树人工林树种，20 世纪 80 年代后为其他桉树所取代，现在仍然在许多地区可以见到早期引种的残留单株或小片林。

Eucalyptus famelica Brooker & Hopper，盐湿地麻利。麻利，稀有。WA；尚未引种。

Eucalyptus fasciculosa F. Muell.，粉红桉，Pink gum。小乔木，15m，木材坚硬耐用，蜜

源。VIC、SA；尚未引种；滇。

Eucalyptus fastigata H. Deane & Maiden，高桉，Brown barrel。大乔木，45m，木材坚硬耐用，基本密度 610～815kg/m³。NSW、VIC；尚未引种；川滇。

Eucalyptus fergusonii R.T. Baker，佛骨生桉。乔木，30m，包含 2 亚种。NSW；尚未引种；粤桂琼滇。

Eucalyptus fibrosa F. Muell.，铁皮桉，Ironbark。乔木，35m，木材硬重耐久，用于重结构建筑、枕木矿柱等，基本密度 1035～1195kg/m³。QLD、NSW；已有零星引种；粤桂琼滇闽。

Eucalyptus fitzgeraldii Blakely，纸皮桉，Paper-barked box。小乔木，12m。WA；尚未引种；滇。

Eucalyptus flavida Brooker & Hopper，黄花麻利，Yellow-flowered mallee。麻利。WA；尚未引种；滇。

Eucalyptus flindersii Boomsma，福林德麻利，Grey mallee。麻利。SA；尚未引种；滇。

Eucalyptus flocktoniae（Maiden）Maiden，佛罗克顿桉，Merrit。麻利或小乔木，广泛生于沙壤土，耐干旱；叶深绿有光泽；具丰富花粉和蜜腺，在澳大利亚、加利福尼亚、塞浦路斯和北非大量栽培用作蜜源；包括 2 亚种。WA；尚未引种；滇。

Eucalyptus foecunda Schauer，细叶红麻利。麻利，5m，广布于澳大利亚南部，WA、SA、NSW、VIC；尚未引种；滇。

Eucalyptus foelscheana F. Muell.，光皮红桉，Smooth-barked bloodwood。小乔木，10m。WA、NT；尚未引种；滇。

Eucalyptus foliosa L.A.S. Johnson & K.D. Hill，盐麻利。麻利，生于盐渍化地区。WA；尚未引种；滇。

Eucalyptus forrestiana Diels，福列斯特麻利，Fuchsia gum。麻利或麻利特，单花美丽；西澳特有种，在澳大利亚和加利福尼亚广泛用于观赏。WA；尚未引种；滇。

Eucalyptus fraseri（Brooker）Brooker，弗雷泽桉，Balladonia gum。乔木，20m。WA；尚未引种；滇。

Eucalyptus fraxinoides H. Deane & Maiden，白蜡树桉，White mountain ash。大乔木，40m，单蒴盖；生于高地海岸陡坡或山顶湿润凉爽立地，木材基本密度 580kg/m³。NSW、VIC；1990 年引种至云南楚雄一平浪林场，速生，树高生长每年 5m，初期表现优良；可在川闽等地进一步扩大实验规模。

Eucalyptus fusiformis Boland & Kleinig，灰铁皮桉。乔木。NSW；尚未引种；粤桂闽滇。

Eucalyptus gamophylla F. Muell.，联叶蓝麻利，Blue mallee, Twain-leaf mallee。麻利或小乔木，幼态叶融合对生，蓝灰色。WA；尚未引种；滇。

Eucalyptus gigantangion L.A.S. Johnson & K.D. Hill，卡卡杜橙花桉，Kakadu woollybutt。热带桉，中等乔木；花橙黄色，果大具棱，似橙花桉；北方领土地区特有种。NT；尚未引种；琼粤滇。

Eucalyptus gillenii Ewart & L.R.Kerr，窿缘麻利，Macdonnell Range red gum。麻利或小乔木，耐干旱，在澳大利亚中心地带有限分布。NT、WA、SA；尚未引种；滇。

Eucalyptus gillii Maiden，吉利麻利，Curly mallee。麻利，间断分布。SA、NSW；尚未

引种；滇粤。

Eucalyptus gittinsii Brooker & Blaxell，北方沙地麻利，Northern sandplain mallee。麻利，雄蕊 4 组，果之横切面正方形；西澳特有种。WA；尚未引种；滇。

Eucalyptus glaucescens Maiden & Blakely，粉绿桉，Tingiringi gum。麻利或大乔木，分布于高山；幼态叶圆形，无柄对生，被蜡粉，蓝绿色，着生于微红色的侧枝，形态美丽诱人，宜作切枝或干花。NSW、VIC；1986 年曾在昆明海口林场试验，次年死亡；可在滇闽继续试验。

Eucalyptus glaucina（Blakely）L.A.S. Johnson，海绿桉，Slaty red gum。中等或高大乔木。NSW；尚未引种；琼粤滇闽。

Eucalyptus globoidea Blakely，圆果桉，White stringybark。乔木，30m，沿海岸分布，生于丘陵山坡受光林，木材基本密度 640～830kg/m^3。NSW、VIC；早期有零星引种，未见报道作为人工林树种栽培；琼粤滇闽。

Eucalyptus globulus Labill.，蓝桉，Blue gum。大乔木，45～70m；在澳大利亚大陆东南部和塔斯马尼亚岛冬雨型气候区间断分布；此处列出 4 亚种，但是很多著述仍然沿用 4 个种。

Eucalyptus globulus subsp. ***bicostata***（Maiden，Blakely & Simmonds）J.B. Kirkp，双肋蓝桉，Southern blue gum。大乔木，45m，每伞房 3 花，果无柄；材性与蓝桉相似，用于建筑、纸浆，冠大荫浓，公园道路广泛栽培，木材基本密度 660～900kg/m^3。ACT、NSW、VIC、TAS；在昆明做过种源试验，与蓝桉相似，生长良好。

Eucalyptus globulus Labill. subsp. ***globulus***，蓝桉，Tasmanian blue gum。大乔木，70m；花芽单生，无柄被蜡；木材耐久，用于建筑、枕木、桩柱、纸浆；蜜源；鲜叶含芳香油 1.8%～2.0%，品质好；广布于塔斯马尼亚东部，巴斯海峡诸岛和维多利亚局部海滨地带，塔斯马尼亚州树；天然林木材基本密度 670～1010kg/m^3，人工林木材基本密度 500～740kg/m^3。VIC、TAS；最早引入云南桉树之一，昆明金殿仍存留数珠大树；1986 年在金殿林场作地理种源试验；适应地中海气候，除云南外在我国其他地区均不适应。

Eucalyptus globulus subsp. ***maidenii***（F. Muell.）J.B. Kirkp，直杆蓝桉，Maiden's gum。大乔木，45m；每伞房 7 枚花芽，花梗缺如，总花梗扁平；树皮与叶之形态、生长习性、木材用途几与蓝桉相同，耐寒性更强；木材基本密度 805～1070kg/m^3。NSW、VIC；1964 年引入昆明植物园，后广植于滇中地区；1986 年在金殿林场作地理种源试验；适应地中海气候，也可能在夏雨型高海拔地区栽培。

Eucalyptus globulus subsp. ***pseudoglobulus***（Maiden）J.B. Kirkp.，类蓝桉，Victorian eurabbie。乔木，45m；似蓝桉，区别在于每伞房 3 花，花芽与蒴果具梗；自然分布较直杆蓝桉海拔低。NSW、VIC；零星引种；滇川闽浙。

Eucalyptus glomericassis L.A.S. Johnson & K.D. Hill，小乔木，10m，热带桉。WA、NT；尚未引种。

Eucalyptus glomerosa Brooker & Hopper，金九绿麻利，Jinjulu。麻利，耐干热，喜见于维多利亚大沙漠。WA、SA；尚未引种；滇。

Eucalyptus gomphocephala DC.，棒头桉，Tuart。大乔木，40m；分布区狭小，仅限

于海滨石灰岩丘陵地带；木材坚硬耐久，基本密度 890～1160kg/m³。WA；尚未引种；滇。

Eucalyptus gongylocarpa Blakely，圆果白桉，Baarla，Marble gum，Desert gum。小到中等乔木；树皮光滑白色；叶近白色或蓝灰色；果圆球形，白色；生于澳大利亚中部干旱沙漠地区。WA、SA、ACT；尚未引种；琼滇干热河谷地区试验。

Eucalyptus goniantha Turcz.，角花麻利。生于海滨干旱灌丛。WA；尚未引种。

Eucalyptus goniocalyx Miq.，棱萼桉，Long-leaved box。小乔木，15m。NSW、VIC、SA；尚未引种。

Eucalyptus gracilis F. Muell.，纤细麻利，Snap-and-rattle，Red mallee。麻利或小乔木，18m；干旱地区用作薪柴或水土保持。NSW、VIC、SA、WA；尚未引种；粤桂闽琼川滇。

Eucalyptus grandis W. Hill ex Maiden，巨桉，Flooded gum，Rose gum。大乔木，55m，易于柳桉、迪恩桉混淆；间断分布，生于高大受光林或雨林边缘；木材抗虫，用途广泛，纸浆、造船、地板、胶合板、装修和通用建筑，基本密度 545～955kg/m³；广泛引种栽培于亚热带地区，是人工栽培面积最大一种桉树，全球 1000 万 hm² 以上。QLD、NSW；已经引种多年，在粤桂闽川浙均有栽培。

Eucalyptus granitica L.A.S. Johnson & K.D. Hill，花岗铁皮桉，Granite ironbark。乔木，20m，热带桉。QLD；尚未引种；琼粤滇。

Eucalyptus gregoriensis N.G. Walsh & Albr.，热带桉。NT；尚未引种；琼粤桂。

Eucalyptus gregsoniana L.A.S. Johnson & Blaxell，麻利雪桉，Mallee snow gum。麻利，5m，生于山顶高地，耐寒。NSW；尚未引种；滇。

Eucalyptus grisea L.A.S. Johnson & K.D. Hill，昆士兰灰桉。乔木。QLD；尚未引种；琼粤桂滇闽。

Eucalyptus grossa Benth.，大齿麻利。麻洛克，零散分布。WA；尚未引种；滇。

Eucalyptus guilfoylei Maiden，黄材桉，Yellow tingle。乔木，35m，零散分布，极为有限；木材用途广，基本密度 950kg/m³；蜜源。WA；尚未引种；滇。

Eucalyptus gunnii Hook.f.，冈尼桉，Cider gum。乔木，25m，生于塔斯马尼亚中部高地，分布区降雪，耐寒 -14℃；英国有引种。TAS；上海植物园曾经引种，20 世纪 80 年代冻死；云南可引种，作杂交育种材料。

Eucalyptus haemastoma Sm.，红口桉，Broadleaved scribbly gum。小乔木，15m；NSW，尚未引种。

Eucalyptus hallii Brooker，哈尔桉，Goodwood gum。乔木，17m。QLD；粤桂琼滇。

Eucalyptus halophila D.J. Carr & S.G.M. Carr，盐湖麻利。麻利，2m；在盐湖周围零星分布。WA；滇。

Eucalyptus hawkeri Rule，豪客桉。小乔木。VIC；尚未引种。

Eucalyptus herbertiana Maiden，黄皮麻利，Kalumburu gum。麻利或小乔木，8m；WA、NT、QLD；尚未引种；粤桂琼滇。

Eucalyptus houseana Maiden，热带白桉，Kimberley white gum。小到中等乔木；西澳金伯雷高地特有种。WA；尚未引种；琼粤桂滇。

Eucalyptus howittiana F. Muell.，豪威特桉，Howitt's box。乔木，30m，热带桉。QLD；尚未引种；琼粤桂滇。

Eucalyptus hypostomatica L.A.S. Johnson & K.D. Hill，袋鼠谷桉。乔木，30m。NSW；尚未引种；粤桂闽滇。

Eucalyptus ignorabilis L.A.S. Johnson & K.D. Hill，滨海湿地桉。乔木，20m。NSW、VIC；尚未引种；粤桂闽滇。

Eucalyptus imitans L.A.S. Johnson & K.D. Hill，沙岩高地桉。小乔木，10m；生于沙岩干旱疏林。NSW；尚未引种。

Eucalyptus incerata Brooker & Hopper，天山麻利，Mount Day mallee。麻利，3~12m，花丝奶油色或黄色，生于沙地或红壤。WA；尚未引种。

Eucalyptus incrassata Labill.，棱果麻利，Ridge-fruited mallee。麻利，稠密灌丛，生于澳大利亚南部海岸沙地；蜜源植物。WA、SA；尚未引种；滇。

Eucalyptus intermedia R.T. Baker，桃红木桉，Pink bloodwood。乔木，30m，树干端直，沿海岸分布；木材基本密度 800~860kg/m^3。NSW、QLD，巴布亚新几内亚；已引种，琼粤桂滇。

Eucalyptus interstans L.A.S. Johnson & K.D. Hill，大果细叶红桉。中等乔木，生于较高海拔立地。QLD、NSW；尚未引种；琼粤桂滇。

Eucalyptus intertexta R.T. Baker，曲纹桉，Gum-barked coolibah。乔木，30m；生于澳大利亚中部沙地，极耐干旱；分布区内最热月平均温度 31~39℃，年雨量 125~450mm；心材红色，坚硬沉重，基本密度 1100kg/m^3。WA、NT、SA、NSW；尚未引种。

Eucalyptus jacksonii Maiden，杰克逊桉，Red tingle。大乔木，55m，偶见 70m；叶色两面不同，具丰富芳香油腺点；单蒴盖，珍稀树种，仅见于西澳大树谷；木材坚韧耐久，珍贵难求，宜作建筑家具；基本密度 590~850kg/m^3。WA；尚未引种；滇。

Eucalyptus kitsoniana Maiden，沼泽麻利，Gippsland mallee。麻利或小乔木。VIC；尚未引种。

Eucalyptus kochii Maiden & Blakely，科奇麻利，Oil mallee。麻利，8m，桉叶油含量 4%~5%；耐干旱，分布区年降水量 230~375mm；木材基本密度 1050kg/m^3，2 亚种。WA；或许零星引种；滇。

Eucalyptus kondininensis Maiden & Blakely，康迪尼桉，Kondinin blackbutt。小到中等乔木，特有种。WA；尚未引种。

Eucalyptus koolpinensis Brooker & Dunlop，库尔品桉，Koolpin box。小乔木，热带桉，树冠蓝灰色，成龄叶少见；分布区极窄。NT；尚未引种；琼滇。

Eucalyptus kruseana F. Muell.，克鲁斯麻利，Book-leaf mallee。麻利；每伞房 7 花，花黄色；成年大树冠上仅见蓝绿色幼态叶；具观赏性；有限分布。WA；尚未引种；滇。

Eucalyptus kumarlensis Brooker，库马尔桉。小乔木，树皮光滑，三文鱼皮色；分布区极窄。WA；尚未引种。

Eucalyptus kybeanensis Maiden & Cambage，基边麻利，Kybean mallee ash。麻利或小乔木。NSW、VIC；尚未引种。

Eucalyptus lacrimans L.A.S. Johnson & K.D. Hill，垂枝雪桉。小乔木，12m；枝条下垂。NSW；尚未引种。

Eucalyptus laeliae Podger & Chippend.，莱莉鬼桉，Darling Range ghost gum。乔木，20m。WA；尚未引种。

Eucalyptus laevis L.A.S. Johnson & K.D. Hill，莱维斯桉，麻利或小乔木，3～15m；生于石灰岩沙壤土。WA；尚未引种。

Eucalyptus laevopinea R.T. Baker，银顶纤皮桉，Silvertop stringybark。大乔木，40m，木材基本密度 860kg/m^3。QLD、NSW；已于 1986 年引种至昆明。

Eucalyptus langleyi L.A.S. Johnson & Blaxell，翼干麻利。麻利，5m，树干有翼刺。NSW；尚未引种。

Eucalyptus lansdowneana F. Muell. & J. Br.，深红麻利，Red-flowered mallee box。麻利；冠枝稀疏，枝叶下垂，枝条纤细，红色；叶色鲜亮，绿色或黄绿；每伞房 7 花，聚生，花丝鲜红夺目；宜作观赏。SA；尚未引种；滇闽粤桂。

Eucalyptus largeana Blakely，拉格桉，Craven grey box。大乔木，40m。NSW；尚未引种；粤桂滇闽。

Eucalyptus largiflorens F. Muell.，黑厚皮桉，Black box。中等乔木，20m，生于季节性积水河滩湖滨。QLD、NSW、VIC、SA；尚未引种；粤桂滇闽。

Eucalyptus lateritica Brooker & Hopper，红壤麻利，Laterite mallee。麻利，3m。WA；尚未引种；滇。

Eucalyptus latisinensis K.D. Hill，拉迪斯桉。中等乔木。QLD；尚未引种。

Eucalyptus lehmannii（Schauer）Benth.，莱曼麻利。麻利；7～11 或多至 20 花芽融合聚生，蒴盖长角形，内湾；果柄长 1.5～9cm，扁平，弯曲下垂，外观奇异；沿西澳南海岸分布。WA；尚未引种；滇。

Eucalyptus leprophloia Brooker & Hopper，鳞皮麻利，Scaly butt mallee。麻利，生于单一林分。WA；尚未引种。

Eucalyptus leptocalyx Blakely，细萼麻利。麻利，分布于西澳南海岸，WA；尚未引种。

Eucalyptus leptophleba F. Muell.，纤脉桉，Molloy red box。中等乔木，热带桉；分布于昆士兰北部，巴布亚新几内亚；心材红褐色，坚硬耐久，基本密度 1120kg/m^3。QLD、布亚新几内亚；尚未引种；琼粤滇。

Eucalyptus leptophylla F. Muell. ex Miq.，细叶红麻利，Narrow-leaved red mallee. 广布于澳大利亚南部海岸干旱地带，WA、SA、VIC、NSW；尚未引种。

Eucalyptus lesouefii Maiden，莱索夫麻利，Goldfield' mallee。麻利或小乔木；花芽于蒴果均具棱；特有种。WA；尚未引种；滇。

Eucalyptus leucophloia Brooker，澳北白皮桉。小乔木，2 亚种；热带桉。WA、NT、QLD；尚未引种；粤桂滇琼。

Eucalyptus leucophylla Domin，白叶厚皮桉，Cloncurry box。小乔木，热带桉。QLD、NT；尚未引种。

Eucalyptus leucoxylon F. Muell.，白木桉，Yellow gum。乔木或麻利，花红色，可用于园林观赏；木材基本密度 760～1215kg/m^3；包括 4 亚种。NSW、VIC、SA；尚未引

种；粤桂闽滇川浙。

Eucalyptus ligulata Brooker，好运湾麻利，Lucky Bay mallee。麻利，3m；在滨海谷地密生，形成不连续灌丛，西澳特有种。WA；尚未引种。

Eucalyptus ligustrina DC.，女真叶纤皮桉，Privet-leaved stringy-bark。小乔木，在山顶或高地形成灌丛。NSW；尚未引种。

Eucalyptus limitaris L.A.S. Johnson & K.D. Hill，西北热带桉，小乔木。WA、NT；尚未引种。

Eucalyptus lirata W. Fitzg. ex Maiden，黄桉，Kimberley yellow jacket。小乔木，8m，有时呈灌木状；散生于坡地或疏林地。WA；尚未引种。

Eucalyptus litorea Brooker & Hopper，盐湖粗皮麻利。在盐湖周围分布极为有限，西澳特有种。WA；尚未引种。

Eucalyptus livida Brooker & Hopper，旺都麻利，Mallee wandoo。麻利。WA；尚未引种。

Eucalyptus lockyeri Blaxell & K.D. Hill，昆士兰粗皮桉。小乔木，包括2亚种，分布于Ravenshoe和Atherton。QLD；尚未引种。

Eucalyptus longicornis（F. Muell.）F. Muell. ex Maiden，长角桉，Red morrel。乔木，30m；蜜源；适宜干旱地区；分布于西澳西南角，特有种；木材基本密度 $1070 \sim 1170 kg/m^3$。WA；尚未引种；滇。

Eucalyptus longifolia Link & Otto，长叶桉，Woollybutt。乔木，35m；常见于海滨谷地受光林或高大受光林；木材坚硬耐久，用于枕木或建筑；基本密度 $895 \sim 1160 kg/m^3$。NSW；尚未引种；粤桂滇闽川浙。

Eucalyptus longirostrata（Blakely）L.A.S. Johnson & K.D. Hill，长喙灰桉，Grey gum。乔木，30m；生于昆士兰东南部山坡岭脊；特有种。QLD；尚未引种；粤琼闽滇。

Eucalyptus loxophleba Benth.，约克桉，York gum。4亚种，小到中等乔木。WA；尚未引种；滇。

Eucalyptus lucens Brooker & Dunlop，闪光绿叶麻利。麻利，3m；分布于澳大利亚大陆中心地带，艾丽斯斯坡岭（Alice Springs）附近，耐干旱；叶鲜绿闪光；特有种。NT；尚未引种，滇川。

Eucalyptus luehmanniana F. Muell.，柳曼麻利，Yellow-top mallee ash。麻利，仅分布于悉尼周边海岸，特有种。NSW；尚未引种。

Eucalyptus macarthurii H. Deane & Maiden，毛皮桉，Camden woollybutt。大乔木，40m；芳香油树种，基本密度 $640 kg/m^3$。NSW；已引种；粤滇闽浙；1988在云南楚雄做过芳香油树种引种试验。

Eucalyptus mackintii Kottek，马金特桉。乔木，30m。VIC；尚未引种；滇。

Eucalyptus macquoidii Brooker & Hopper，马括德桉。小乔木，10m；生于海滨砾质沙地。WA；尚未引种；滇。

Eucalyptus macrandra Benth.，大蕊桉，River yate。麻利，蒴盖细长角状；生于湿地黏土或河滩；特有种。WA；尚未引种。

Eucalyptus macrocarpa Hook.，大果麻利，Mottlecah。麻利；散生，广布于西澳麦带西部；树皮光滑，灰色或三文鱼色；枝、叶、芽、果均呈蓝灰色；幼态叶对生无柄，

见于成熟植株；每伞房 1 花，无梗，花丝红色，花药黄色，鲜艳夺目；蒴果大，5～7cm，果片 4～5；宜作庭园观赏。WA；尚未引种；滇。

Eucalyptus macrorhyncha F. Muell. ex Benth.，大嘴桉，Red stringy bark。乔木，35m，蜜源；基本密度 635～955kg/m³。NSW、VIC、SA；1990 年已引种至四川；其他地区亦可试验。

Eucalyptus magnificata L.A.S. Johnson & K.D. Hill，蓝圆叶桉，Blue box。中等乔木，成年大树仍保留幼态叶。NSW、VIC、QLD；尚未引种。

Eucalyptus major（Maiden）Blakely，灰桉，Grey gum。中等乔木，20m；与 *Eucalyptus punctata* 和 *Eucalyptus propinqua* 近缘；特有种。QLD；尚未引种。

Eucalyptus malacoxylon Blakely，软木桉，Moonbi apple box。小乔木，15m。NSW；尚未引种。

Eucalyptus mannensis Boomsma，曼宁麻利。生于平缓沙地或沙丘，在澳大利亚大陆中部间断分布；包含 2 亚种。WA、NT、SA；尚未引种。

Eucalyptus mannifera Mudie，美味桉，Brittle gum。中等乔木，20～25m；庭园观赏；基本密度 870kg/m³；包括 3 亚种。NSW、VIC、QLD；零星引种；粤琼闽浙滇川。

Eucalyptus marginata Sm.，加拉桉，Jarrah。大乔木，40m，胸径 2m；单蒴盖，西澳特有种.澳大利亚最重要的用材树种之一，占西澳原木产量 1/3；心材深红色，坚硬沉重，耐腐耐燃，抗白蚁，名贵用材；可作建筑桥梁和高级家具；基本密度 690～995kg/m³。WA；零星引种；滇川。

Eucalyptus mediocris L.A.S. Johnson & K.D. Hill，莫法特麻利。QLD；尚未引种。

Eucalyptus megacarpa F. Muell.，硕果桉，Bullich。大乔木，30m，或麻利，单蒴盖，花芽与蒴果硕大；基本密度 660～750kg/m³。WA；尚未引种；滇。

Eucalyptus megacornuta C.A. Gardner，硕角桉，Warted yate。麻利，形态奇异，宜作观赏；分布区极为有限。WA；尚未引种；滇。

Eucalyptus melanoleuca S.T. Blake，黑白铁皮桉，Nanango ironbark。乔木，30m；昆士兰东南部间断分布，特有种。QLD；尚未引种；琼粤桂滇。

Eucalyptus melanophloia F. Muell.，银叶铁皮桉，Silver-leaved ironbark。小到中等乔木，广泛生于疏林地；蜜源；木材基本密度 1090kg/m³。QLD、NSW；尚未引种；粤桂琼滇闽。

Eucalyptus melanoxylon Maiden，黑木桉，Black morrel。小到中等乔木，特有种。WA；尚未引种。

Eucalyptus melliodora A. Cunn. ex Schauer，蜜味桉，Yellow box。乔木，30m；桉树中最佳蜜源植物；耐干旱，生于受光林或疏林地；木材坚硬耐久，用于建筑枕木；基本密度 910～1220kg/m³。QLD、NSW、VIC；已引种；粤桂滇闽川浙。

Eucalyptus mensalis L.A.S. Johnson & K.D. Hill，昆士兰纤皮桉，Stringybark。大乔木，45m；分布区极为有限，特有种。QLD；尚未引种；粤桂滇闽。

Eucalyptus michaeliana Blakely，米切尔桉，Hillgrove gum。大乔木，30m；3 个地理间断种群。NSW、QLD；尚未引种；粤桂滇闽。

Eucalyptus microcarpa（Maiden）Maiden，小果桉，Grey box。乔木，25m；蜜源，基本

密度 825kg/m³。NSW、QLD、VIC；尚未引种；粤桂滇闽川。

Eucalyptus microcorys F. Muell., 小帽桉, Tallow-wood。大乔木, 60m；生于高大受光林, 木材坚硬耐久, 用于重结构建筑, 地板, 是新南威尔士最好的用材树种之一；基本密度 875~1065kg/m³。NSW、QLD；已引种；粤桂琼滇闽。

Eucalyptus microneura Maiden & Blakely, 小脉桉, Gilbert River box。乔木, 18m, 热带桉, 生于河滩谷地。QLD；尚未引种；粤桂琼滇。

Eucalyptus microtheca F. Muell., 小套桉, Coolibah。乔木, 20m；在澳大利亚33°S以北内陆地区广泛分布, 生于干旱半干旱和季节性水淹地区, 分布之广仅次于赤桉；心材褐色, 坚硬耐久, 通常用作桩柱和薪柴；基本密度 980~1190kg/m³；澳大利亚桉树文化代表种, 见诸于诗歌和绘画。WA、NT、QLD、NSW、VIC；已有零星引种；粤桂琼滇闽浙川。

Eucalyptus miniata A. Cunn. ex Schauer, 橙花桉, Darwin woolybutt。乔木, 30m, 热带桉；花丝橘红色, 鲜艳夺目, 蒴果硕大, 具棱；优良的热带园林景观树种；木材基本密度 1035~1100kg/m³。WA、NT、QLD；已有零星引种；粤桂琼滇闽。

Eucalyptus mitchelliana Cambage, 米切尔桉, Mount buffalo gum。小乔木, 15m；稀有, 生于高原地带。VIC；尚未引种。

Eucalyptus moderata L.A.S. Johnson & K.D. Hill。麻利或小乔木, 15m。WA；尚未引种。

Eucalyptus moluccana Roxb., 马六甲桉, Grey box。乔木, 30m, 热带桉；木材坚硬耐久, 强度大, 抗白蚁, 用于重结构建筑, 桥梁枕木；基本密度 1000~1230kg/m³。QLD、NSW；零星引种；琼粤桂滇。

Eucalyptus moorei Maiden & Cambage, 木尔麻利。麻利。NSW；尚未引种。

Eucalyptus morrisbyi Brett, 莫里斯比桉, Morrisby's gum。中等乔木, 分布区极小。TAS；尚未引种。

Eucalyptus morrisii R.T. Baker, 莫里斯桉, Grey mallee。麻利或小乔木。NSW；尚未引种。

Eucalyptus muelleriana A.W.Howitt, 缪勒纤皮桉, Yellow stringybark。大乔木, 40m；沿平坦海岸分布；心材淡黄褐色, 纹理交错, 坚硬耐腐；基本密度 730~975kg/m³。NSW、VIC；尚未引种。

Eucalyptus neglecta Maiden, 奥米奥圆叶桉, Omeo gum。小乔木。VIC；尚未引种。

Eucalyptus newbeyi D.J. Carr & S.G.M. Carr, 牛角麻利, Beaufort Inlet mallet。麻利, 分布极为有限；蒴盖伸长似角, 果爿3裂, 形态奇异。WA；尚未引种；滇。

Eucalyptus nicholii Maiden & Blakely, 尼克尔桉, Narrow-leaved peppermint。乔木, 15m；树皮粗糙, 叶纤细, 蓝绿色；比较耐寒；在澳大利亚和加利福尼亚广泛用作行道树和庭园观赏。NSW；尚未引种；粤桂滇闽川。

Eucalyptus nitens（Dean & Maiden）Maiden, 亮果桉, Shining gum。大乔木, 70m, 偶见90m；生于坡地壤土, 常成纯林；间断分布, 年雨量变化大, 从800~2000mm, 耐寒性最强的桉树之一, 可耐-12℃低温；材质优良, 用途广泛；在塔斯马尼亚和新西兰是重要的造林树种, 木材基本密度 530~750kg/m³。NSW、VIC；已引种, 在云南生长良好, 生长快于蓝桉。

Eucalyptus nitida Hook.f.，史密斯顿辛味桉，Smithston peppermint。小到中等乔木，在极端贫瘠立地上呈麻利状；分布于南澳和维多利亚南部海岸与塔斯马尼亚岛西部和南部。TAS、SA、VIC；尚未引种。

Eucalyptus nobilis L.A.S. Johnson & K.D. Hill，高大挂带桉，Forest ribbon gum。大乔木，50～70m，在昆士兰与新南威尔士交接处生于肥沃土壤；木材基本密度730kg/m^3。QLD、NSW；尚未引种；粤桂滇琼闽，值得试验。

Eucalyptus nortonii（Blakely）L.A.S. Johnson，诺顿桉，Long-leaved box。小乔木。NSW、VIC；尚未引种；粤桂闽滇川。

Eucalyptus notabilis Maiden，蓝山桃花心木（显桉），Blue Mountains mahogany。乔木，30m；与 *Eucalyptus pellita*、*Eucalyptus resenifera*、*Eucalyptus urophylla* 近缘。QLD、NSW；尚未引种；琼粤桂闽。

Eucalyptus nova-anglica H. Deane & Maiden，新英格兰桉，New England peppermint。乔木，24m；QLD、NSW；已引种；在云南早期表现很好。

Eucalyptus nudicaulis A.R. Bean，裸茎麻利，生于岩石裸露谷地。QLD；尚未引种；粤桂闽滇川。

Eucalyptus obliqua L'Hér.，斜叶桉，Messmate stringybark。大乔木，40m，偶见90m；单蒴盖，桉属模式种；间断分布，分布区广，是澳大利亚最重要的用材树种之一，木材用途广泛，建筑、人造板、家具、纸浆；木材易加工，易染色，易胶合；基本密度 540～840kg/m^3。QLD、NSW、VIC、SA、TAS；零星引种；在云南楚雄表现很好。

Eucalyptus occidentalis Endl.，西方桉，Flat-topped yate，Swamp yate。乔木，20m；耐盐碱，蜜源；冬雨型桉树，作为遮阴树栽培于加利福尼亚、夏威夷，以及以色列等地；天然林木材基本密度1000kg/m^3，六年生栽培树木木材基本密度570～595kg/m^3。WA；零星引种；滇川闽粤桂。

Eucalyptus ochrophloia F. Muell.，黄皮桉，Yapunyah。乔木，20m，木材极为沉重，坚硬，耐腐，难于加工。QLD、NSW；尚未引种；粤桂闽滇川。

Eucalyptus odontocarpa F. Muell.，齿果麻利，Sturt Creek mallee。麻利。WA、NT、QLD；尚未引种。

Eucalyptus odorata Behr，香桉，Peppermint box。小乔木或麻利。SA、VIC；尚未引种。

Eucalyptus oleosa F. Muell. ex Miq.，油麻利，Giant mallee，Red mallee。麻利或小乔木，蜜源，包括7亚种。WA、SA、VIC；尚未引种；粤桂闽滇川。

Eucalyptus olida L.A.S. Johnson & K.D. Hill，沼泽桃花心桉，Swamp mahogany。乔木，30m，生于含硅酸性花岗岩立地。NSW；尚未引种；粤桂闽滇川。

Eucalyptus oligantha Schauer，宽叶厚皮桉，Broad-leaved box。小乔木，生于平缓坡地或沿水系生长。WA、NT；尚未引种；粤桂闽滇川。

Eucalyptus opaca D.J. Carr & S.G.M. Carr，红壤红桉，Plain bloodwood。乔木，15m。WA、NT、NSW、SA；尚未引种；琼粤桂滇。

Eucalyptus ophitica L.A.S. Johnson & K.D. Hill，蛇尾桉。小乔木，10m。NSW；尚未引种；粤桂闽滇川。

Eucalyptus oraria L.A.S. Johnson，滨海麻利。叶色亮绿；沿西澳西海岸狭长地带生长。WA；尚未引种。

Eucalyptus orbifolia F. Muell.，圆叶麻利，Round-leaved mallee。麻利，生于花岗岩裸露立地。WA、NT；尚未引种；粤桂闽滇川。

Eucalyptus ordiana Dunlop & Done，奥迪桉。小乔木或麻利，有限分布，特有种。WA；尚未引种；滇川。

Eucalyptus oreades R.T. Baker，蓝岑桉，Blue Mountain ash。大乔木，40m；单萌盖；间断分布。木材类似水曲柳，基本密度505kg/m³。NSW、QLD；尚未引种；粤桂闽滇川。

Eucalyptus orgadophila Maiden & Blakely，光枝厚皮桉，Mountain coolibah。小乔木，15m。QLD；尚未引种；粤桂闽滇川。

Eucalyptus orientalis D.J. Carr & S.G.M. Carr，东方桉，中等乔木，20m。NT、NSW、SA；尚未引种；粤桂闽滇川。

Eucalyptus orthostemon D. Nicolle & Brooker，直展麻利，麻利，5m，可生于盐碱地。WA；尚未引种；滇川。

Eucalyptus ovata Labill.，卵叶桉，Swamp gum。乔木，30m，生于排水不良谷地或河滩地；较耐寒；蜜源；木材基本密度530～820kg/m³。NSW、VIC、SA、TAS；零星引种；粤桂滇闽浙川。

Eucalyptus oxymitra Blakely，尖帽麻利，Sharp-capped mallee。麻利，生于澳大利亚大陆中部干旱沙地或砾石山地。WA、NT；尚未引种；粤桂闽滇川。

Eucalyptus pachycalyx Maiden & Blakely，厚萼桉，Shiny-barked gum。小乔木，3亚种，零星间断分布。QLD、NSW；尚未引种。

Eucalyptus pachyphylla F. Muell.，厚叶麻利。生于维多利亚大沙漠，形态奇异。WA、SA、NT；尚未引种；滇川。

Eucalyptus paedoglauca L.A.S. Johnson & Blaxell，蓝叶铁皮桉，Mt. Staurt ironbark。小乔木，10m，生于山顶。QLD；尚未引种。

Eucalyptus paliformis L.A.S. Johnson & Blaxell，瓦比利加桉，Wadbiliiga ash。小乔木，分布区极为有限，特有种。NSW；尚未引种。

Eucalyptus paludicola D. Nicolle，南澳马诗桉，Marsh gum。小乔木，耐水湿。SA；尚未引种；滇川。

Eucalyptus panda S.T. Blake，潘达铁皮桉，Tumbledown ironbark。乔木，20m；生于山脊疏林地。QLD；尚未引种。

Eucalyptus paniculata Sm.，圆锥花桉，Grey ironbark。大乔木，40m；在新南威尔士沿海岸分布，形成高大受光林，木材基本密度1000～1185kg/m³。NSW；零星引种；粤桂滇闽。

Eucalyptus pantoleuca L.A.S. Johnson & K.D. Hill，白斑麻利。小乔木，5～12m，西澳北部热带地区，生于溪流岸边。WA；尚未引种；琼粤桂滇。

Eucalyptus parramattensis C. Hall，帕拉玛塔红桉，Parramatta red gum。小到中等乔木，3亚种。NSW；或许早期有零星引种，易与赤桉、细叶桉等红桉类树种混淆。

Eucalyptus parvula L.A.S. Johnson & K.D. Hill，类小叶桉，中等乔木，耐寒。NSW；尚未引种；滇闽浙川粤桂。

Eucalyptus patellaris F. Muell.，垂枝厚皮桉，Weeping box。小乔木，具有3个间断分布群体。WA、NT、QLD；尚未引种。

Eucalyptus patens Benth.，展桉，Blackbutt。大乔木，45m；类似加拉桉；木材耐久，宜作地板、装饰板枕木等建筑用材，然不可多得；基本密度690～915kg/m³。WA；尚未引种；滇。

Eucalyptus pauciflora Sieber ex Spreng.，雪桉，Snow gum。乔木或麻利，单蒴盖，垂直分布海拔最高的一种桉树，可以分布到树木线高度，达2000m，耐湿冷气候，林下常有积雪；可作盆景；基本密度510～670kg/m³。包含5亚种。QLD、NSW、VIC、TAS；在云南有零星引种。

Eucalyptus pauciseta K.D. Hill & L.A.S. Johnson MS，刚毛桉，小乔木，热带桉，旱季落叶。WA、NT、QLD；尚未引种。

Eucalyptus pellita F. Muell.，粗皮桉，Large-fruited red mahogany。大乔木，40m，热带桉；有两个地理间断分布区，位于昆士兰北部和新南威尔士，中间有零散分布；与 *Eucalyptus notabilis*、*Eucalyptus resenifera* 和 *Eucalyptus urophylla* 近缘；木材纹理交错，质地粗，易加工，耐腐朽；基本密度775～1085kg/m³。QLD、NSW；已引种；琼粤桂滇。

Eucalyptus perriniana F. Muell. ex Rodway，圆叶雪桉，Spinning gum。麻利或弯曲小乔木；幼态叶无柄，联合对生，被蓝灰蜡粉，中心连接处组织坏死，叶绕枝条旋转；散生于高海拔处，外观诱人。NSW、VIC、TAS；尚未引种；滇川。

Eucalyptus persistens L.A.S. Johnson & K.D. Hill，厚皮七花桉。中等乔木，热带桉。QLD；尚未引种；琼粤桂滇。

Eucalyptus petiolaris（Boland）Rule，艾尔半岛蓝桉，Eyre Peninsula blue gum。小乔木，15m；耐盐碱；优良观赏树种。SA；尚未引种；滇川。

Eucalyptus petrensis Brooker & Hopper，石灰岩麻利。麻利，4m，生于石灰岩疏林地。WA；尚未引种；滇。

Eucalyptus phoenicea F. Muell.，金红花桉，Scarlet gum。小乔木，热带桉；花丝金红色；优良热带观赏树种。WA、NT；尚未引种；琼粤桂滇闽。

Eucalyptus pileata Blakely，有帽白麻利，Capped mallee。麻利，沿南海岸广泛分布。WA、SA；尚未引种；滇川。

Eucalyptus pilligaensis Maiden，细叶厚皮桉，Narrow-leaved box, Pilliga box。乔木，25m，优质蜜源。QLD、NSW；尚未引种；琼粤桂滇。

Eucalyptus pilularis Sm.，弹丸桉，Blackbutt。大乔木，70m，单蒴盖，分布于从昆士兰到新南威尔士海岸地带，形成高大受光林；是澳大利亚重要用材树种之一，木材坚硬耐久，用途广泛；蜜源。基本密度720～1005kg/m³。QLD、NSW；广西曾经引种，可进一步试验；粤桂琼滇闽。

Eucalyptus pimpiniana Maiden，平平麻利，Pimpin mallee。麻利，0.5～2m，叶蓝灰色，厚革质；花鲜黄色；果紫红色；生于维多利亚大沙漠；宜作地面覆盖和庭园观赏。

SA；尚未引种；滇川。

Eucalyptus piperita Sm.，胡椒桉，Sydney peppermint。乔木，20～30m，生于干燥硬叶林。NSW；尚未引种。

Eucalyptus placita L.A.S. Johnson & K.D. Hill，快乐桉。乔木，25m。NSW；尚未引种。

Eucalyptus planchoniana F. Muell.，普兰康桉，Needlibark。中等乔木。QLD、NSW；尚未引种；粤桂滇闽。

Eucalyptus planipes L.A.S. Johnson & K.D. Hill，扁柄麻利。麻利，3m，生于钙质土。WA；尚未引种。

Eucalyptus platycorys Maiden & Blakely，宽帽麻利。生于维多利亚大沙漠。WA；尚未引种；滇川。

Eucalyptus platyphylla F. Muell.，阔叶桉，Poplar gum。乔木，20m，叶宽，热带桉。QLD；尚未引种；粤桂滇闽琼。

Eucalyptus pleurocarpa Schauer，蓝叶棱果麻利，Mealy gum，Silver Marlock，Tallerack，White Marlock。麻利，叶、茎、芽和果均被白色蜡粉；树冠只有幼态叶，圆形，对生，蓝灰色；夏季开花，雄蕊4组，蒴果4棱形，几乎成立方体。生于沙地，耐干旱，宜观赏。WA；尚未引种；滇川。

Eucalyptus polyanthemos Schauer，多花桉，Red box。乔木，25m；分布于新南威尔士中部与南部高地，生于砾质山地疏林中；木材坚硬耐久，抗白蚁，基本密度950～1115kg/m^3。NSW、VIC；零星引种；在云南生长表现良好，可进一步在粤桂闽川试验。

Eucalyptus polybractea R.T. Baker，多苞桉，Blue-leaved mallee。麻利或小乔木，10m；在澳大利亚最早用于商业性生产的桉树芳香油树种；也可用于观赏；无性繁殖容易。NSW、VIC；在滇中做过桉树芳香油树种选择试验。

Eucalyptus populnea F. Muell.，拟白杨桉，Poplar box。中等乔木，幼态叶圆形，似杨树；生于石灰岩疏林地；庭园观赏。NSW、QLD；尚未引种；粤桂滇闽。

Eucalyptus porosa Miq.，南澳白花麻利，Mallee box。麻利或小乔木。NSW、VIC、SA；尚未引种；滇川。

Eucalyptus portuensis K.D. Hill，港湾白桃花心桉。乔木，25m。QLD；尚未引种。

Eucalyptus praecox Maiden，早花桉，Brittle gum。小乔木，10m。NSW；尚未引种。

Eucalyptus prava L.A.S. Johnson & K.D. Hill，橙桉，Orange gum。小乔木，15m，QLD、NSW；尚未引种；粤桂闽滇。

Eucalyptus preissiana Schauer，铃果麻利，Bell-fruited mallee。麻利，低矮，在海滨沙地沿地面铺展；花丝淡黄醒目，蒴果铃形，观赏，海滨固沙。WA；尚未引种；滇川。

Eucalyptus prominens Brooker，海角麻利，Cape Range mallee。海滨沙地匍匐生长，分布极为有限。WA；尚未引种；滇川。

Eucalyptus propinqua H. Deane & Maiden，小果灰桉，Grey gum。大乔木，40m；生于东海岸高大受光林；木材沉重，坚硬耐久，抗蛀干害虫；基本密度945～1105kg/m^3。QLD、NSW；已引种；粤桂琼滇闽。

Eucalyptus pruinosa Schauer，蓝灰叶厚皮桉，Silver box。麻利或小乔木；2亚种。WA、

NT、QLD；尚未引种；滇川。

Eucalyptus psammitica L.A.S. Johnson & K.D. Hill，沙地白桃花心桉，Bastard white mahogany。乔木，20m，生于贫瘠沙地。NSW；尚未引种；粤桂滇闽。

Eucalyptus pterocarpa C.A. Gardner ex P.J. Lang，翼果灰皮桉。中等乔木，分布极为有限，特有种。WA；尚未引种；滇川。

Eucalyptus pulchella Desf.，细叶辛味桉，White peppermint。乔木，20m。TAS；尚未引种。

Eucalyptus pulverulenta Sims，银叶山桉，Silver-leaved mountain gum。小乔木或麻利，幼态叶对生，圆形无柄，幼茎蓝灰色；每伞房3花，花芽与蒴果均被蓝粉；两个间断小种群；宜观赏。NSW；尚未引种。

Eucalyptus pumila Cambage，灰麻利，Pokolbin mallee。麻利，极为有限分布。NSW；尚未引种。

Eucalyptus punctata DC.，斑叶灰桉，Grey gum。乔木，35m；木材沉重，坚硬耐久，用途广泛；基本密度945～1105kg/m³。NSW；已引种，粤桂滇闽。

Eucalyptus pyriformis Turcz.，梨果麻利，Dowerin rose。麻利，花果形态奇异，宜作庭园观赏。WA；尚未引种；滇粤桂。

Eucalyptus pyrocarpa L.A.S. Johnson & Blaxell，梨果桉，Large-fruited blackbutt。乔木，30m；有限分布。NSW；尚未引种。

Eucalyptus quadrangulata H. Deane & Maiden，方茎桉，White-topped box。大乔木，45m；幼茎横切面方形；间断分布；木材坚硬耐久，用于枕木和重结构建筑；基本密度1020kg/m³。NSW、QLD；零星引种；粤桂滇闽。

Eucalyptus quadrans Brooker & Hopper，方茎麻利。WA；尚未引种；滇川。

Eucalyptus quadricostata Brooker，方果铁皮桉，Square-fruited ironbark。小乔木，蒴果方形。QLD；尚未引种；粤桂滇闽。

Eucalyptus quinniorum J.T. Hunter & J.Bruhl，奎恩桉，小乔木，5～12m；生于岩石裸露立地。NSW；尚未引种；粤桂滇闽。

Eucalyptus racemosa Cav.，细叶纹皮桉，Scribbly gum。小乔木，15m，树皮具有不规则虫纹。NSW；尚未引种；粤桂滇闽。

Eucalyptus radiata Sieber ex DC.，辐射桉，Narrow-leaved peppermint。3亚种。NSW、VIC、ACT；已引种；1988在云南做过桉树芳香油树种选择试验；福建漳州也有零星引种；粤桂川闽浙。

Eucalyptus rameliana F. Muell.，吉利麻利，Giles's mallee。低矮麻利，生于红色沙丘。WA；尚未引种；滇川。

Eucalyptus raveretiana F. Muell.，铁桉，Black ironbox。乔木，30m；木材基本密度1050kg/m³。QLD；尚未引种；琼粤滇。

Eucalyptus recurva Crisp，罗宾麻利，Robin's gum.，由Robin Jean女士发现的单一麻利林分，个体单株均由同一庞大根系萌蘗而生，因此年龄相同，已经存活13 000年，是地球上最老的阔叶树。NSW；尚未引种。

Eucalyptus reducta L.A.S. Johnson & K.D. Hill，昆北纤维皮桉，Stringybark。乔木，40m；

分布于昆士兰北部高地，特有种。WLD；尚未引种；琼粤桂滇。

Eucalyptus regnans F. Muell.，王桉，Mountain ash。大乔木，通常 70m，历史记录 114m，澳大利亚最高的树种，地球上最高的被子植物；在塔斯马尼亚现有 1 株树高 87m，胸径 17.2m，材积 376～400m³ 单蒴盖；在维多利亚南部和塔斯马尼亚形成高大受光林，林内幽暗湿润，地面满覆南极树蕨，冬季降水量大，有雪，年降水量 1000～1700mm，常年无旱季；王桉是澳大利亚重要用材树种之一，木材用于建筑纸浆家具地板和各种人造板等，基本密度 600～800kg/m³；世界上唯新西兰和南非少数国家引种成功。VIC、TAS；零星引种；中国林业科学研究院林业研究所于 1990 年在楚雄一平浪林场做过单蒴盖亚属桉树引种试验，尚存王桉数株；滇黔。

Eucalyptus remota Blakely，袋鼠岛麻利，Kangaroo Island mallee ash。麻利或小乔木，特有种。SA；尚未引种；滇川。

Eucalyptus resinifera Sm.，脂桉，Red mahogany。乔木，45m；与粗皮桉和尾叶桉近缘；沿澳大利亚东海岸生长；材性与粗皮桉相同，坚实耐用，用途广泛；2 亚种。QLD、NSW；已引种；粤琼桂滇闽。

Eucalyptus retinens L.A.S. Johnson & K.D. Hill，网纹桉。乔木，20m，生于深谷。NSW；尚未引种；粤桂滇闽。

Eucalyptus rhodantha Blakely & H.Steedman，玫瑰麻利，Rose mallee。麻利，3m；宜干旱地区庭园观赏。WA；尚未引种；滇川。

Eucalyptus rhombica A.R. Bean & Brooker，菱芽铁皮桉。乔木，21m，特有种。QLD；尚未引种；粤桂。

Eucalyptus rigens Brooker & Hopper，盐湖麻利，Saltlake mallee。麻利，围绕盐湖生长，耐盐碱，耐干旱；特有种。WA；尚未引种；滇川。

Eucalyptus risdonii Hook.f.，瑞斯登麻利，Risdon peppermint。麻利或小乔木。TAS；尚未引种；滇川。

Eucalyptus robusta Sm.，大叶桉，Swamp mahogany。乔木，30m；生于湿地，成纯林；木材用于建造码头，耐水湿和海洋生物；基本密度 625～955kg/m³。QLD、NSW；我国最早引种桉树之一，目前仍可见于华东华南零星栽培；琼粤桂滇闽浙川。

Eucalyptus rosacea L.A.S. Johnson & K.D. Hill，玫瑰麻利。生于维多利亚大沙漠。WA；尚未引种；滇川。

Eucalyptus roycei S.G.M. Carr，D.J. Carr & A.S. George，罗伊斯麻利，Shark Bay mallee。麻利；特有种。WA；尚未引种；滇川。

Eucalyptus rubida H. Deane & Maiden，蜡烛桉，Candlebark，乔木，40m；蜜源；分布广阔，从新南威尔士北部向南至塔斯马尼亚，疏林地或受光林；树皮斑驳脱落，色彩丰富，庭园观赏；木材基本密度 550～735kg/m³；2 亚种。NSW、QLD、TAS；已引种；粤桂滇闽浙川。

Eucalyptus rubiginosa Brooker，伊斯拉峡谷桉。乔木，20m，大花序，单蒴盖；无近缘种；散生，特有种。QLD；尚未引种；琼粤桂滇闽。

Eucalyptus rudderi Maiden，路德桉，Rudder's box。乔木，40m；木材沉重，坚硬耐久。NSW；尚未引种；粤桂滇闽。

Eucalyptus rudis Endl.，野桉，Flooded gum。乔木，20m；在西澳西南角海岸地带广泛分布，沿水系或湿润立地生长，少见于花岗岩立地；蜜源；西澳特有种；与赤桉几乎不可区分。WA；尚未引种；国内一些文献常描述野桉已经引入中国多年，恐以讹传讹；野桉为典型冬雨型树种，我国尚未有从西澳成功引种桉树之先例。

Eucalyptus rugosa Blakely，皱纹果麻利，Kingscote mallee。麻利，花芽常具粗棱，花白色。WA、SA；尚未引种；滇川。

Eucalyptus rummeryi Maiden，如麦瑞桉，Rummery's box。乔木，40m，生于湿润硬叶林；特有种。NSW；尚未引种；粤桂滇闽。

Eucalyptus rupestris Brooker & Done，金伯雷岩生桉。小乔木，5m，生于沙岩裸露立地。WA；尚未引种；滇川。

Eucalyptus salicola Brooker，褐皮盐湖桉，Salt gum。小到中等乔木，沿着盐湖周围生长，耐盐、耐旱。WA；尚未引种。

Eucalyptus saligna Sm.，柳桉，Sydney blue gum。乔木，55m；分布于东海岸，海拔250～1100m，年均温14～17℃，形成受光林和高大受光林；木材用途广泛，纸浆、人造板和建筑；基本密度 620～1000kg/m^3。QLD、NSW；已引种；在福建做过地理种源试验，种源间变异大；浙闽川桂粤。

Eucalyptus salmonophloia F. Muell.，西澳橙皮桉，Salmon gum。乔木，24m；树皮光滑，三文鱼色，随季节变化，叶色亮绿，在自然景观中非常醒目；此种桉树主要生长于年降雨量250～500mm 的半干旱地带，澳大利亚南非印度等国作为景观树种栽培；蜜源。WA；尚未引种；滇。

Eucalyptus salubris F. Muell.，钻桉，Gimlet。麻利或小乔木，树皮光滑，古铜色，叶亮绿色；树干多直立分枝；枝条髓心具油腺点；行道树；2 变种。WA；尚未引种；滇。

Eucalyptus sargentii Maiden，盐河桉，Salt River gum。小乔木，11m；麦带区盐碱地造林树种；特有种。WA；尚未引种；滇川。

Eucalyptus scias L.A.S. Johnson & K.D. Hill，大果红桃花心桉，Large-fruited red mahagany。乔木，20m；中部海岸地带，2 亚种。NSW；尚未引种；粤桂滇闽。

Eucalyptus scoparia Maiden，扫帚岸，Wallangarra white gum。小乔木，树形优美，可作行道树。QLD；1986 年引种至昆明，早期生长很好；粤桂滇闽。

Eucalyptus seeana Maiden，细叶红桉，Narrow-leaved red gum。乔木，40m；生长于东海岸排水不良立地；蜜源。QLD、NSW；尚未引种；粤桂琼滇闽。

Eucalyptus serraensis Ladiges & Whiffin，格兰皮安斯麻利，Grampians gum。麻利或小乔木。VIC；尚未引种；粤桂闽滇。

Eucalyptus shirleyi Maiden，雪莱桉，Silver-leaved ironbark。中等乔木。QLD；尚未引种；琼粤桂滇。

Eucalyptus sicilifolia L.A.S. Johnson & K.D. Hill，扎米亚铁皮桉。中等乔木，分布区极为有限。QLD；尚未引种。

Eucalyptus siderophloia Benth.，阔叶铁皮桉，Ironbark, Noerthen grey ironbark。大乔木，45m；分布于澳大利亚东海岸，生于黏壤土立地，形成干燥硬叶林；基本密度 1035～

1200kg/m³。QLD、NSW；尚未引种；粤琼桂滇。

Eucalyptus sideroxylon A. Cunn. ex Woolls，铁木桉，Ironbark。乔木，35m；木材极为坚硬耐久，用于重结构建筑、枕木等；蜜源；行道树；分布于东海岸，从昆士兰到维多利亚；基本密度 910～1220kg/m³。QLD、NSW、VIC；零星引种；琼粤桂滇闽浙。

Eucalyptus sieberi L.A.S. Johnson，银顶山岑桉，Silvertop ash。乔木，35～45m，基本密度 830kg/m³。NSW、ACT、VIC；尚未引种；粤桂闽滇。

Eucalyptus signata F. Muell.，虫纹皮桉，Scribbly gum。乔木，25m，生于海滨沙地。QLD、NSW；尚未引种；琼粤桂闽滇。

Eucalyptus similis Maiden，沙漠黄桉，Inland yellow jacket。乔木，14m。QLD；尚未引种；粤桂闽滇。

Eucalyptus smithii R.T. Baker，史密斯桉，Gully gum。乔木，45m，分布于新南威尔士南部高地和维多利亚东部，海拔 50～1150m，最热月平均气温 23～28℃，最冷月-2～6℃，降水量 750～1700mm；木材用途广泛，优良纸浆材；叶含优质芳香油；十三年生人工林木材基本密度 550kg/m³。NSW、VIC；已经引种；滇中地区史密斯桉人工林面积超过 3000hm²；其他地区可进一步推广。

Eucalyptus socialis F. Muell. ex Miq.，柳叶红麻利，Red mallee。麻利；分布广泛，在澳大利亚中部干旱石灰岩地区。WA、NT、QLD、NSW、SA；尚未引种；粤桂滇闽川。

Eucalyptus sparsa Boomsma，散生麻利，Northern Ranges box。WA、NT、SA；尚未引种；粤桂闽滇。

Eucalyptus sparsifolia Blakely，细叶纤维皮桉，Narrow-leaved stringybark。中等乔木。NSW；尚未引种。

Eucalyptus spathulata Hook.，沼生麻利特，Swamp mallet。麻利或麻利特；3 亚种。WA；尚未引种；滇川。

Eucalyptus sphaerocarpa L.A.S. Johnson & Blaxell，球果纤维皮桉，Blackdown stringybark。大乔木，45m，极有限分布，生于沙岩土壤；特有种；基本密度 945kg/m³。QLD；尚未引种；琼粤桂滇。

Eucalyptus splendens Rule，里奇芒德桉，小乔木，10m；2 亚种。VIC；尚未引种；滇川。

Eucalyptus sporadica Brooker & Hopper，黄花长角麻利。麻利或小乔木，2～7m。WA；尚未引种；滇川。

Eucalyptus squamosa H. Deane & Maiden，鳞皮桉，Scaly bark。小乔木，12m。NSW；尚未引种；粤桂闽滇。

Eucalyptus staeri（Maiden）Kessell & C.A. Gardner，斯戴尔桉，小乔木或麻利，围绕沼泽湿地生长。WA；尚未引种；滇川。

Eucalyptus staigeriana F.M. Bailey，柠檬铁皮桉，Lemon-scented gum。乔木，21m；QLD；尚未引种；粤桂滇闽。

Eucalyptus steedmanii C.A. Gardner，斯迪曼麻利特，Steedman's mallet。麻利特，形态

奇异。WA；尚未引种；滇川。

Eucalyptus stellulata Sieber ex DC., 三脉桉, Black sally。小乔木, 单蒴盖, 成龄叶三出脉；分布于高海拔湿地或溪流。NSW、VIC； 或许云南早期已有引种；滇。

Eucalyptus stenostoma L.A.S. Johnson & Blaxell, 斜生桉, Jillaga ash。乔木, 25m, 分布极为有限。NSW；尚未引种；粤桂滇闽。

Eucalyptus stoatei C.A. Gardner, 红梨果麻利, Scarlet pear gum。麻利特；蒴果梨形, 大而鲜艳。WA；尚未引种；滇。

Eucalyptus stowardii Maiden, 角帽麻利, Fluted horn mallee。麻利；蒴盖长角状。WA；尚未引种；滇川。

Eucalyptus striaticalyx W. Fitzg., 戈壁麻利, Kopi mallee。麻利, 分布于维多利亚大沙漠, 生于盐碱沙地或戈壁沙丘。WA、SA；尚未引种；滇川。

Eucalyptus stricklandii Maiden, 斯粹克兰德桉, Strickland's gum。小乔木。WA；尚未引种；滇川。

Eucalyptus stricta Spreng., 蓝山麻利, Blue Mountains mallee ash。麻利。NSW、VIC；尚未引种；粤桂滇闽。

Eucalyptus strzeleckii Rule, 斯泽列克桉。乔木, 30m, 喜水湿。VIC；尚未引种。

Eucalyptus subcrenulata Maiden & Blakely, 塔斯马尼亚齿叶桉, Tasmanian alpine yellow gum。乔木, 18m, 生于塔斯马尼亚中部高海拔冷湿地区。TAS；尚未引种；滇川。

Eucalyptus suffulgens L.A.S. Johnson & K.D. Hill, 苏富铁皮桉。乔木, 25m；QLD；尚未引种。

Eucalyptus suggrandis L.A.S. Johnson & K.D. Hill, 大花铜皮麻利。树皮光滑, 古铜色；2亚种。WA；尚未引种；滇川。

Eucalyptus synandra Crisp, 聚蕊麻利。麻利, 形态奇异；特有种。WA；尚未引种；滇川。

Eucalyptus talyuberlup D.J. Carr & S.G.M. Carr, 长角蒴盖麻利。蒴盖伸长, 蒴果无柄；形态奇异。WA；尚未引种；滇川。

Eucalyptus taurina A.R. Bean & Brooker, 河里东铁皮桉, Helidon ironbark。中等乔木, 分布极为有限。QLD；尚未引种；粤桂滇闽。

Eucalyptus tectifica F. Muell., 达尔文厚皮桉, Darwin box。中等乔木, 热带桉。WA、NT、QLD；尚未引种；琼粤桂滇。

Eucalyptus tenella L.A.S. Johnson & K.D. Hill, 泰耐拉桉。小乔木。NSW；尚未引种。

Eucalyptus tenuipes（Maiden & Blakely）Blakely & C.T. White, 狭叶白桃花心桉, Narrow-leaved white mahogany。小到中等乔木, 特有种。QLD；尚未引种；粤桂琼闽滇。

Eucalyptus tenuiramis Miq., 岛屿辛味桉, Silver peppermint。乔木, 25m。TAS；尚未引种；滇川。

Eucalyptus tephrodes L.A.S. Johnson & K.D. Hill, 灰白皮桉。乔木。WA、NT、QLD；尚未引种；粤桂滇闽。

Eucalyptus tereticornis Sm., 细叶桉, Forest red gum。大乔木, 50m；抗风；木材坚硬耐

久，用于重结构建筑、枕木；基本密度 980kg/m³；蜜源；常生于冲积土，是水平分布最广、跨越地理纬度最宽的桉树；2 亚种，分布于巴布亚新几内亚。QLD、NSW、ACT、VIC、TAS；我国最早引种的桉树之一；粤桂琼滇闽浙川。

Eucalyptus terrica A.R. Bean，陆桉。中等乔木，极有限分布。QLD；尚未引种；滇川。

Eucalyptus tetragona（R. Br.）F. Muell.，四蕊麻利，Talleerack。麻利，3m。WA；尚未引种；滇川。

Eucalyptus tetrapleura L.A.S. Johnson，方果铁皮桉，Suqare-fruited ironbark。乔木，30m。NSW；尚未引种；粤桂琼滇。

Eucalyptus tetraptera Turcz.，方果麻利，Square-fruited mallee. 花果形态奇异，宜观赏；沿西澳南海岸分布，特有种。WA；尚未引种；滇。

Eucalyptus tetrodonta F. Muell.，达尔文纤皮桉，Darwin stringybark. 热带桉 25m；木材细腻，基本密度 1040~1150kg/m³。WA、NT、QLD；尚未引种；琼粤桂滇。

Eucalyptus thamnoides Brooker & Hopper，白花红盖麻利。麻利，1.5~6m，生于沙地、河边、丘陵；宜观赏。WA；尚未引种；滇。

Eucalyptus tholiformis A.R. Bean & Brooker，圆盖铁皮桉。小到中等乔木，分布区极小。QLD；尚未引种；琼粤桂滇。

Eucalyptus thozetiana F. Muell. ex R.T. Baker，苏塞特桉，Napunyah Thozet's box。中等乔木，25m，热带桉，木材沉重，坚硬耐久，心材暗红色，几近黑色，文理细腻，抗白蚁；基本密度 1015~1140kg/m³。QLD；尚未引种；琼粤桂滇。

Eucalyptus tindaliae Blakely，丁大力纤皮桉，Tindale's stingybark。乔木，27m。NSW；尚未引种；粤桂闽滇。

Eucalyptus tintinnans（Blakely & Jacobs）L.A.S. Johnson & K.D. Hill，丘陵红桉，Hills salmon gum。小乔木，热带桉，行道树。NT；尚未引种；琼粤桂滇。

Eucalyptus todtiana F. Muell.，托特桉，Blackbutt prickly bark。小乔木，生于西海岸沙地。WA；尚未引种；滇川。

Eucalyptus torquata Luehm.，珊瑚桉，Coral gum。小乔木，蒴盖长喙状，奇异；蜜源；此种在澳大利亚许多地方和加利福尼亚等地作为观赏树种栽培。WA；尚未引种；滇。

Eucalyptus transcontinentalis Maiden，贯陆桉，Redwood。小到中等乔木；2 亚种。WA；尚未引种；滇川。

Eucalyptus triflora（Maiden）Blakely，三花桉。乔木，15m；单蒴盖。NSW；1986 年引种至云南；初期生长尚可。

Eucalyptus ultima L.A.S. Johnson & K.D. Hill，喙尖圆果麻利，麻利，蒴盖具喙尖。WA；尚未引种；滇川。

Eucalyptus umbra R.T. Baker，伞桉，Broadleaved white mahogany。小到中等乔木。QLD、NSW；尚未引种；粤桂滇闽。

Eucalyptus umbrawarrensis Maiden，安布拉瓦拉桉，Umbrawarra gum。小到中等乔木，热带桉。NT；尚未引种；琼粤桂滇。

Eucalyptus urnigera Hook.f.，坛果桉，Urn gum。小乔木。TAS；尚未引种；滇川。

Eucalyptus utilis Brooker & Hopper，红弹头麻利。麻利或小乔木，2~15m，宜观赏。WA；尚未引种；滇川。

Eucalyptus vegrandis L.A.S. Johnson & K.D. Hill，巨腺麻利.油腺细胞明显，2亚种。WA；尚未引种；滇川。

Eucalyptus vernicosa Hook.f.，漆叶桉，Varnished gum。低矮灌木，或匍匐地面。TAS；尚未引种；滇川。

Eucalyptus verrucata Ladiges & Whiffin，格拉皮安斯麻利。麻利或小乔木。VIC；尚未引种；滇川。

Eucalyptus vicina L.A.S. Johnson & K.D. Hill，硅土麻利。生于硅质土上。NSW；尚未引种；粤桂滇闽。

Eucalyptus victoriana Ladiges & Whiffin，维多利亚纤皮桉。乔木。VIC；尚未引种。

Eucalyptus victrix L.A.S. Johnson & K.D. Hill，白皮库力巴，Coolibah, Stooth-barked coolibah。小到中等乔木，广布于西澳和北澳泛滥平原和河边滩地。WA、NT；尚未引种；琼粤桂滇。

Eucalyptus viminalis Labill.，多枝桉，Manna gum, Ribbon gum。大乔木，通常树高30~50m，胸径1.5m，偶见高90m和径3m，在贫瘠干旱立地常为20m，多分枝；地理变异大，多枝桉沿东海岸湿润地区分布，从昆士兰南部向南延伸直至塔斯马尼亚，在良好立地形成高大受光林；重要用材树种，木材用途广泛；基本密度530~870kg/m^3；蜜源；3亚种。QLD、NSW、SA、VIC、TAS；已引种，需要做更多地理种源试验；粤桂滇闽浙川。

Eucalyptus virens Brooker & A.R. Bean，亮叶坚皮桉。乔木，25m，仅有4个野生群体，间断分布.QLD；尚未引种；琼粤桂滇。

Eucalyptus viridis R.T. Baker，绿麻利，Green mallee。麻利，用来生产桉叶油。QLD、NSW、VIC、SA；尚未引种；粤桂琼闽滇川。

Eucalyptus vokesensis D. Nicolle & L.A.S. Johnson，沃克斯麻利。耐干旱，分布于维多利亚大沙漠。SA；尚未引种；滇川。

Eucalyptus volcanica L.A.S. Johnson & K.D. Hill，火山桉。乔木，25m。NSW；尚未引种。

Eucalyptus wandoo Blakely，旺都桉，Wandoo。乔木，25m；西澳农业区代表性树种，生于树林地或受光林，萌蘖更新；重要用材树种，木材坚固耐久，耐火，用于建筑、地板、枕木等；基本密度1040~1155kg/m^3；2亚种。WA；尚未引种；滇。

Eucalyptus whitei Maiden & Blakely，怀特坚皮桉，White's ironbark。小到中等乔木，热带桉；特有种。QLD；尚未引种。

Eucalyptus woodwardii Maiden，柠檬黄花桉，Lemon-flowered gum。花丝柠檬黄色，花与果较大，在干旱地区用于园林观赏。WA；尚未引种；滇。

Eucalyptus wyolensis Boomsma，威奥拉湖麻利，Wyola Lake mallee。麻利；幼态叶厚革质，蓝灰色，仍见于成龄大树，花芽蒴果均呈蓝灰色；花丝淡黄色；宜作切花和庭园观赏；分布非常有限，SA；尚未引种；滇川。

Eucalyptus xanthoclada Brooker & A.R. Bean，黄枝铁皮桉，Yellow-branched ironbark。中等乔木，分布区非常有限。QLD；尚未引种。

Eucalyptus yarraensis Maiden & Cambage，亚拉桉，Yarra gum。乔木，20m。VIC；尚未引种。

Eucalyptus youmanii Blakely & McKie，尤曼桉，Youman's stringybark。乔木，21m，生于低山硬叶阔叶林。QLD、NSW；四川已引种，叶用来提取芦丁；粤桂滇川闽。

Eucalyptus youngiana F. Muell.，杨氏麻利，Yarldarlba。麻利，花丝红或黄色，蒴果大，果盘宽厚；宜作庭园观赏。WA；尚未引种；滇。

F

***Ficus* L.，榕属**，桑科（Moraceae）

澳大利亚 48 种，分布于热带亚热带地区。

Ficus coronata Spin，糙叶榕，Sandpaper Fig or Creek Sandpaper Fig。小到中等乔木，生于雨林或空旷地，沿溪流河岸生长，耐阴。果可食，叶粗糙，可用来砂光打磨器具；室内装饰植物或盆景。QLD、NSW、VIC；琼粤桂闽滇黔川

Ficus fraseri Miq. 水榕，White Sandpaper Fig，Shiny Sandpaper Fig。小乔木，6～15m，叶长 6～14cm，速生，观赏树种，种子繁殖容易。QLD、NSW 和新喀里多尼亚；琼粤桂闽滇黔川

Ficus macrophylla Desf. ex Pers.（Syn. *Ficus macrocarpa* Hugel ex Kunth & Bouche，*Ficus magnolioides*），大叶榕（大果榕），Moreton Bay fig。大乔木，50m，直径 2.4m，枝条扩展，冠大荫浓，具板根。叶革质，上表面亮绿色，下表面褐锈色，果紫红色，有白色斑点。榕小蜂授粉，鸟类传播种子，在其他寄主上面发芽，形成气根（支柱根），绞杀寄主。在澳大利亚东海岸雨林广泛分布，常用于景观建设，特别适宜面积较大街头绿地和公园遮阴。NSW、QLD；已引种；琼粤桂闽滇黔川

Ficus obliqua G. Forst.（Syn. *Ficus obliqua* G. Forst. var. *obliqua*，*Ficus eugenioides*（Miq.）F. Muell. ex Miq.），小叶榕，Small-leaved fig。大乔木，60m，分枝扩展，有大板根，果熟黄色，鸟可食。自然分布于澳大利亚东海岸和太平洋岛屿的热带雨林，沙王纳群落或干燥硬叶林，用于景观绿化，室内装饰植物或盆景。QLD、NSW；琼粤桂闽滇。

Ficus opposita Miq.，甜榕，Sandpaper fig，Sweet fig。灌木或小乔木，果由绿变红，熟时发黑，较其他榕树果实甜美。澳大利亚北部热带地区，NT、QLD；琼粤桂闽滇。

Ficus rubiginosa Desf. ex Vent.，悉尼榕，Rusty fig，Port Jackson fig，Little-leaf fig。乔木，30m，分枝常常很低，形态与大叶榕相似，分布于澳大利亚东部雨林边缘或山脚石灰岩，常生于石壁或建筑物之缝隙。QLD、NSW；已引种；琼粤桂闽滇黔川。

Ficus subpuberula Corner，岩生榕。小乔木，澳大利亚北部热带地区特有种。NT、QLD、WA；尚未引种；琼粤桂闽滇。

Ficus watkinsiana F.M. Bailey，瓦特金丝榕，Strangler fig，Watkins' fig，Nipple fig。大乔木，50m，半附生榕，根有镇痛作用。澳大利亚特有种。QLD、NSW；琼粤桂闽滇。

***Flindersia* R. Br.，福林德属**，芸香科（Rutaceae）。

乔木，木质部常呈鲜黄色。叶互生，羽状复叶或单叶或 3 小叶，小叶全缘。圆锥花序，花两性，蒴果木质。16 种，澳大利亚 11 种，多为雨林树种，木材优良（Boland *et al.*，2006；吴中伦等，1983）。

Flindersia australis R.Br.，福林德木，Australian teak，Crow's ash，Flindersia，Nutwood。乔木，40m，奇数复叶常集生枝端。NSW 中北部至 QLD 中南部沿海低地雨林地区；

福建南部及台湾有引种；琼粤闽桂滇。

Flindersia brayleyana F. Muell.，昆士兰福林德木，Silkwood，Red beech，Queensland maple。乔木，40m，偶数复叶，心材鲜粉红色至褐粉红色。QLD 东北部沿海雨林地带，边材白色至淡灰色，旋切、胶合板材、优质家具、装饰材；尚未引种；琼滇。

Flindersia schottiana F. Muell.，山地福林德木，Mountain ash，Stavewood，Southern silver ash，Floppy leaf ash。乔木，50m，奇数复叶。QLD 至 NSW 东北部沿海季雨林地区。木材银白色至淡黄色，纹理不明显，具光泽，家具、地板、工艺材、胶合板材、薄板材。尚未引种；琼粤闽桂滇。

G

***Geijera* Schott**，吉枝木属，英文俗名 Wilga，芸香科（Rutaceae）

灌木或乔木，单叶全缘，圆锥花序腋生或顶生，花两性，4～5 数。本属 8 种，分布于澳大利亚及西太平洋岛屿。防护、芳香、观赏及饲料用树种。

***Geijera parviflora* Lindl.**，小花吉枝木，Wilga，Shrub wilga，Australia willow。常绿灌木或乔木，5～10m，枝叶披垂，叶线形至线状披针形，具油腺点，揉搓有浓烈芳香气，花瓣白色，花期 6～11 月。NSW、QLD 的内陆地带及相邻 VIC、SA 地区，尚未引种；粤闽桂滇川。

***Grevillea* R. Br.**，银桦属，英文俗名很多，Grevillea，Spider flower，Silky oak，Bottle brush toothbrush，山龙眼科（Proteacea）（Cayzer and Whitbread，2001）

银桦的拉丁文学名为纪念英国 Charles Francis Greville 爵士而命名的，他是英国皇家园艺学会创始人之一。银桦属大约 360 种，常绿乔木或灌木，从 50cm 高的匍匐灌木到树高 35m 大乔木，大部分自然分布于澳大利亚，常见于雨林或其他立地类型，巴布亚新几内亚、印度尼西亚和新喀里多尼亚亦有分布。叶互生，形态多变；花成对着生，颜色鲜艳，无花瓣，萼管 4 裂，内弯，4 枚花药着生其上，花柱细长，末端膨大，有蜜腺；蓇葖果。银桦属包括许多优良用材树种和观赏树种，杂种和园艺品种很多，花期长，适生范围广。易于繁殖，种子或插条。广泛引种栽培于世界各地，特别是北美和欧洲（Wrigley and Fagg，1989）。

***Grevillea agrifolia* A. Cunn. ex R. Br.**，蓝叶银桦，Blue Grevillea。灌木或小乔木，叶似冬青，长 12cm，热带地区观赏树种。WA、NT；尚未引种；琼粤桂闽。

***Grevillea albiflora* McGill.**，白花银桦，White spider flower。灌木或小乔木，枝条扩展，7m×5m，蓇葖果大，生于干旱半干旱地区。NT、QLD、NSW；尚未引种；琼粤桂闽滇川。

***Grevillea alpina* Lindl.**，山银桦，Mountain grevillea，Alpine grevillea，Cat's claws。灌木，0.3～2m，生于山地，比较耐寒，种内形态变异很大，花色红色、橘红色、粉红色或黄色。杂种、变型和栽培品种甚多，扦插繁殖容易，广泛应用于园艺和景观建设。NSW、VIC；尚未引种；粤桂闽滇黔川苏浙皖赣。

***Grevillea aquifolium* Lindl.**，冬青叶银桦，Holly grevillea，Holly-leaved grevillea。叶似冬青，叶缘有刺，多种变异类型见于各种立地，均较耐寒。VIC；尚未引种；粤桂闽滇川。

***Grevillea arenaria* R. Br.**，沙地银桦。灌木，3m，圆形扩展，地面覆盖植物，耐寒，扦插繁殖；3 亚种。NSW；尚未引种；粤桂闽滇。

***Grevillea aspleniifolia* Knight**，蕨叶银桦。灌木，3～4m，横向扩展 5m。叶长 25cm，全缘或。深裂；花序在短枝上顶生，长 5cm，花柱向一侧伸展，呈牙刷状，红色，美丽优雅。适应多种类型土壤，耐寒，易于扦插繁殖。护坡或地面覆盖植物，景观建

设或切花。NSW；尚未引种；粤桂闽滇黔川。

Grevillea australis R. Br.，高山银桦，Alpine grevillea。灌木，匍匐或直立，2m，是唯一自然分布于塔斯马尼亚岛的一种银桦，从海平面到海拔1400m，喜温凉湿润。花小白色，入夜馨香。变种很多，难以辨认，适应性都很强，耐寒，用作地面覆盖植物或庭园美化。NSW、VIC、TAS；尚未引种；粤桂闽滇川黔湘赣浙皖。

Grevillea baileyana McGill.，白丝银桦，White oak，Findlay's silky oak。乔木，25～30m，见于热带雨林、雨林边缘和稀树草原。羽状复叶，长6～45cm，小叶6～9对，深裂，上表面光滑深绿，下表面被黄色丝状毛，风吹甚美；花序白色醒目，顶生于侧枝；木材粉红色，纹理美丽，用于细木工。优良用材和观赏树种，不抗风。QLD；粤桂琼滇闽。

Grevillea banksii R. Br.，班克斯银桦，Red silky oak，Dwarf silky oak，Banks' grevillea，Byfield waratah，在夏威夷被称做Kahili flower或Kahili tree。从匍匐灌木到小乔木，7m，种内变异很大，自然变型和园艺品种很多。有些匍匐类型是海滨地带很好的地面覆盖植物，耐盐碱；白花和红花类型都是优良庭园观赏植物。QLD；尚未引种；粤桂闽滇。

Grevillea barklyana F. Muell. ex Benth.，大叶银桦，Gully grevillea，Large-leaf grevillea。灌木或小乔木，8m，花和叶都具有观赏性，耐寒。VIC；尚未引种；粤桂闽滇川浙黔。

Grevillea beadleana McGillivray，彼得银桦。灌木，0.8～2.5m，枝条稠密，向外扩展，耐寒，速生。NSW；尚未引种；粤桂滇闽。

Grevillea bedggoodiana J.H. Willis ex McGill.，阔叶铺地银桦。匍匐灌木，0.5m，地面覆盖植物，耐寒，易繁殖。VIC；尚未引种；浙闽滇川粤桂。

Grevillea buxifolia（Sm.）R. Br.，天鹅颈银桦，Grey spider flower。灌木，1.5m；叶椭圆形或卵圆形，全缘；花顶生，蓝灰色，花开后花柱保持弯曲，似天鹅颈，馥郁馨香；种内有许多变种和栽培品种，可做切花，适应性强，易于繁殖。NSW；尚未引种；粤桂滇闽。

Grevillea caleyi R. Br.，卡雷银桦，Caley's grevillea。灌木，3m，枝条扩展5m，有些植株常年开花，在悉尼常植于花园。NSW；尚未引种；粤桂滇闽。

Grevillea capitellata Meisn.，展枝银桦。匍匐灌木，0.5m，枝条稠密，伸展，地面覆盖植物，耐寒，扦插繁殖。NSW；尚未引种；浙闽滇川粤桂。

Grevillea chrysophaea F. Muell. ex Meisn.，金花银桦，Golden grevillea。灌木，1.5m，花金黄色，美丽耐寒。VIC；尚未引种；浙闽滇川粤桂。

Grevillea confertifolia F. Muell.，密叶银桦，Grampians grevillea，Dense-leaf grevillea。匍匐，灌木，50cm，枝条扩展；线形叶，圆柱状，花色独特，紫红；极易繁殖，耐寒。VIC；尚未引种；浙闽滇川粤桂。

Grevillea coriacea McGill.，亮叶银桦。灌木或小乔木，15m。QLD；尚未引种；粤桂琼滇闽。

Grevillea cyranostigma McGill.，绿花银桦，Carnarvon grevillea，Green grevillea。灌木，70cm，多分枝，扩展；花绿色，花柱长；分布区很有限。QLD；尚未引种；粤桂

琼闽。

Grevillea decurrens Ewart，灰绿银桦。灌木，5m，叶灰绿色，持续开花。分布于西澳和北澳热带地区。WA、NT；尚未引种；琼粤桂闽。

Grevillea diffusa Sieber ex Spreng.，铺地银桦。灌木，0.5～1m，匍匐，地面覆盖植物，适应性强，耐寒。NSW；尚未引种；粤桂闽滇川。

Grevillea dimidiata F. Muell.，半边叶银桦。灌木，5m，叶半边镰形，中脉在叶缘，叶长25cm；热带观赏树种。WA、NT；尚未引种；琼滇粤桂闽。

Grevillea diminuta L.A.S. Johnson，小花银桦。灌木，0.5～0.7m，叶椭圆形，耐寒，扦插繁殖。NSW；尚未引种；粤桂滇闽川黔。

Grevillea dimorpha F. Muell.，橄榄叶银桦，Olive grevillea，Flame grevillea。灌木，1.5m，叶似油橄榄，花红色，花期长，耐寒，适应性强。VIC；尚未引种；滇川闽。

Grevillea dryandri R. Br.，细裂银桦，Dryander's grevillea。灌木，1m，扩展2m，叶深裂至中肋，花红色，热带亚热带优美花园之物。WA、NT、QLD；尚未引种；琼粤桂滇闽川。

Grevillea epicroca Stajsic & Molyneux，莫如亚银桦，Moruya grevillea。灌木，2m，花红色，簇生美丽，观赏，比较耐寒。NSW；尚未引种；粤桂滇闽。

Grevillea eriostachya Lindl.，金火焰银桦，Yellow flame grevillea。灌木，2m，穗状花序顶生，黄色或橘黄色，似火焰，全年开花，蓇葖果宿存。自然分布于澳大利亚西部和西北部干旱地带，WA，NT；尚未引种；滇闽川粤桂。

Grevillea evansiana MacKee，伊万斯银桦，Evans grevillea。灌木，0.5m，花暗红色。NSW；尚未引种；粤桂滇闽。

Grevillea excelsior Diels，红火焰银桦，Orange flame grevillea。灌木或小乔木，2～8m，花序长穗状，橘红色。WA；尚未引种滇川。

Grevillea floribunda R. Br.，多花银桦，Seven dwarfs grevillea。灌木，0.4～1.8m，种内多变异，花橘红色，耐寒，扦插繁殖。QLD、NSW；尚未引种；粤桂滇闽川。

Grevillea formosa McGill.，黄花银桦。低矮匍匐灌木，0.7m，叶羽状深裂，花黄色，美丽，优良地面覆盖植物。NT；尚未引种；琼粤桂滇闽。

Grevillea glauca Banks & Solander ex Knight，长灰叶银桦，Bushman's clothes peg。灌木或乔木，10m，叶灰绿色，长达20cm，花乳白色或淡绿色；速生，优良热带观赏树种；巴布亚新几内亚、QLD；尚未引种；粤桂琼滇闽。

Grevillea glossadenia McGill.，舌腺银桦。灌木，2m，花鲜红，叶亮绿，叶脉凸显。热带湿润地区观赏树种。QLD；尚未引种；粤桂琼闽滇。

Grevillea goodii R. Br.，古德银桦。匍匐灌木，扩展3m，美丽，地面覆盖植物，2亚种。NT、QLD；尚未引种。粤桂琼滇闽川。

Grevillea heliosperma R. Br.，岩银桦，Rock grevillea。灌木，3～5m，偶见8m小乔木，叶长30cm，花深粉红色，优美花园观赏植物。NT、QLD；尚未引种；琼粤桂滇闽。

Grevillea helmsiae F.M. Bailey，海姆斯银桦。小乔木，13m，叶深绿，花淡绿。QLD特有种；尚未引种；粤桂琼闽。

Grevillea hilliana F. Muell.，希尔银桦，white yiel，white silky oak，grey oak，Hill's silky oak，yill gill。大乔木，30m，生于湿润雨林；叶长45cm，上表面深绿色，下表面银白色，花乳白色，干形优美；木材花纹美丽，经久耐用；庭园观赏和用材树种；QLD、NSW；尚未引种；粤桂琼闽滇川。

Grevillea humilis R.O. Makinson，毛枝银桦。匍匐灌木，0.3～1.3m，花红色，地面覆盖植物。NSW；尚未引种；粤桂滇闽。

Grevillea ilicifolia (R. Br.) R. Br.，冬青叶银桦，Holly-leaf grevillea。灌木，2m，叶形类似冬青，形态多变；3变种，均耐寒，易栽培。SA、VIC；尚未引种；粤桂闽滇。

Grevillea jephcottii J.H. Willis，绿银桦。直立灌木，3m，常见于海拔600～1000m的山脊。全株绿色，花色亮绿。VIC；尚未引种；滇川闽。

Grevillea johnsonii McGill.，约翰逊银桦。灌木，2～5m，球形；叶羽状深裂成狭线形，叶片总长12～25cm，暗绿，花顶生或生于叶腋，红色或奶油色；树形美丽，比较耐寒，庭园观赏。NSW；尚未引种；粤桂闽滇川琼。

Grevillea juncifolia Hook.，沙地灰叶银桦，Honeysuckle grevillea。灌木或小乔木，2～7m；枝叶灰绿色，花黄色或橘黄色。澳大利亚内陆干旱半干旱地区，NT、WA、QLD、SA、NSW；尚未引种；滇川。

Grevillea juniperina R. Br.，刺柏银桦，Juniper grevillea。灌木，2m，叶短且尖，类似刺柏，花色变异很大，绿色黄色或粉红色；种内有很多变种和园艺栽培种。QLD、NSW海岸地带；尚未引种；粤桂琼闽滇川。

Grevillea lanigera A. Cunn. ex R. Br.，羊毛叶银桦，Woolly grevillea。灌木，直立或匍匐，1.5m，叶短小多毛，花绿色、奶油色或粉红色。此种长期人工栽培，有许多商业品种。NSW、VIC；尚未引种；粤桂滇闽。

Grevillea laurifolia Sieber ex Spreng.，牙刷银桦。匍匐灌木，扩展5～6m；花红色，花柱向一侧伸展，呈牙刷状。优良地面覆盖植物。NSW；尚未引种；粤桂滇闽琼。

Grevillea leiophylla Benth.，光叶银桦。灌木，1m，叶形特别，生于岩石裸露坡地，扩展。QLD；尚未引种；琼粤桂滇闽。

Grevillea linearifolia (Cav.) Druce，细叶银桦。灌木，1～3m，叶线形，花白色，易于扦插繁殖，广泛栽培，庭园观赏。NSW；尚未引种；粤桂滇闽。

Grevillea linsmithii McGill.，史密斯银桦。灌木，1～2m，濒危种。QLD、NSW；尚未引种；粤桂滇闽。

Grevillea longifolia R. Br.，蕨叶银桦，Fern-leaf grevillea。灌木，3～4m，枝条横向扩展大5m，地面覆盖植物。在法国栽培用作观叶植物。适应性强，耐寒。NSW；尚未引种；粤桂滇闽川。

Grevillea longistyla Hook.，长花柱银桦。灌木，2～3m，叶灰绿色，花红色或橘红色，花柱长，美丽，生于林中或疏林地。QLD；尚未引种；粤桂琼闽。

Grevillea macleayana (McGill.) Olde & Marriott (Syn. *Grevillea barklyana* subsp. *macleayana* McGill.)，杰维斯湾银桦，Jervis Bay grevillea。灌木，1～3m，枝条扩展，花红色。NSW；尚未引种；粤桂闽滇。

Grevillea mimosoides R. Br.，相思叶银桦。灌木或小乔木，2～10m，花白色或淡黄色，生于澳大利亚北部热带萨王纳疏林。WA、NT、QLD；尚未引种；琼粤桂滇川。

Grevillea miniata W. Fitzg., 橙花银桦。灌木, 2~5m, 叶色灰绿, 花黄色、橙色或红色, 生于热带干旱地区岩石坡地或沿水系生长。WA; 尚未引种; 滇川琼。

Grevillea miqueliana F. Muell., 卵叶银桦, Oval-leaf grevillea。灌木, 2m, 枝叶俱美, 花园观赏植物。VIC; 尚未引种; 粤桂滇闽。

Grevillea mucronulata R. Br., 绿花银桦, Green spider flower, Green grevillea。灌木 3m, 叶形多变, 花绿色。NSW; 尚未引种; 粤桂滇闽。

Grevillea myosodes McGill., 香花银桦。灌木, 2m, 花奶油色或黄色。澳大利亚北部热带地区, WA、NT; 尚未引种; 粤桂琼滇。

Grevillea nematophylla F. Muell., 线叶银桦。灌木或小乔木, 1~6m, 偶见 10m, 花白色、奶油色或粉红色, 在干旱地区沿水系或生长于地下水丰富立地。WA、NT、NSW、SA; 尚未引种; 粤桂闽滇川。

Grevillea obliquistigma C.A. Gardner, 白斜花银桦。灌木, 0.3~4m, 生于沙地, 花白色或淡黄色, 馨香, 可做地面覆盖植物, 种子或扦插繁殖。WA; 尚未引种; 粤桂滇闽。

Grevillea obtusiflora R. Br., 灰银桦。灌木, 有 2 亚种: *Grevillea obtusiflora* subsp. *obtusiflora* 和 subsp. *fecunda*, 前者具有根蘖能力。自然分布于大分水岭西坡。NSW; 尚未引种; 粤桂闽滇。

Grevillea oldei McGill.（Syn. *Grevillea trinervis* R. Br.）, 奥尔德银桦。灌木, 1.2m, 花红色, 生于灌丛或疏林地。NSW; 尚未引种; 粤桂闽滇川。

Grevillea oleoides Sieber ex Schult. & Schult.f., 橄榄叶银桦, Red spider flower。灌木, 3m, 叶椭圆形, 花红色, 生于悉尼周围湿润立地或沼泽。NSW; 尚未引种; 粤桂闽滇川。

Grevillea pachylostyla（McGill.）Olde & Marriott（Syn. *Grevillea willisii* subsp. *pachylostyla* McGill.）, 布侃河银桦, Buchan River grevillea。灌木, 1.5m, 生于维多利亚东部高地, 花被奶油色, 背面黑色, 花柱奶油色。VIC; 尚未引种; 粤桂闽滇。

Grevillea paniculata Meissner, 锥花银桦。灌木, 2.5m, 叶二至三回深裂, 花序有时分枝。生于沙地, 耐盐, 适应性强, 易于无性繁殖。WA; 尚未引种; 粤桂滇闽。

Grevillea parallela Knight, 三脉银桦。小乔木, 8m, 纤细, 叶片下表面可见三条平行叶脉, 广泛见于澳大利亚北部热带地区。WA、NT、QLD, 庭园观赏; 尚未引种; 琼粤桂滇闽川。

Grevillea parviflora R. Br., 小花银桦, Small-flower grevillea。有 2 亚种: *Grevillea parviflora* subsp. *parviflora* 和 *Grevillea parviflora* subsp. *supplicans*。灌木, 匍匐或直立, 通常高不足 1m, 叶短小, 花小, 白色, 地面覆盖植物。NSW; 尚未引种; 粤桂闽滇川。

Grevillea polybractea H.B. Will., 多苞银桦, Crimson grevillea。灌木, 1.5m, 花红色, 易于扦插繁殖; 根易感病。NSW; 尚未引种; 粤桂滇闽。

Grevillea polychroma（Molyneux & Stajsic）Molyneux & Stajsic（Syn. *Grevillea brevifolia* subsp. *polychroma* Molyneux & Stajsic）, 多色银桦, Royal grevillea。灌木, 1~3m, 花红色或丁香色, 维多利亚特有种。尚未引种; 粤桂闽滇川。

Grevillea prasina McGill., 绿银桦。灌木, 1~2.5m, 花色淡绿, 生于疏林空地。WA、NT; 尚未引种; 粤桂琼点。

Grevillea pteridifolia Knight，金鹦鹉银桦。英文俗名很多，Silky grevillea，Darwin silky oak，Ferny-leaved silky oak，Fern-leaved grevillea，Golden grevillea，Golden tree，Golden parrot tree。匍匐灌木或直立乔木，10m，花序长，鲜艳醒目；分布于澳大利亚北部热带地区，有多种园艺品种，用作行道树或地面覆盖植物。WA、NT、QLD；尚未引种；粤桂闽琼滇川。

Grevillea pterosperma F. Muell.，沙漠银桦，Desert grevillea。灌木，4m，花奶白色，叶灰绿色，生于干旱地区阳光充足的沙地。WA、SA、NSW；尚未引种；琼滇川。

Grevillea pungens R. Br.，火焰银桦，Flame grevillea。灌木，1~3m，生于桉树疏林地。NT；尚未引种；粤桂琼滇。

Grevillea pyramidalis R. Br.，金字塔银桦，Caustic bush。灌木或小乔木，2~6m，生于砾石裸露立地，花乳白色。WA、NT；尚未引种；粤桂琼。

Grevillea ramosissima Meisn.，多枝银桦，Fan grevillea。灌木，2m，有 2 亚种：*Grevillea ramosissima* Meisn. subsp. *ramosissima*，分布于 NSW 和 ACT；*Grevillea ramosissima* subsp. *hypargyrea*（F. Muell.）Olde & Marriott，分布于 VIC；适应性强，耐寒，易于繁殖。尚未引种；粤桂滇闽川。

Grevillea refracta R. Br.，银叶银桦，Silver-leaf grevillea。灌木，2~6m，花序红色或橘红色，向下弯曲；分布于澳大利亚北部热带地区，布里斯班有栽培。WA、NT；尚未引种；粤桂琼滇。

Grevillea robusta A. Cunn. ex R. Br.，银桦，Southern silky oak，Silky oak，Australian silver oak。大乔木，树高达 35m，胸径 1m，是银桦属中最高大的树种，自然分布于澳大利亚东部海岸雨林中溪流河岸。树干挺拔，树形优美，枝叶浓密，花色美丽；叶片长 30cm，二至三回羽裂；花序牙刷状，金黄色或橘黄色，广泛用作行道树和公园绿地等景观建设。银桦是优良用材树种，木材花纹美丽，木射线呈现绸缎般光泽，是家具和工艺品优良材料。银桦已经被广泛引种栽培于世界热带亚热带地区，除上述用途以外，在非洲、南亚和南美地区银桦栽植于茶园和咖啡园，用作侧方遮阴树种；在欧洲，银桦还用作室内装饰植物。银桦引入我国已有百年左右历史，在福建、台湾和广东的寺庙尚可见到早期引种的高大银桦，昆明、成都和赣州等城市将银桦用作行道树和庭园观赏。银桦在云南楚雄开花结实。

Grevillea rosmarinifolia A. Cunn.，迷迭香银桦，Rosemary grevillea。灌木，0.3~2m，叶线形，似迷迭香，花红色或粉红色，蜜腺发达，优美庭院观赏灌木，有许多栽培品种；NSW、VIC；尚未引种；粤桂闽滇川。

Grevillea scortechinii（F. Muell.）F. Muell. ex Scort.，黑银桦，Black grevillea。灌木，30cm，匍匐，沿地面伸展。叶色深绿，花深紫色，几近于黑，适应各种类型土壤，耐寒，易于繁殖，优良地面覆盖植物。NSW 特有种；尚未引种；粤桂滇闽川黔。

Grevillea sericea（Sm.）R. Br.，毛银桦。灌木，1.5m，见于悉尼附近，扦插繁殖。NSW；尚未引种；粤桂滇闽。

Grevillea sessilis C.T. White & W.D. Francis，无柄银桦。灌木，4m，花乳白色，无柄。QLD 特有种；尚未引种；粤桂滇闽琼。

Grevillea speciosa（Knight）McGill.，红轮花银桦，Red spider flower。灌木，3m，种内

多变异；花红色轮状，醒目，优美观赏灌木。NSW；尚未引种；粤桂闽滇。

Grevillea stenobotrya F. Muell.（Syn.*Grevillea livea* Ewart & M.E.L.Archer, *Grevillea simulans* Morrison），沙丘银桦，Rattle-pod grevillea, Sandhill grevillea, Sandhill spider flower。灌木或小乔木，1.5～6.0m，花色乳白色、淡黄色或淡粉色，生于澳大利亚中部干旱沙地。可用作绿篱，扦插繁殖。WA、NT、QLD、NSW、SA；尚未引种；粤桂琼滇川。

Grevillea striata R. Br.，红木银桦，Beefwood, Western beefwood, Beef oak, Beef silky oak, Silvery honeysuckle。灌木或小乔木，3～15m，胸径60cm；树冠稀疏，树皮粗糙纵裂，叶银灰色，宽带状，1cm×45cm，扭曲，下表面明显可见7～13条平行脉；木材花纹美丽，坚韧耐久，可作建筑、地板、雕刻和木炭。该树种生长较慢，在干旱地区用作景观建设和蜜源植物。除维多利亚和塔斯马尼亚外，在其他各州均有分布；尚未引种；此种可能尤其适合川滇干热河谷和海南西部栽植。

Grevillea venusta R. Br.，美丽银桦，Byfield spider flower。灌木，4m，叶子亮绿色，鲜见，长达19cm，3裂；花橘红色，花柱微黑，美丽馨香，可做插花；适应多种类型土壤，速生，易于扦插繁殖。QLD；尚未引种；粤桂滇闽琼。

Grevillea victoriae F. Muell.，维多利亚银桦，以维多利亚女王命名，Royal grevillea, Mountain grevillea。灌木，2m，花开前锈红色，开后深红色，花期长，从春至秋，优美观赏灌木。有3亚种：*Grevillea victoriae* subsp. *victoriae*、*Grevillea victoriae* subsp. *brindabella* 和 *Grevillea victoriae* subsp. *nivalis*；很多园艺品种，适应性强，耐寒，易于扦插繁殖。NSW、VIC；尚未引种；粤桂滇闽川。

Grevillea whiteana McGill.，怀特银桦，Mundubbera grevillea。灌木或小乔木，2～9m，花乳白色，具有强烈香气，组培繁殖，有许多园艺品种。QLD特有种；尚未引种；粤桂滇闽琼。

Gymnostoma L.A.S. Johnson，裸孔木麻黄属，木麻黄科（Casuarinaceae）

属名源于希腊语 *gymnos*（裸露的）和 *stoma*（有孔的），系指小枝上有裸露的气孔。高大灌木或乔木，18种；雌雄异株或同株。常绿嫩枝和落叶枝条相似，节横切面呈四方形；枝上沟槽浅而开张，气孔裸露，齿叶4～20枚。雌性花生长在短或长的小枝上。球果大部分生长营养枝上，苞片宽，突起，在球果背上呈圆形凸起。小坚果具翅，有细槽，无毛，黄褐或灰色，无光泽。染色体 $2n=16$。分布于马来西亚、斐济、新喀里多尼亚、澳大利亚东南部，其中澳洲木麻黄为澳大利亚特有种（Prider and Chrsitophel, 2000）。

Gymnostoma australianum L.A.S. Johnson，澳洲木麻黄，Australian sheoak。乔木，4～7m，雌雄同株或异株；具板根，树冠宽大扁平，树形烛台状，树皮褐色开裂，小枝长13cm，坚硬，上举，新枝具铁锈色或白色柔毛。QLD，见于河溪附近的雨林或云雾林中；尚未引种；琼粤闽桂滇。

Gymnostoma chamaecyparis（Poiss.）L.A.S. Johnson，扁柏木麻黄。乔木，20m，树冠塔形，小枝直立。新喀里多尼亚，生长于高原山地；尚未引种；闽粤桂滇。

Gymnostoma deplancheanum（Miq.）L.A.S. Johnson，德普兰克木麻黄。小乔木，4～5m。新喀里多尼亚，可在铁铝富集土壤上生长；尚未引种；琼粤闽桂。

Gymnostoma glaucescens（Schlechter）L.A.S. Johnson，粉绿木麻黄。乔木，10～15m，树冠灰白色，树皮灰棕色，侧枝平展或上弯，小枝直立。新几内亚，山地；尚未引种；琼粤闽桂。

Gymnostoma intermedium（Poiss）L.A.S. Johnson，新几内亚木麻黄。乔木。新几内亚，山地；尚未引种；琼粤闽桂。

Gymnostoma leucodon（Poiss）L.A.S. Johnson，银齿木麻黄。乔木。新几内亚；尚未引种；琼粤闽桂。

Gymnostoma nobile（Whitmore）L.A.S. Johnson，富贵木麻黄，Amun，Embun。乔木，25～40m，侧枝平展。印度尼西亚、马来西亚和菲律宾，从滨海泥炭沼泽至1300m高山的贫瘠沙地到多石的土壤均可生长；尚未引种；琼粤闽桂。

Gymnostoma nodiflorum（Thumb.）L.A.S. Johnson，节花木麻黄。新喀里多尼亚特有种。未引种，琼粤桂

Gymnostoma papuanum（Jung. ex De Vriese）L.A.S. Johnson，巴布亚木麻黄。乔木，10～30m；巴布亚新几内亚、所罗门群岛，生于山区河边或次生林边缘；尚未引种；琼粤闽桂。

Gymnostoma poissonianum（Schlechter）L.A.S. Johnson，波森木麻黄。新喀里多尼亚特有种。未引种，琼粤桂。

Gymnostoma rumphiarum（Miq.）L.A.S. Johnson，罗非木麻黄，Weeping Ru。乔木，10～25m。菲律宾、印度尼西亚马鲁古群岛、巴布亚新几内的新不列颠岛和新爱尔兰岛、Bismarck群岛等，多生长在火烧坡地、石灰岩或火山口附近山地，从低海拔到1100m高山均有分布；尚未引种；琼粤闽桂。

Gymnostoma sumatranum（Jungn. ex Devriese）L.A.S. Johnson，苏门答腊木麻黄，Rhu Bukit, Sumatran Ru。乔木，30m。婆罗洲、菲律宾等，从海平面至1000m高山均有分布，在贫瘠或酸性土壤上生长良好；尚未引种；琼粤闽桂。

Gymnostoma vitiense L.A.S. Johnson，斐济木麻黄。小乔木，生于马鲁鲁-来来岛（Malolo-lailai），斐济特有种。未引种，琼粤桂。

H

***Hakea* Schrad. & J.C. Wendl.**，哈克木属，山龙眼科（Proteaceae）

澳大利亚特有属，约 150 种（Cayzer and Whitbread, 2001）。灌木或小乔木，0.5～10m，不同种之间形态变异很大，花、果、叶各不相同，千奇百怪。叶互生，扁平或圆柱形；花腋生，稀顶生，蓇葖果大，木质，火烧后开裂，种子释放；有些种具木质瘤或基部膨大，萌蘖更新。哈克木遍布澳大利亚，生于雨林以外的各种立地类型，西澳大利亚的西南角种类尤多。由于形态奇异，广泛种植于公园绿地。欧美很早引种，我国尚未引种（Wrigley and Fagg, 1989）。

Hakea arborescens R. Br.，热带哈克木，Common hakea。灌木或小乔木，2～8m，生于澳大利亚北部热带地区萨王纳群落；叶线形，扁平，蓇葖果，可玩赏。WA、NT；尚未引种；琼粤桂滇。

Hakea bakeriana F. Muell. & Maiden，贝克哈克木。圆形灌木，2m×2m，具有木质瘤，常见于干燥硬叶林；叶圆柱形，花粉红色，蓇葖果大而醒目，种子宿存，种子或扦插繁殖。NSW；尚未引种；粤琼桂闽滇川。

Hakea baxteri R. Br.，扇叶哈克木，Fan hakea。灌木，1.5m，叶扇形，奇特，花粉红色；耐干旱，适应性强。WA、SA；尚未引种；滇川。

Hakea chordophylla F. Muell.，长叶哈克木，Corkwood。灌木或小乔木，2～6m，具木质瘤，树皮厚，似木栓；叶细长坚韧，22～42cm；花黄色，种子具翅。分布于澳大利亚中北部热带地区，喜光照充足和排水良好立地。DLD、NT、WA；尚未引种；琼粤桂滇。

Hakea cucullata R. Br.，贝壳叶哈克木，Scallops, Hood leaved hakea。灌木，5m，叶阔圆形，似扇贝，叶缘波状，花粉红色，腋生；形状奇异。自然分布于西澳大利亚，但引种至东部布里斯班开花结实，WA；尚未引种；粤桂闽滇。

Hakea dactyloides (Gaertn.) Cav.，指果哈克木，Finger hakea。灌木，2～5m，叶披针形，长 10cm，3 条主脉明显，形状优美，新叶铜锈色。自然分布于澳大利亚东南沿海，可作屏障植物，适应性强，易于繁殖。NSW、QLD；尚未引种；粤桂琼闽滇川。

Hakea decurrens R. Br.，针叶哈克木，Bushy needlewood。灌木，3m，叶针状，花白色，树形优美，庭园观赏。NSW；尚未引种；粤桂闽滇。

Hakea divaricata L.A.S. Johnson，沙漠哈克木，Corkwood。灌木，2～6m，自然分布于澳大利亚中部大沙漠，极端耐干旱。WA、NT、SA、QLD；尚未引种；粤桂琼滇。

Hakea eriantha R. Br.，毛花哈克木，Tree hakea。灌木，4m，花丝羊毛状，适应性强，较耐寒，用作观赏绿化；NSW、VIC；尚未引种；粤桂滇闽。

Hakea eyreana (S. Moore) McGill.，艾尔哈克木，Straggly Corkbark。小乔木，6m，枝条密生茸毛，花黄绿色或黄色；生于澳大利亚中部辛普森大沙漠，极耐干旱。WA、NT、SA、NSW、QLD；尚未引种；粤桂琼滇川。

Hakea florulenta Meisn.，多花哈克木。灌木，2m，叶阔披针形，花白色，气味芬芳；

热地亚热带花园灌木，喜湿润，耐修剪。QLD、NSW；尚未引种；粤桂琼闽滇。

Hakea fraseri R. Br.，弗雷泽哈克木，Fraser's hakea。灌木或小乔木，3～6m，具木质瘤。热带干旱地区可用作行道树，街头绿地。QLD；尚未引种；粤桂琼闽滇川。

Hakea gibbosa（Sm.）Cav.，球果哈克木。灌木，1～2m，叶刺状，花乳白色，果球形，表面具2喙状刺，适宜滨海绿化。NSW；尚未引种；粤桂琼闽。

Hakea ivoryi F.M. Bail.，爱沃瑞哈克木，Ivorys hakea。乔木，10m，干旱地区遮阴，木材用于雕刻。QLD、NSW；尚未引种；琼滇川。

Hakea laurina R. Br.，月桂叶哈克木，Pincushion hakea。灌木或小乔木，6m，垂枝，叶脉明显，花鲜红色，美丽。自然分布于澳大利亚西南部，但却适应湿润热带，是最广泛引种栽培的哈克木之一。WA；尚未引种；粤桂滇闽。

Hakea leucoptera R. Br.，白翅哈克木，Needlewood，Water tree。小乔木，6m，广泛分布于澳大利亚中部干旱地区；木材含水，澳大利亚土著用作水源，树根制作烟斗；花为蜜源；适应性强，寿命长，在干旱地区用作防护林带。WA、NT、QLD、NSW、SA、VIC；尚未引种，粤桂琼滇川。

Hakea lorea R. Br.，长叶哈克木，Western cork tree。小乔木，6m，分枝少，树干有栓皮，沟裂；叶圆线形，60cm，下垂，哈克木属中叶子最长；花淡黄色，有蜜腺，芳香；树形优美，在布里斯班用作行道树。QLD；尚未引种；粤桂琼滇闽。

Hakea macrocarpa R. Br.，大果哈克木。灌木或乔木，1～6m，叶线形，扁平，花奶油色，澳大利亚北部热带地区；尚未引种；琼粤桂滇。

Hakea microcarpa R. Br.，小果哈克木，Small fruit hakea。灌木，1.5m，喜湿润凉爽，生于沼泽或灌丛。NSW、TAS；尚未引种；粤桂闽滇川。

Hakea plurinervia F. Muell. ex Benth.，多脉哈克木。灌木，3m，叶长17cm，叶脉明显，5～9条，花序球形，乳白色；适应性强，比较耐寒。QLD；尚未引种；粤桂琼闽滇。

Hakea propinqua A. Cunn.，悉尼哈克木。灌木，2～3m，花小，白色，果大；生于悉尼附近滨海和蓝山，两者形态差异较大，但均有栽培。NSW；尚未引种；粤桂闽滇。

Hakea prostrata R. Br.，匍匐哈克木，Harsh hakea。灌木，匍匐状，叶缘有刺，似枸骨冬青；适应性强，可作绿篱屏障。WA；尚未引种；滇闽粤桂川。

Hakea purpurea Hook.，红花哈克木。灌木，3m，花红色，鲜艳，喜光照充足和排水良好立地。QLD、NSW；尚未引种；粤桂琼闽滇。

Hakea salicifolia（Vent.）B.L. Burtt，柳叶哈克木，Willow-leaved hakea。灌木或小乔木，5m，生于湿润谷地雨林边缘或硬叶林中；叶线形，扁平，花奶油色，芬芳；树形优美，广泛栽培用作行道树，景观建设，欧美国家引种；另有园艺品种，叶奶油色；易于繁殖，种子或插条。QLD、NSW；尚未引种；粤桂琼闽滇川。

Hakea smilacifolia Meissner，异叶哈克木。灌木，1m，叶形奇特。WA；尚未引种；滇粤桂闽。

Hakea teretifolia（Richard Salisb.）Britten，圆柱叶哈克木，Dagger hakea。灌木，3m，适应性最强的一种哈克木，见于各种立地；可作绿篱。NSW、VIC、TAS；尚未引种；粤桂闽滇川。

Hakea trineura（F. Muell.）F. Muell.，三脉哈克木。灌木或小乔木，叶椭圆形，3条主

脉明显，花黄绿色；速生，具有一定耐寒性。QLD、NSW；尚未引种；粤桂琼闽滇。

Hakea varia R. Br.，变叶哈克木，Variable-leaved hakea。灌木，3m，叶形多变，即便在同一植　株上，也会有不同形状叶子，针状，线形，全缘或 2 裂；澳大利亚东海岸引种成功。WA；尚未引种；粤桂闽滇。

Hakea victoria J. Drumm.，女王哈克木，Royal hakea，拉丁文学名纪念英国维多利亚女王。灌木，2.5m，生于砾质砂壤和阳光充足立地；叶圆形坚挺，表面窝凹，波状，边缘有齿刺，直径可达 12cm；叶子颜色最具特色，叶缘绿色，叶面主要部分的色彩随年龄变化，第 1 年鲜黄色，第 2 年橘黄色，而后变成鲜红色。花开春季，腋生，乳白色，花梗粉红色，花柱末端球果状；果木质，果爿上半部被有木栓，内面光滑，种子宿存。女王哈克木叶形奇特，色彩斑斓，蓝天白云之下犹如童话世界里的植物，被誉为世界上最美丽的观叶植物。许多地区引种栽培，新南威尔士州一个树木园最为成功，然而在栽培条件下树叶色彩不如野生环境中美丽迷人。自然分布于澳大利亚西南部；值得在云南、四川和福建适宜环境引种试验，开发观赏灌木产业。

I

***Isopogon* R. Br.**，鼓槌树属，山龙眼科（Proteaceae）

大约 34 种，灌木，2m，偶见匍匐形，具木质瘤。花黄色，花被管状，4 裂，花药着生于裂片顶端；坚果卵形，被白色长毛。大部分分布于澳大利亚西南部，东部海岸带有 2 种，常见于灌丛或干燥硬叶林。在 19 世纪便引种到英国（Wrigley and Fagg，1989）。

Isopogon anemonifolius Salisb.（Knight），阔叶鼓槌树，Broad-leaved drumsticks。灌木，0.5～2.0m，取决于生长立地，叶美丽，花醒目，耐含盐海风。NSW；尚未引种；粤桂闽滇。

Isopogon petiolaris A. Cunn.，长柄鼓槌树。灌木，高不足 1m，扩展；叶长 14cm，叶片羽状深裂成线形，叶柄 9cm，色泽亮绿；花黄色，球形顶生，耐寒；可作岩石装饰或地面覆盖植物。NSW；尚未引种；粤桂闽滇。

L

***Lambertia* Sm.，蓝柏树属**，山龙眼科（Proteaceae）

属名纪念英格兰植物学家 A.B. Lambert，他发表了《松属》（*The Genus Pinus*，1803～1814）一书。灌木，偶见小乔木，11 种，分布于澳大利亚温带地区，东部只有 1 种（Wrigley and Fagg, 1989）。

***Lambertia formosa* Sm.**，美丽蓝柏，Mountain devil, Honey flower。灌木，2m，花红色，簇生枝顶，薄片颜色多变，有蜜腺；果实像动物（山羊）头；具有木质瘤。种子或扦插繁殖，常见于庭园观赏。NSW；尚未引种；粤桂闽滇。

***Leptospermum* J.R. Forster & G. Forster，澳洲茶属**（细子木属、澳洲茶属、鱼柳梅属），英文俗名 Tea-tree，桃金娘科（Myrtaceae）

常绿灌木或乔木，单叶互生，常小且硬，全缘，揉搓有芳香气，花单生或簇生叶腋，花瓣 5，蒴果革质或木质，3～5 片。83 种，分布于澳大利亚及东南亚，澳大利亚 80 种，各州均有分布，多生于高湿环境或热带沼泽。蜜源植物、精油植物，目前主要用于庭园栽培及切花，观赏品种众多，我国近年有零星引种。

Leptospermum brachyandrum (F. Muell.) Druce，垂枝澳洲茶，Weeping tea-tree。灌木或小乔木，6m，叶线状披针形，花白色，簇生，夏季开花。NSW、QLD 沿海地区；广东有试种；粤桂琼闽滇。

Leptospermum laevigatum (Gaertn.) F. Muell.，海滨澳洲茶，Coastal tea-tree。大灌木或小乔木，5m，花白色，花期 8～10 月。QLD、SA、TAS，耐寒，耐盐雾，扩散能力强，南澳、西澳及美国加利福尼亚用于固沙；尚未引种；琼粤桂闽浙滇。

Leptospermum lanigerum (Sol. ex Aiton) Sm.，绵毛薄子木，Silky tea-tree, Woolly tea-tree。灌木或小乔木，3m，花白色，花期 10 月至次年 1 月。NSW、VIC、TAS、SA；尚未引种；琼粤桂滇闽浙。

Leptospermum liversidgei R.T. Baker & H.G.Sm.，橄榄澳洲茶，Swamp may, Olive tea-tree, Lemon tea-tree。灌木，4m，花白色或粉红色，花期 1 月。NSW 东北部、QLD 东南部，耐旱，耐轻霜，耐修剪；尚未引种；琼粤桂闽滇。

Leptospermum macrocarpum (Maiden & Betche) Joy Thomps.，大果澳洲茶，Large-fruited tea-tree。灌木，1.5m，花白色、粉红色或红色，花期 10～12 月，耐寒，宜做切花。NSW 蓝山；尚未引种；粤桂闽浙。

Leptospermum polygalifolium Salisb.，坦顿澳洲茶，Tantoon, Yellow tea-tree。灌木，1.5～3m，或小乔木，7m，花白色、绿白色、粉红色，花期 8 月至次年 1 月。自 QLD 开普角（Cape York）至 NSW 的沿海地带及大分水岭两侧，不耐修剪；尚未引种；琼粤桂滇闽浙。

Leptospermum rotundifolium (Maiden & Betche) F. Rodway ex Cheel，圆叶澳洲茶，Round-leaf tea-tree。灌木，1～3m，花白色、粉红色至紫红色，径达 3cm，花期 11

月。NSW 中部沿海台地，耐轻霜，耐盐雾；尚未引种；粤桂闽浙。

Leptospermum scoparium J.R. Forst. & G. Forst.，玛努卡（扫帚叶）澳洲茶，Mānuka，Manuka myrtle，New Zealand tea-tree，Broom tea-tree，Tea-tree。灌木，2～5m，或小乔木，15m，花白色或粉红色，花期 10 月至次年 2 月。NSW、VIC、TAS、NZ，多观赏品种，优良蜜源、精油；广东零星试种，粤桂滇闽。

Leptospermum spectabile Joy Thomps.，艳花澳洲茶，Colo River tea-tree。灌木，3m，花深红色，花期 10～11 月。悉尼西北部，耐寒耐修剪；尚未引种；粤闽浙。

Leptospermum squarrosum Gaertn.，桃花澳洲茶，Peach blossom tea-tree。灌木，1～4m，花白色或粉红色，花期秋季到冬季甚至春季。NSW 中部沿海，耐湿、耐低温、耐盐碱；上海等地试种；粤闽浙沪。

Leptospermum petersonii F.M. Bailey，柠檬澳洲茶（彼得森澳洲茶），Lemon-scented tea-tree。灌木或小乔木，5m，叶具强烈柠檬气味，花白色，花期 12 月至次年 1 月。NSW、QLD 沿海地带，观赏及提取精油，耐修剪，非洲东部和南部及中美洲国家有商业栽培；华南植物园有引种；粤闽桂。

Lophostemon Schott，鸡冠胶木属，桃金娘科（Myrtaceae）

4 种，分布于澳大利亚东部海岸地带。乔木或灌木；叶互生或聚生于枝顶；花排成腋生的聚伞花序；裂片 5，宿存；花瓣 5，雄蕊多数，花丝基部常合生成 5 束，与花瓣对生；蒴果半球形或杯状，顶截平，种子少数，有时具翅。优良用材树种。

Lophostemon confertus（R. Br.）Peter G. Wilson & J.T. Waterh.（Syn. *Tristania conferta*），鸡冠红胶木，Brush box，Pink box，Queensland box。乔木，35～40m，最高 54m；树干通直，基部树皮粗糙，上部光滑，粉红色，树冠稠密，绿叶簇生。木材经久耐用，耐腐，抗白蚁。NSW、QLD，从沿海低地、台地至山地均有分布，常见于雨林至桉树林的过渡带；尚未引种；琼粤闽桂滇。

Lophostemon suaveolens（Sol. ex Gaertner）Peter G. Wilson & J.T. Waterh.，沼生红胶木，Swamp mahogany，Swamp terpentine。乔木，15m。QLD、NSW，沿海岸分布；尚未引种；琼粤闽桂。

M

***Macadamia* F. Muell.，澳洲坚果属，**山龙眼科（Proteaceae）

11 种，其中 7 种分布于澳大利亚，多为特有种，见于雨林。灌木或乔木，单叶轮生，叶全缘或有锯齿；穗状花序腋生或顶生，两性花，对称着生；腺体绕子房合生成杯或环，花柱长直，果实球形，外层厚硬；种子 1～2 枚，无翅。两种用于生产坚果，其他主要用作观赏（Wrigley and Fagg，1989）。

Macadamia integrifolia Maiden & Betche，澳洲坚果，Macadamia nut，Bauple nut，Queensland nut，Nut oak。中等乔木，20m，叶光滑闪亮，三片轮生，花白色，长 30cm，球形果绿色，成熟后变褐色。自然分布于昆士兰州雨林；优良坚果和观赏树种，引种到夏威夷后，培育许多优良园艺品种和无性系，常称为夏威夷坚果；中国已有引种；琼滇粤桂。

Macadamia tetraphylla L.A.S. Johnson，四叶澳洲坚果，Macadamia nut，Queensland nut，Roughshelled bush nut。中等乔木，18m，叶 4 片轮生，稀见 3 或 5 片轮生，生于沿海亚热带雨林。此种为另外一种常见的澳洲坚果，分布昆士兰东南部和新南威尔士北部；已引种，对霜冻敏感；琼粤滇川。以上两种之杂种，即 *Macadamia integrifolia*×*Macadamia tetraphylla*，也常用于干果生产。

***Macrozamia* Miq.，大泽米苏铁属，**英文俗名 Burrawang，澳洲苏铁科（Zamiaceae）

Burrawang 取自澳大利亚土著人语。38～40 种，全部为澳大利亚特有种，多分布于澳大利亚东部海岸地带，以昆士兰和新南威尔士为主（Morley and Toelken，1983）。

Macrozamia communis L.A.S. Johnson，大泽米苏铁，Burrawang。主要分布于 NSW 海岸地带，从 Armidale 向南至 Bega 700 km 海岸地带，尤其多见，生于桉树疏林，形成独特的森林景观。通常森林火灾之后，种子成熟，种子大，鲜红色，经过处理后可食。植株 10～20 年成熟，寿命 120 年左右。根可固氮，优良观赏植物。自然分布于 QLD、NSW；华南零星引种；粤桂琼闽滇黔川。

***Melaleuca* L.，白千层属，**英文俗名 Paperbark，桃金娘科（Myrtaceae）

约 250 种，分布于澳大利亚、印度、马来西亚、印度尼西亚、新几内亚和太平洋岛屿，澳大利亚约 100 种。乔木或灌木，树高 1～40m，树皮纸质，多层；叶互生，少数对生，革质，有油腺点，揉之有香气，基出脉数条；花无梗，排成紧密的穗状花序或头状花序，开花时花序伸长，状如试管刷，开花后花序轴继续伸长，而为叶枝；萼管近球形或钟形，檐部 5 裂；花瓣 5，甚小，脱落；雄蕊多数，白而泛绿，花丝基部合生，成 5 束与花瓣对生，背着药纵裂；子房下位或半下位，与萼管合生，3～4 室，每室有胚珠多数；蒴果半球形或圆形，顶端开裂，包藏于宿存萼管内；种子近三角形，种皮薄。白千层树种生于许多不同类型立地，常见于热带海滨沼泽和季节性积水的盐分含量较高的立地，但不见于雨林内，干燥地区也少有种类分布。西澳大利亚州西南地区种类最为丰富，在北方热带地区，有些白千层成为群落优势树种。白千层树种木材硬重，纹理交错，硅含量高，耐腐，抗白蚁，宜做海滨码头设施。在澳大利亚，许多白千层用于风景园林和景观建设。白千层属许多树种的叶和小枝含精油，用作香料和药用植物，提取卡介蒲提油，即澳洲茶树油（cajeput oil、tea-oil），具有杀菌、抗痉挛和发汗功效（Boland et al., 2006；Brophy et al., 2013）。通常所说澳洲茶树，有时还指桃金娘科澳洲茶属（Leptospermum）、康泽香属（Kunzea）和岗松属（Baeckea）等的一些枝叶含有芳香油的种类（Boland et al., 2006；Brophy et al., 2013）。

Melaleuca acacioides F. Muell., 海滨白千层, Coastal paperbark。乔木或灌木，1.5~10m，新梢被长柔毛，叶窄卵形，长 2~7cm，穗状花序白色，花期冬季至春季。木材黑色，精油含量 0.3%~0.8%，可用于沿海困难立地营建防护林。NT 北部和 QLD 约克角半岛，以及巴布亚新几内亚，红树植物海岸地带；尚未引种；琼粤桂。

Melaleuca acuminata F. Muell., 尖叶白千层, Mallee honeymyrtle。乔木或灌木，高至 4m，叶交互对生，窄椭圆形，长 5~10mm，穗状花序，奶油色或白色，花期春季。WA、SA、VIC 西部和 NSW 西南部，沙质、黏土质碱性立地，麻利群落。突尼斯引种栽培生产澳洲茶树油的主要树种；尚未引种；滇黔川桂。

Melaleuca alternifolia（Maiden & E. Betche）Cheel, 互叶白千层, 狭叶白千层, 澳洲茶树, Australian tea-tree, Narrow-leaved paperbark, Narrow-leaved tea-tree。灌木，2~3m，或小乔木，高至 14m，叶散生至轮生，线形，长 1.0~3.5cm，油腺点多，穗状花序乳白色，花期春至初夏为主。QLD 东南端至 NSW 北部沿海地区，沿河流和季节性淹水低地分布，土壤、气候适应性广，喜阳、喜湿润并排水良好立地。互叶白千层精油在本属植物中品质最佳，通称澳洲茶树油，其发现和使用已有一百多年的历史。初始，澳大利亚土著人将茶油树的叶子捣碎或煎水用于治疗皮肤病，后来人们逐步了解茶树油具有强力的消炎杀菌功效；NSW 及 QLD 南部与 NSW 交界地区；已引种；琼粤闽桂滇川渝。

Melaleuca argentea W. Fitzg, 银叶白千层, Silver cajuput, Silver-leaved paperbark。乔木，高可达 18~25m，新梢被银色丝状柔毛，枝梢披垂，叶银绿色，披针形，长 5~13cm，头状花序，花白色或奶油色，花期冬季至夏季。自 QLD、NT 至 WA 的澳大利亚北部湿热至干热气候地区，河岸和沼泽地周边常见，栽培用于观赏和防护林；尚未引种；琼粤桂滇。

Melaleuca armillaris（Sol. ex Gaertn.）Sm., 镯穗白千层, Bracelet honey-myrtle。灌木或小乔木，高至 8m，叶线形，长 0.5~2.5cm，白色密集穗状花序，花期春至初夏为主。种子大量，生长迅速，耗水量大，对引入地原生植被可能造成威胁。自 NSW、VIC 至 SA 东南部，以及 TAS 东北部，沿海山地，抗逆性强，耐湿耐盐雾，栽培作防风绿篱。突尼斯、埃及等引种栽培生产精油。尚未引种；闽粤桂。

Melaleuca bracteata F. Muell., 金叶白千层, White cloud tree, River tea-tree。乔木或灌木，高 5~22m，叶螺旋状密集着生，披针形至线形，长 1~3cm，穗状花序长 1.5~9cm，花奶油色或白色，春至初夏开花。自 QLD 至 NSW 北部的东部沿海地区，沿河流湿地分布，WA 北部和 NT、QLD 西部；适应性强，幼叶嫩黄，花量繁茂，观赏性佳，多栽培品种；已引种；琼粤桂闽滇。

Melaleuca brevifolia Turcz.，短叶白千层，Mallee honey-myrtle，Short-leaf honey-myrtle。灌木，4m，偶见乔木，叶线形至倒披针形，长 2.4～8mm，头状花序生于老枝段，花白色或黄色，春季开花为主。VIC 西部至 SA 东南部，以及 WA 西南部，生于沿海沼泽地带，可栽培于盐碱地、石灰岩困难立地；尚未引种；滇川闽粤桂。

Melaleuca cajuputi Powell，湿地白千层，俗称沼泽茶树。乔木或灌木，树高可至 35～46m，密集穗状花序，花乳白色或绿黄色。有 3 亚种：*Melaleuca cajuputi* subsp. *cajuputi*，叶长 0.7～2.6cm，花期 3～11 月，分布于 WA 和 NT 的北部地区，沟谷森林和萨王纳群落；*Melaleuca cajuputi* subsp. *cumingiana*（Turcz.）Barlow，叶长 4～20cm，花期 2～12 月，分布于缅甸、泰国、越南、马来西亚和印度尼西亚，沿海沼泽森林；*Melaleuca cajuputi* subsp. *platyphylla* Barlow，叶长 1.5～6cm，花期 1～5 月或 8～9 月，分布于新几内亚和托雷斯海峡群岛至 QLD 西北部。湿地白千层是澳洲茶油树最重要的栽培种类，叶含油量 0.3%～1.2%，主成分为 1,8-桉树脑和 α-松油醇，亦是优良观赏树种、蜜源植物。已引种；琼粤闽桂滇川。

Melaleuca coccinea A.S. George，红花白千层，Goldfields bottlebrush。灌木，2m，细枝虬曲，叶卵形至心形，长 4～10mm，穗状花序长 4～8cm，花丝亮红色，春季至夏季开花。WA 南部，栽培供观赏；尚未引种；粤桂滇川。

Melaleuca cuticularis Labill.，纸皮白千层，Saltwater paperbark。灌木或小乔木，高 1～7m，树皮白色纸状，叶心形至长圆形，长 5～12mm，灰绿色至暗绿色，花簇生于枝端，白色或奶油色，春季开花。WA 西南部，沿海盐碱性湿地，用于立地恢复，营建防风林或庭院观赏；尚未引种；粤桂滇。

Melaleuca dealbata S.T. Blake，蓝叶白千层，Karnbor，Swamp tea-tree，Blue paperbark，Soapy teatree。乔木，高 15～30m，枝梢下垂，幼枝与叶密被白色绒毛，叶蓝灰色，倒披针形至窄倒卵形，长 5～12cm，穗状花序长至 12cm，花奶白色，春季开花为主。自 QLD、NT 至 WA 北部沿海，以及巴布亚新几内亚南部和印度尼西亚爪哇，气候夏季多雨湿热，常生于沼泽周边、沿河湿地，耐瘠薄、耐涝渍、耐盐雾、耐樵采，木材硬重不腐，蜜源植物，用于沿海地带土地修复、防风林；尚未引种；琼粤桂闽。

Melaleuca decora（Salisb.）Britten，白羽白千层，White feather honeymyrtle。灌木或小乔木，高可达 10～20m，叶线形至窄椭圆形，长 8～18mm，穗状花序长 2～9cm，花奶油色或白色，花期夏季。QLD 中部以南至 NSW 东南部沿海地带，适应性强，喜湿耐涝，栽培作绿篱、观赏；尚未引种；粤桂闽滇。

Melaleuca decussata R. Br.，对叶白千层，Cross-leaf honey-myrtle，Totem poles。灌木，3m，叶交互对生，线形、窄椭圆形或窄卵形，长 4.5～15mm，穗状花序长 2～3cm，花淡紫色，花期春夏季为主。VIC 及 SA 东南部沿海地带，适应性强，栽培供观赏；尚未引种；粤桂滇川。

Melaleuca diosmatifolia Dum. Cours.，粉红白千层，Rosy paperbark，Pink honey-myrtle。灌木，0.5～2.0m，叶条形，长 3.5～14.5mm，穗状花序长至 4cm，淡紫色，花期春至夏季。NSW 和 QLD 沿海和山地，适应性强，作绿篱，宜观赏；尚未引种；粤桂

滇黔闽浙。

Melaleuca dissitiflora F. Muell., 散穗白千层, Creek tea-tree。灌木或小乔木, 1~5m, 叶线形至窄椭圆形, 长 1.3~5.0cm, 穗状花序长 6cm, 花白色至奶油色, 花期冬季为主。QLD、NT、SA 和 WA 的内陆地区, 如砾质河床、干涸河道等干旱地带, 可用于生产精油, 主成分 1,8-桉素脑; 尚未引种; 粤桂闽滇川黔。

Melaleuca elliptica Labill., 椭圆叶白千层, Granite bottlebrush。灌木, 高至 4.5m; 叶交互对生, 椭圆形至卵形, 长 6~20mm, 穗状花序长至 8cm, 花暗红色、亮红色至奶油色, 花期长, 自冬季至次年秋季。WA 南部, 喜阳, 喜排水良好立地, 耐寒, 环境适应性宽泛, 栽培供观赏; 尚未引种; 粤桂闽滇川黔。

Melaleuca ericifolia Sm., 欧石南叶白千层, Swamp tea-tree。灌木或乔木, 高至 9m, 叶互生或轮生, 线形, 长 5~18mm, 穗状花序或头状花序, 花奶白色, 花期春季。NSW 东南部、VIC 和 TAS 沿海沼泽地带, 速生, 抗性强, 耐涝渍、耐盐雾、耐轻霜、耐修剪, 用于营建绿篱、沿海防护林; 尚未引种; 粤桂闽浙。

Melaleuca fluviatilis Barlow, 河滨白千层。乔木, 高至 30m, 叶极窄椭圆形, 长 4.5~18.0cm, 穗状花序长至 10cm, 花白色至奶油绿色, 花期冬至春季。QLD 北部, 多沿河岸和沼泽地周边分布; 尚未引种; 琼粤桂。

Melaleuca foliolosa A. Cunn. ex Benth., 鳞叶白千层。灌木或乔木, 2~10m, 叶三角状鳞片形, 交互对生, 压叠贴生于枝条上, 近头状或短穗状小型花序, 花奶油色至绿白色, 花期冬春季。QLD 约克角半岛, 盐碱滩涂; 尚未引种; 琼粤桂。

Melaleuca fulgens R. Br., 艳花白千层, Scarlet honey-myrtle。灌木, 0.2~3.0m; 叶灰绿色, 交互对生, 线形、窄椭圆形至窄卵形, 长 0.8~3.5cm, 穗状花序, 花黄色、品红色或白色, 花期冬末至夏季。WA 沿海和邻近 NT、SA 的地区, 在土壤水分充足、排水良好立地生长良好, 澳大利亚普遍栽培用于庭园观赏; 尚未引种; 粤桂滇川黔。

Melaleuca gibbosa Labill., 柔枝白千层, Slender honey-myrtle, Small-leaved honey-myrtle。灌木, 3m, 枝条柔软拱曲, 叶交互对生, 卵形至倒卵形, 长 2~7mm; 密集穗状花序, 长约 1.5cm, 花丝淡紫色, 几乎全年开花, 但以春季为主。SA、VIC 和 TAS 的沿海地带, 沼生灌丛, 适应性强, 耐涝渍、耐旱、耐寒, 易繁殖, 栽培供观赏; 尚未引种; 粤闽滇川黔。

Melaleuca glomerata F. Muell., 聚果白千层, Desert honey-myrtle, Inland paperbark, White tea-tree。乔木或灌木, 3~12m, 叶多线形, 长 1~5cm, 灰绿色, 头状花序, 花白色至黄色, 晚春至初夏开花。澳大利亚内陆干旱地区, 河床、洼地, 适应性、抗性强, 可在澳大利亚大多数地区环境下生长, 栽培作行道树; 尚未引种; 琼粤桂闽浙滇川黔。

Melaleuca groveana Cheel & C.T. White, 格罗夫白千层, Grove's paperbark。灌木或小乔木, 1.5~10m, 叶窄椭圆形, 长 1.0~5.5cm, 穗状花序长 2~3cm, 花白色, 早春开花。NSW 中部至 QLD 南部沿海地区, 高海拔山地裸地、山脊等处灌丛, 抗性强, 易繁殖, 适作绿篱; 尚未引种; 粤桂闽。

Melaleuca halmaturorum F. Muell. ex Miq., 袋鼠岛白千层, South Australian swamp paperbark, Kangaroo honey-myrtle, Salt paperbark。乔木或灌木, 高至 6~8m, 枝

条常扭曲，叶交互对生，线形至披针形，长至 1cm，头状花序，花白色或奶油色，春季开花。WA、SA 和 VIC 的南部地区，耐盐，常见于海滨、湖岸等沼泽、积水区，用于盐碱地治理与植被恢复；尚未引种；闽粤桂滇川黔。

Melaleuca hypericifolia Sm.，金丝桃叶白千层，Hillock bush，Hypericum-leaved melaleuca。灌木或小乔木，高至 6m，叶披针形至窄椭圆形，长 1～4cm，密集穗状花序长 3～5cm，粗可达 6.0cm，花丝红色至橙色，花期春季至夏季。NSW 东南部沿海，潮湿地带，适应性强，花序大型，栽培用于观赏；尚未引种；粤桂闽滇。

Melaleuca incana R. Br.，灰叶白千层，Grey honey-myrtle。灌木或小乔木，高至 5m，叶 3～4 轮生，线形或极窄椭圆形，长 3.5～17mm，穗状花序，长 3cm，花奶白色或黄色，春季开花。WA 南部，沼泽周边地带，速生，适应性强，耐寒、耐修剪，广泛栽培用于绿篱、观赏；尚未引种；闽粤桂滇川黔。

Melaleuca interioris Craven & Lepschi，内陆白千层，Inland paper bark。灌木，3m；叶条形，长 0.6～5.6cm，头状花序，花淡黄色，春季开花。澳大利亚内陆地区，洪泛地带、盐湖周边灌丛，用于水土保护、盐碱地和冲蚀地治理；尚未引种；粤桂闽滇川。

Melaleuca laetifica Craven，悦色白千层。灌木，匍匐状，高 1m，叶互生，线形，长约 1cm，常被白色长毛，头状花序径至 2.5cm，花亮黄色，有时白色，花期春季为主。WA 西部中段沿海半干旱地区，栽培供观赏，不适宜湿热地带；尚未引种；滇川。

Melaleuca lanceolata Otto，剑叶白千层，Black paperbark，Rotnest island teatree，Moonah。灌木或小乔木，高至 10m，，叶线形至窄椭圆形，长 5～15mm，穗状花序长至 6cm，花白色或奶油色，全年有花，夏季为主。自 WA 西南部至 VIC 西部沿海地区分布。NSW 至 QLD 南部山地有片段分布，适应性强，喜光，耐盐雾，花繁叶茂，广泛栽培，用作观赏、行道树、绿篱、防风林带；尚未引种；粤闽浙桂滇川黔。

Melaleuca lateritia A. Dietr.，砖红白千层，Robin redbreast bush。直立灌木，高至 2.5m，叶线形，亮绿色，螺旋状排列，长 6～25mm，穗状花序长至 8cm，花亮橘红色，花期长，自春季至初冬。WA 西南沿海，沼泽地带沙质土壤，适应干热及湿热气候，广泛栽培供观赏；尚未引种；滇川。

Melaleuca laxiflora Turcz.，散花白千层。灌木，高 0.5～3m，叶窄卵形，长 4.5～28mm，宽 1.5～4mm，螺旋状着生，头状花序，径约 2cm，花丝淡紫色、紫红色或品红色，有时白色，春季至初夏为主要花季。WA 西南部内陆地带，适于半干旱温带气候，不耐潮湿，喜光，栽培供观赏；尚未引种；滇川。

Melaleuca leucadendra（L.）L.，白千层，Weeping tea-tree，Long-leaved paperbark，Weeping paperbark。乔木，高可达 25～40m，嫩枝叶被白色柔毛，细枝柔软披垂，叶披针形或窄卵形，长 4～27cm，宽 1～4cm，穗状花序长至 15cm，花乳白色至绿白色，几常年开花。自然分布于 WA 至 QLD 的北方热带亚热带地区，以及巴布亚新几内亚和印度尼西亚沿海平原，常见于河岸和季节性沼泽地；喜阳，耐贫瘠，耐盐碱。广泛栽培，用于庭园树和行道树，及防护林带。木材硬重，边材黄色，心材红灰色，纹理交错，结构中至细，强度中等，适作建筑、矿柱、造船、装饰等。已引种，台湾和华南地区习见，多用于行道树和园林景观；台琼粤闽桂滇。

Melaleuca linariifolia Sm.，夏雪白千层，柳穿鱼叶白千层，Snow-in-summer，Narrow-leaved paperbark，Flax-leaved paperbark。灌木或小乔木，高至 10m，叶交互对生，窄椭圆形至线状披针形，长 2～4.5cm，穗状花序长至 4cm，白色芳香，晚春至夏季开花。QLD 中部至 NSW 中部沿海及邻近山区与河岸或沼泽地带，适应性强，耐旱亦耐涝渍，耐寒，花繁叶茂，广泛用于观赏及防风林，多栽培品种，叶油含量高，主成分松油烯-4-醇，尚未引种；琼粤桂闽滇。

Melaleuca macronychia Turcz.，四季白千层。多茎灌木，3～5m，叶卵形至窄椭圆形，长至 3cm，宽至 15mm，穗状花序长至 6cm，花丝猩红色，几乎全年开花。WA 西南内陆，适应环境广泛，栽培供观赏；尚未引种；滇川。

Melaleuca megacephala F. Muell.，大球白千层。直立灌木，高至 3m，叶卵形至椭圆形，长至 2cm，宽至 1cm，头状花序径达 5cm，花丝白色，花药黄色或奶油色，花期冬至夏季，早春为主。WA 西部沿海中段地区；尚未引种；滇。

Melaleuca microphylla Sm.，小叶白千层。灌木，4～5m，叶线形至窄披针形，长 3～8mm，密集着生，穗状花序长至 5cm，花丝白色至乳黄色，花期春季为主。WA 南部沿海，常栽培用作绿篱；尚未引种；粤桂滇川。

Melaleuca nematophylla F. Muell. ex Craven，铁线白千层，Wiry honey-myrtle。直立灌木，高至 4m；叶圆柱形，长 4～16cm，头状花序径 2.5～5.5cm，花丝品红至紫红色，花期早春为主。WA 西南部，山梁和沙岗上部，喜阳，喜排水良好立地，不耐重霜，栽培供观赏；尚未引种；滇。

Melaleuca nervosa（Lindl.）Cheel，显脉白千层，Fibrebark。灌木或乔木，高至 15m；叶多狭披针形至阔椭圆形，长 3～11.5cm，穗状花序长至 10cm，花白色、奶油绿色、黄绿色或红色，花期春季。QLD、NT 和 WA 的北方地带，以及巴布亚新几内亚，用于观赏及生产精油；尚未引种；琼粤桂闽。

Melaleuca nesophila F. Muell.，短穗粉花白千层，Showy honey-myrtle，Pink melaleuca。大灌木或小乔木，高至 7m，枝条披垂，树冠浓密，叶椭圆形至窄卵形，长 10～26mm，头状或短穗状花序，花粉红色或紫色，晚春至夏季开花。WA 西南部沿海，沙土或黏壤土地，喜光耐旱，庭园观赏，干旱地绿化；已引种，粤桂滇。

Melaleuca nodosa（Sol. ex Gaertn.）Sm.，密果白千层，Prickly-leaved paperbark。灌木或乔木，高 1～4m 或达 10m，叶多条形，长 1～4cm，密集头状或短穗状花序，径至 3cm，花白色或黄色，全年有花，春夏为主。QLD 中部至 NSW 中部沿海及邻近台地，喜光，耐湿、耐盐雾，可作绿篱栽培；尚未引种；粤桂闽。

Melaleuca pentagona Labill.，五边果白千层。灌木，高至 5m，叶线形至椭圆形，长 8～18mm，头状花序径至 2cm，花品红或紫红色，花期春夏季为主。WA 南部沿海，低湿地、山脚、沙岗等地带，适生多样立地，花量繁茂，栽培供观赏；尚未引种；粤桂滇川。

Melaleuca plumea Craven，绒托白千层。多茎茂密灌木，高至 3m，枝条匍地，叶线状至窄卵形，长 4.5～10.5mm，头状花序径至 1.7cm，花苞、花萼被白色绒毛，花丝品红或紫红色，花期春季至夏初。WA 南部沿海，栽培供观赏；尚未引种；粤桂滇川。

Melaleuca pressiana Schauer，矮干白千层，Stout paperbark，Modong，Moonah，Preiss paperbark。灌木或小乔木，高至 10～15m，主干低矮，叶窄椭圆形至窄卵形，长 0.6～

1.4cm，穗状花序，花黄色至乳白色，花期春季。WA 西南部沿海地区；尚未引种；滇川。

Melaleuca psammophila Diels，铺地白千层。匍地灌木，高至 1.5m，叶线形至窄椭圆形，长 2～8mm，头状花序径至 2.5cm，花丝红色，花药黄色，花期春季至夏初。WA 西部沿海中段地区，沙地平原；尚未引种；滇。

Melaleuca pulchella R. Br.，弯丝白千层，Claw flower, Claw honey-myrtle。灌木，1～2m，枝条拱曲，叶卵形至椭圆形，长 2～6mm，头状花序径至 2cm，花丝品红色至淡紫色，外侧花丝长而内弯，花期春至夏季为主。WA 南部沿海，沙地、沙岗、沼泽地带，栽培供观赏；尚未引种；粤桂滇。

Melaleuca pungens Schauer，尖叶白千层。灌木，0.5～1.0m，叶线形，长 10～35mm，头状花序径约 15mm，亮黄色，花期春季。WA 西南，栽培供观赏，适宜排水良好温带气候；尚未引种；滇川。

Melaleuca quinquenervia（Cav.）S.T. Blake，五脉白千层，Five-veined paperbark, Broad-leaved paperbark, Tea-tree, Punk tree。乔木或灌木，高可达 20m，叶狭卵形或狭倒卵形，灰绿色，长 4～12cm，宽 1～3cm，白色穗状花序长 4～8cm，花期晚春至秋初。NSW、QLD 沿海地区，以及巴布亚新几内亚、印度尼西亚和新喀里多尼亚，河口或沼泽地带淤积土地，耐涝渍、耐盐碱。湿热地区栽培，用于公园观赏和行道树、防护林，蜜源植物，木材适作矿柱、建筑，主要的澳洲茶树油树种，主成分有橙花叔醇、1,8-桉树脑、绿花白千层醇等化学型。海南、广东、广西、福建有引种。

Melaleuca spathulata Schauer，匙叶白千层。灌木，2m，枝条常扭曲，叶卵形至匙形，长 2.5～9.5mm，穗状花序长至 2cm，花丝品红至紫色，花期春至夏初。WA 西南部，喜阳，喜排水良好环境，耐寒，抗病力强，艳花丰富，栽培作观赏；尚未引种；滇川。

Melaleuca squamea Landl.，鳞皮白千层，Swamp paperbark, Swamp honey-myrtle。直立灌木，高至 2（6）m，树皮鳞片状，叶线形至窄卵形，长 5～12mm，头状或短穗状花序，径达 2cm，花淡紫色至紫红色，有时为白色或黄色，春季开花。NSW 东部、VIC 东南部、SA 东南部沿海地区和 TAS 大部，沼泽湿地分布，耐寒耐涝渍，栽培作庭院观赏；尚未引种；粤桂闽浙滇。

Melaleuca squarrosa Donn ex Sm.，香花白千层，Scented paperbark。灌木或小乔木，高至 12m，叶交互对生，卵形至宽卵形，长 5～15mm，密集穗状花序长 1.5～4cm，花白色至淡黄色，花期春至早夏。TAS 大部、NSW 东南部、VIC 至 SA 东南部的沿海地区，多生长于沼泽地带，枝叶浓密，繁花香浓，宜作观赏；尚未引种；粤桂闽浙滇。

Melaleuca styphelioides Sm.，刺叶白千层，Prickly-leaved paperbark。乔木，高至 20m，树冠浓密，枝条下垂，叶卵形至宽卵形，长 7～15mm，密集穗状花序，长 2～5cm，花白色或奶油色，花期夏季。QLD 和 NSW 中北部沿海地区，沿溪岸或潮湿生境分布，深根性，栽培作行道树，突尼斯和埃及引种用于生产精油；尚未引种；琼粤桂闽滇。

Melaleuca suberosa(Schauer)C.A. Gardner，栓皮白千层，Corky-bark honey-myrtle，Corky honeymyrtle。灌木，1m，树皮栓皮质，纵裂，叶细小，窄卵形，长3～6.5mm，近枝端簇生，穗状花序，花品红色，花期冬季至夏季。WA南部，喜阳，适干热气候，耐寒，适多种土壤，栽培作观赏；尚未引种；滇川。

Melaleuca tamariscina Hook.f.，柽柳叶白千层，Bush-house paperbark，Tamarix honey-myrtle。灌木或乔木，高至15m，枝叶披垂，鳞状叶贴于枝条，穗状花序长至3cm，花丝白色或淡紫色，花期几全年。QLD中部，大分水岭山区，潮湿生境；尚未引种；粤桂闽滇。

Melaleuca teretifolia Endl.，条叶白千层，Banbar。灌木，高至5m，叶圆条形，长3～9cm，头状花序径至2.5cm，花丝白色、奶油色或带红晕，花期春至夏季。WA西南部，沼泽或雨季泛洪地带，栽培作观赏；尚未引种；滇川。

Melaleuca thymifolia Sm.，百里香叶白千层，Thyme honeymyrtle。灌木，1～2m，叶交互对生，窄椭圆形，长0.5～1.5cm，少花穗状或近头状花序长至2.5cm，花丝品红至深紫色，花期春夏季为主。QLD东南部和NSW东部，湿地和季节性沼泽周边分布，适应性强，耐寒耐旱，花色美艳，观赏栽培最为普遍；尚未引种；琼粤桂闽浙滇。

Melaleuca thyoides Turcz.，柏叶白千层，Salt lake honey-myrtle。直立灌木，高至5m；叶鳞片状叠生于小枝上，头状花序径至1.7cm，花丝品红色至紫色，有时白色或奶油色，花期春或夏季。WA西南部，分布于盐湖周围和河岸，最为耐盐，亦耐涝渍和干旱；尚未引种；滇川。

Melaleuca trichophylla Lindl.，毛叶白千层。低矮灌木，0.5～1.5m，叶线形或窄倒卵形，长0.8～3.2cm，头状花序径至3.5cm，花丝品红色至紫色或胭脂红色，花药明黄色，花期冬末至夏初。WA西南部，沙地平原和山脚地带，喜排水良好的弱酸性至碱性土壤，长期观赏栽培；尚未引种；滇川。

Melaleuca uncinata R. Br.，篱笆白千层，Broombush，Broom honeymyrtle，Brushwood。多茎灌木，1～5m，叶条形，长1.5～5.5cm，花序密集近头状，径约1.5cm，花白色、奶油色或黄色，花期春季为主。澳大利亚南部，自WA、SA至VIC西部和NSW西南部，常与麻利类桉树伴生；当地栽培作为庭院篱笆；尚未引种；粤桂闽滇川。

Melaleuca viridiflora Sol. ex Gaertner，绿花白千层，Coarse-leaved paperback，Swamp paperbark，Broad-leaved paperbark。灌木或小乔木，高至10～25m，叶宽椭圆形，厚革质，有香气，长7～19.5cm，宽1.9～7.6cm，穗状花序长至10cm，花丝奶油色、黄色、绿色或红色，花期几全年，冬季为主。QLD、NT和WA等澳大利亚北部、东部热带亚热带地区，新几内亚岛南部地区；尚未引种；琼粤闽桂滇。

Melaleuca wilsonii F. Muell.，紫花白千层，Wilson's honey-myrtle，Violet honey-myrtle。灌木，2m，线形叶交互对生，长8～15mm，头状花序径至2.5cm，花丝暗紫色或淡紫色，花期春季为主。VIC西部、中部和SA东南部，适应性强，耐霜冻，常栽培用于观赏；尚未引种；滇川。

***Musgravea* F. Muell.**，**缪斯银桦属**，山龙眼科（Proteaceae）

2 种，乔木，20~30m，常绿，生于昆士兰热带雨林。叶形美丽，木材纹理斑驳，用材或景观绿化。属名纪念昆士兰州总督 Anthony Musgrave 爵士（1828~1888）（Wrigley and Fagg，1989）。

Musgravea heterophylla L.S. Smith，异叶缪斯银桦，Briar silky oak，Silky oak。大乔木，30m，常具板根，常见于海拔 500m 以下的山谷雨林，幼态叶，中间类型叶到成龄叶形态变化大，中间类型叶可长达 1m。可用于用材、绿化或室内装饰植物；尚未引种；琼粤滇。

Musgravea stenostachya F. Muell.，细花缪斯银桦，Crater silky oak，Grey oak。乔木，20m，具板根，叶片不如异叶缪斯银桦大，不开裂。尚未引种；琼粤滇。

O

***Oreocallis* R. Br.**，山鬼属，山龙眼科（Proteaceae）

6种，澳大利亚3种，自然分布于东部海岸地带雨林（Wrigley and Fagg，1989）。

Oreocallis pinnata（Maiden & Betche）Sleumer，羽叶山鬼，Dorrigo oak。乔木，25m，羽状叶片40cm，花粉红色，木材类似银桦。QLD、NSW；尚未引种；粤桂滇闽。

***Orites* R. Br.**，山白蜡属，山龙眼科（Proteaceae）

8种，乔木或灌木，常绿，澳大利亚特有种，分布于澳大利亚东部山地雨林（Wrigley and Fagg，1989）。

Orites excelsus R. Br.（Syn.*Orites fragrans* F.M. Bailey），山白蜡，Prickly ash，Mountain silky oak，White beefwood。乔木，30m，幼态叶深裂，成龄叶全缘，长20cm，穗状花序白色，野生，常见于海拔600m以上的亚热带雨林，用材树种，木材类似银桦。QLD、NSW；尚未引种；粤桂滇闽。

P

***Paraserianthes* I.C. Nielsen，假合欢属，含羞草科（Mimosaceae）**

从合欢属（*Albizia*）分离出来。乔木或灌木，二回羽状复叶。穗状或总状花序，纸质或革质荚果扁平。4种，澳大利亚2种。

Paraserianthes lophantha（Willd.）I.C. Nielsen，假合欢，Cape wattle，Crested wattle，Cape Leeuwin wattle，False wattle，Spiked wattle，Swamp wattle，Albizia。乔木，4～15m，在不良立地呈灌木状，高1～2m，羽叶长至20cm，羽片6～14对，小叶20～40对，窄长圆形至披针状长圆形，长5～13mm，穗状花序1～3腋生，序梗长7～22mm，序长15～70mm，花黄绿色，荚果革质，长圆形，长5～11cm，花期4～9月。WA西南部沿海地区；NSW、VIC、TAS、SA等沿海地区，南非、南美等国家多有驯化栽培，速生，早花，喜阳、耐旱、耐涝、耐瘠薄，用于植被恢复、沙地治理，可作庭园观赏、行道树；尚未引种；滇。

Paraserianthes toona（F.M. Bailey）I.C. Nielsen，假红椿，Red siris，Red cedar，Mackay cedar，Acacia cedar，Native cedar。落叶乔木，高15～30m，胸径可达1m，或灌木状，高3～5m，落叶期9月或10月，叶柄具一大型卵形腺体，羽片5～22对，小叶26～58对，窄长圆形，长4～10.5mm，短穗状花序呈圆锥状，序梗长3～15mm，序长3～13mm，花无柄，苍黄色，荚果窄长圆形。QLD东北部沿海，湿润气候，夏季季风雨型，降雨量1000～1750mm，速生、固氮；心材粉红色或暗红色，具黄色条纹，边材白色，宽至5cm，气干密度720kg/m^3，适作家具、地板、装饰材、建筑构件等，观赏树木；尚未引种；琼粤桂滇。

***Persoonia* Sm.，棘崩属，英文俗名 Geebung，山龙眼科（Proteaceae）**

常绿灌木或小乔木，90多种，分布于澳大利亚硬叶林，但是不见于湿润雨林和干旱地区。叶色亮绿，花黄色、奶油色，偶见淡绿色，核果可食。优良庭园观赏树种（Cayzer and Whitbread，2001；Wrigley and Fagg，1989）。

Persoonia cornifolia A. Cunn. ex R. Br.，阔叶棘崩，Broadleaved geebung。灌木或小乔木，6m。QLD、NSW；尚未引种；粤桂滇闽琼。

Persoonia falcata R. Br.，镰叶棘崩，Wild pear。灌木或小乔木，1～9m，叶弯曲，镰形，皮厚，片状脱落，澳大利亚土著人用来治疗喉痛；核果黄绿色，可食。NT；尚未引种；琼粤桂滇。

Persoonia linearis Andrews，细叶棘崩，Narrow-leaved geebung。灌木，3～5m，生于砾质酸性土干燥硬叶林。NSW、VIC；尚未引种；粤桂滇闽琼川。

***Petrophile* R. Br. ex Knight，沙棍属，英文俗名 Conesticks，山龙眼科（Proteaceae）**

灌木，39种，澳大利亚特有种，多分布于西澳大利亚，东部蓝山地区悉尼周围有少数几种，生于砾质沙地灌丛或干燥硬叶林。许多种具醒目花序，可作切花。

Petrophile pulchella（Schrad.）R. Br.，美丽小沙棍，Conesticks。灌木，0.5m～1.0m，叶光滑，圆柱形，二至三回羽状分裂，花序奶黄色，球果 3 或 4 枚聚集枝顶，花果美丽，易于繁殖。NSW；尚未引种；粤桂闽滇川。

Phyllocladus **Rich. ex Mirb.**，芹叶罗汉松属，罗汉松科（Podocarpaceae）
  7 种，分布于菲律宾、新几内亚、澳大利亚和新西兰。常绿乔木；形态特殊，短枝扁平，似芹叶，叶鳞片状，覆盖长枝（Boland *et al.*，2006；Keng，1979）。

Phyllocladus aspleniifolius（Labill.）Hook.f.，芹叶罗汉松，Celery top pine。大乔木，30m，直径 1m，塔斯马尼亚温带雨林树种；木材纹理细腻，强韧耐用，年轮可辨，常选用作气候变化研究。对于环境条件要求苛刻，尚未引种。

Placospermum **C.T. White & W.D. Francis**，长叶山龙眼属，山龙眼科（Proteaceae），单种属

Placospermum coriaceum C.T. White & W.D. Francis，长叶山龙眼，Rose silky oak。常绿乔木，30m，幼态叶全缘，中间过渡型叶 9 深裂，叶长可达 90cm，成龄叶下表面中脉隆起，匙形，花粉红色。生于热带山地雨林，宜公园和庭院栽植与室内装饰植物。QLD；尚未引种；粤桂闽滇。

Podocarpus **L'Hèrit. ex Pers.**，罗汉松属，罗汉松科（Podocarpaceae）
  100 种左右，澳大利亚 6 种。大乔木或灌木，用材或观赏（Boland *et al.*，2006；Salmon 1980）。

Podocarpus elatus R. Br. ex Endl. 红皮大罗汉松，Brown pine。大乔木，40m，直径 90cm，新叶亮黄色。从 NSW 南部沿海岸向北延伸直至 QLD 北部，优良家具材，庭园观赏；未见引种报道；浙闽粤桂琼川滇。

Podocarpus grayi de Laub.，长叶罗汉松。大乔木。QLD、NT，热带树种，宜做观赏；尚未引种；华南。

Podocarpus dispermus C.T. White，昆北罗汉松。小乔木，18m。QLD 北部，热带树种，宜做观赏；尚未引种；琼粤桂闽滇。

Podocarpus smithii de Laub. 史密斯罗汉松。大乔木，30m，稀有树种。QLD 北部山地雨林；尚未引种；琼粤桂闽滇。

Podocarpus lawrencei Hook.f.，（Syn. *Podocarpus alpinus* R.Br. ex Hook.f.）灌木罗汉松。灌木，丛生，罕见，优良地面覆盖植物。VIC；尚未引种；华东、华南、西南。

S

***Santalum* L.，檀香属**，英文俗名 Sandalwood，Quandong，檀香科（Santalaceae）

常绿小乔木或灌木，半寄生，具根或无根，依赖共生树种获得水分和营养；单叶对生或轮生，花两性，常集成三歧聚伞式总状或圆锥花序，花冠管状或杯状，核果近球形或卵球形。约 20 种，自然分布于中南半岛、澳大利亚和其他太平洋岛屿。心材有强烈香气，是贵重药材和名贵香料，并为雕刻工艺的良材。生长缓慢，上乘产品收获树龄需 40～80 年甚至更久。传统主要栽培种为白檀香（*Santalum album* L.），传统产地主要是印度半岛（老山檀香）、印度尼西亚爪哇及东帝汶（爪哇檀香）、澳大利亚西部和北部（新山檀香）以及太平洋岛屿（新喀里多尼亚、巴布亚新几内亚、法属波利尼西亚）。我国有香薰传统文化，进口檀香的历史有一千多年，现引种栽培 2 种，檀香和巴布亚檀香。澳大利亚 5～8 种（Boland *et al.*，2006；Morley and Toelken，1983）。

***Santalum album* L.，白檀香，Indian sandalwood。**小乔木，高可达 15m，核果熟时深紫红色至紫黑色，径约 1cm，花期 5～6 月。原产印度尼西亚诸岛及澳大利亚 NT 滨海及岛屿。正品檀香木及檀香油，印度栽培最多。WA 栽培，多以固氮的豆科树种做寄主。广东、台湾引种；琼粤桂滇闽。

***Santalum acuminatum*（R. Br.）A. DC.，沙地澳洲檀香，Native peach，Sweet quandong，Desert quandong。**灌木或小乔木，1～6m，花被筒绿色或橙黄色，全年有花，夏季为主；核果径 1.5～2.5cm，成熟时鲜红色，果皮富含维生素 C，味甜可食，种仁含油。澳大利亚各州干旱地带；果可制作果酱、调味料，木材无其他檀香种的芳香气味，澳大利亚种植以收获果实为目的；尚未引种；琼粤桂滇川闽浙。

***Santalum lanceolatum* R. Br.，大花澳洲檀香，Northern sandalwood，Desert quandong，True sandalwood。**灌木或小乔木，高可达 7m，全年有花，主要在 8～12 月；核果 7～15mm，暗红色或黑紫色，味甜可食；木材含檀香油。澳大利亚 NT、QLD、WA 热带干旱地区为主，向南至 SA、NSW；尚未引种；琼粤滇川。

***Santalum spicatum*（R. Br.）A. DC.，大果澳洲檀香，Australian sandalwood。**灌木，6m，花期 2～6 月；核果绿色至橙色，径 1～3cm。产于澳大利亚半干旱地带，SA、WA 种植。木材含檀香油，曾大量砍伐作檀香出口，种子油具抗菌功能；尚未引种；粤桂滇川。

***Schefflera* J.R. Forst. & G. Forst.，鹅掌柴属**，五加科（Araliaceae）

泛热带属，700 多种，乔木或灌木，掌状复叶。有些种常用作室内装饰植物，常见者昆士兰伞树（*Schefflera actinophylla*，Umbrella tree）和矮伞树（*Schefflera arboricola*，Dwarf umbrella tree），前者分布于澳大利亚，后者见于中国台湾和夏威夷，有许多园艺品种。

***Schefflera actinophylla*（Endl.）Harms（Syn. *Brassaia actinophylla* Endl.），昆士兰伞树，**

Queensland umbrella tree、Octopus tree、Amate。自然生长于热带雨林和沟谷森林。小乔木，15m，常绿，多干，掌状复叶，7小叶，叶色亮绿；穗状花序可达2m，单花1000余朵，初夏开花，花期延长数月；种子或扦插繁殖，速生。常植于花园绿地，用作行道树、绿篱或室内装饰。自然分布于QLD北部和NT，巴布亚新几内亚和爪哇；已引种栽培；粤桂琼闽滇川。

Schizomeria D. Don，裂冠木属，火把树科（Cunoniaceae）

乔木，单叶具齿，顶生或腋生聚伞花序，萼片长于花瓣，浆果。18~19种，分布于新几内亚、所罗门群岛和澳大利亚。用材树种，我国进口木材。澳大利亚2种。

Schizomeria ovata D. Don，卵叶裂冠木（粉桦木），Crabapple，White birch，White cherry，Snowberry。乔木，高达30m，径可达1~2m。NSW和QLD沿海地带雨林，最冷月均温1~5℃，南部高海拔处有霜，降雨量1000~2000mm，夏雨型，心材淡灰褐色至粉红色，纹理直，结构细，易加工，适于家具、装饰、胶合板、细木工加工用材；尚未引种；闽粤琼桂滇。

Sesbania Scop.，田菁属，蝶形花科（Papilionaceae）

草本或落叶灌木，稀乔木状。偶数羽状复叶；总状花序腋生，荚果，种子间缢缩。约50种，分布于全世界热带至亚热带地区，澳大利亚10种。

Sesbania formosa（F. Muell.）N.T. Burb.，龙花树，White dragon tree，Vegetable humming bird，Swamp corkwood，Dragon flower tree。中小型乔木，高8~12m，偶见20m，树皮深纵裂，软木质，羽叶长15~40cm，小叶5~20对，椭圆形或卵形，长3~6cm；花序梗长10cm，有花2~7朵，花白色或黄白色，长7~12cm，荚果长40~60cm，花期5~6月，果熟期8~9月，种子暗褐色。WA北部和NT西北部，干热至湿热气候，无霜，速生、固氮、耐盐碱、耐涝渍，木材白色轻软，花可食，用作土壤改良、防护、观赏、饲料、薪材，并被用作檀香的寄主植物；尚未引种；琼滇。

Stenocarpus R. Br.，火轮树属，英文俗名 Firewheel tree，山龙眼科（Proteacea）

乔木或灌木，澳大利亚10种，分布于澳大利亚东部沿海热带雨林或北部季风气候区。优良行道树或庭园观赏（Wrigley and Fagg，1989）。

Stenocarpus salignus R. Br.，柳叶火轮树，Scrub beefwood。乔木，30m，胸径60cm，常具板根，3条醒目的中脉近乎平行，花乳白色，生于热带或温带雨林。NSW、QLD；尚未引种；粤桂闽琼滇。

Stenocarpus sinuatus（Loudon）Endl. 火轮树，Firewheel tree。乔木，30m，生于澳大利亚东海岸雨林，叶色亮绿，先端深裂，全缘；12~20单花簇生枝顶，红色，花芽圆柱状，先端球形，向外开张呈轮状，鲜艳夺目。在悉尼常用作行道树和庭园观赏等城市景观建设，英、美国家引种。QLD、NSW；华南偶见；粤桂琼闽滇。

***Storckiella* Seem**，**白豆属**，云实科（Caesalpinioideae）
乔木或灌木，羽状复叶，圆锥花序。4 种，分布于斐济、新喀里多尼亚和澳大利亚。

***Storckiella australiensis* J.H. Ross & B. Hyland**，澳洲白豆，White bean。乔木，高至 35m，具板状根，羽状复叶，叶柄长 2～6cm，叶轴长 2～11.5cm，3～5 小叶，小叶倒卵状椭圆形或倒卵状长圆形，长 5～21cm，全缘，花序长 15～25cm，荚果长圆形，长 5～11cm，翼翅宽 6～9mm，种子肾形，长 7～10mm，灰栗褐色。QLD 东北沿海低地雨林特有；尚未引种；琼滇。

***Syncarpia* Ten.**，**红胶木属**，英文俗名 Red Turpentine，桃金娘科（Myrtaceae）
3 种，分布于澳大利亚。

***Syncarpia glomulifera*（Smith）Niedenzu**，红胶木，Red turpentine。乔木，40～45m，胸径 1～1.3m，最高达 60m；树皮红棕色，厚而坚固，纤维状开裂，叶对生，长 7～8cm，宽 2.5～4.5cm，卵圆形，具柄，蒴果 3 室，7 个融合在一起成头状，坚硬木质；优良用材树种，心材红褐色，纹理交错细腻，经久耐用，基本密度 700～1005kg/m^3。含树脂，木材耐腐，耐火，抗海洋微生物，抗白蚁。NSW、QLD，从沿海低地至山区均有分布；尚未引种；琼粤闽桂。

***Syzygium* Gaertn.**，**蒲桃属**，桃金娘科（Myrtaceae）
500 余种，主要分布于热带亚洲，少数在大洋洲和非洲，我国约 74 种，产长江以南各地，多见于两广和云南，其中蒲桃[*Syzygium jambos*（L.）Alston]和洋蒲桃[*Syzygium samarangense*（Bl.）Merr. et Perry]为栽培的果树，有些野生种类的果亦可食；另有引种的丁香蒲桃[*Syzygium aromaticum*（L.）Merr.]花蕾供药用及化学工业用；不少种类喜生于溪边或谷旁，可为固堤植物；有些种类的木材很有用。

***Syzygium gustavioides*（F.M. Bailey）B. Hyland**，灰蒲桃，Grey santinash。乔木，40m，热带雨林树种，有板根，果球形，直径 6cm。木材用于建筑和家具。QLD 北部有限分布；尚未引种；琼粤桂滇。

***Syzygium suborbiculare*（Benth.）T. Hartley & Perry**，森林蒲桃，Forest santinash，Lady apple。乔木，12m。QLD、NT、WA；尚未引种；琼粤闽桂。

T

***Telopea* R. Br.，华雅达属**，英文俗名 Waratah，山龙眼科（Proteaceae）

5 种，灌木或小乔木，澳大利亚东南部特有种，模式种为悉尼华雅达[*Telopea speciosissima*（Sm.）R. Br.]，花序头状或穗状，径宽 6～15cm，由多数单花组成，艳丽醒目，高雅华贵；叶长 10～20cm，螺旋状排列。自然分布于 NSW、VIC、TAS（Armstrong，1987；Cayzer and Whitbread，2001；Wrigley and Fagg，1989；Nixon，1997）。

Telopea mongaensis Cheel，梦佳华雅达，Braidwood waratah，Monga waratah。灌木，2～3m，在新南威尔士东南部生于湿润硬叶林的谷地，适应性较强，花红色，观赏装饰。NSW；尚未引种；粤桂闽川。

Telopea oreades F. Muell.，维多利亚华雅达，Victorian waratah，Gippsland waratah。灌木，3m，偶见小乔木。生于温带雨林或湿润硬叶林海拔 200～1000m，常见于溪岸。花红色，曾有白花报道。英国引种栽培，并获皇家园艺学会荣誉奖。VIC；尚未引种；滇川闽。

Telopea speciosissima（Sm.）R. Br.，悉尼华雅达，Waratah，Sydney waratah，New South Wales waratah。灌木，3m，具木质瘤，生于干燥硬叶林排水良好立地。新南威尔士州州花。花色鲜红，大而艳丽，直径 15cm，叶长 25cm，聚生枝顶；亦常见白花。种子或扦插繁殖，耐修剪。在澳大利亚、英国、新西兰和美国（夏威夷）等地广泛栽培，生产切花。NSW；尚未引种；粤桂闽川。

Telopea speciosissima 'Wirrimbirra White'，白花华雅达。白花品种，其性状与悉尼华雅达相同，但花乳白色，苞片狭长，淡绿色，高贵淡雅。园艺种选自野生变异体，无性繁殖。NSW；尚未引种；粤桂琼闽滇川。

Telopea truncata（Labill.）R. Br.，塔斯马尼亚华雅达，Tasmanian waratah。灌木，3m，偶见 10m 小乔木。生于塔斯马尼亚岛西南部亚高山灌木林，海拔 600～1200m，喜冷湿环境。

Telopea truncata（Labill.）R. Br. f. *lutea* A.M. Gray，自然变型，花黄色，鲜见，惠灵顿山。TAS；尚未引种；滇川黔。

***Toona*（Endl.）M. Roem，香椿属**，英文俗名 Red cedar，楝科（Meliaceae）

约 15 种，乔木，分布于亚洲和大洋洲。澳大利亚只有 1 种，澳洲红椿。

Toona ciliata M. Roem. [Syn. *Toona australis*（Kuntze）Harms，*Cedrela australis* F. Muell.，*Cedrela toona* Roxb. ex Willd. var. *australis*（F. Muell.）C. DC.，*Cedrela velutina* DC.]，澳洲红椿，Australian red cedar。落叶大乔木，高 40m，直径 3m，具板根，在新南威尔士有一株高达 54.5m。优良用材树种和观赏树种，木材似桃花心木，易加工，用于建筑，制作家具和乐器。沿澳大利亚东海岸分布，向北延伸至新几内亚。在欧洲白人到达澳大利亚之前，澳洲红椿资源丰富，在湿润谷地和河溪岸边随处可见，现在已经变得稀少。NSW、QLD、巴布亚新几内亚；已引种；粤桂琼滇川黔闽浙。

W

Wollemia **W. G. Jones，K.D. Hill & J.M. Allen**，吾乐米杉属，英文俗名 Wollemi pine，南洋杉科（Araucariaceae）

吾乐米杉属与贝壳杉属（*Agathis*）亲缘关系密切，它与南洋杉属（*Araucaria*）和贝壳杉属的主要区别在于具有 3 型叶，螺旋排列，叶基下延；球花顶生；苞片与胚珠鳞片融合；种子周围有翅；纵向叶脉平行，无明显中脉。单种属，只含吾乐米杉 1 种，孑遗的活化石，珍稀濒危树种，20 世纪末发现于澳大利亚新南威尔士州吾乐米国家公园（Jones *et al.*，1995；Boland *et al.*，2006）。

Wollemia nobilis W.G. Jones，K.D. Hill & J.M. Allen，吾乐米杉，Wollemi pine。大乔木，40m，直径达 1.2m，发现于悉尼以西 200km 吾乐米国家公园的温带雨林，仅存 40 余株。形态优美，宜于观赏，可以组培和扦插。未引种，闽粤桂琼滇。

X

***Xanthorrhoea* Sol. ex Sm.**（Syn. *Acoroides* Sol. ex Kite），草树属，天门冬目（Asparagales） 黄脂木科（Xanthorrhoeaceae）

单子叶植物（monocotyledon）。澳大利亚特有属，形态奇异独特。茎秆粗短，或埋于地下，或高出地表，茎中空，内有气根，次生增厚。生长缓慢，寿命绵长。5m 高植株，年龄在 200～600 年。初始高每年生长 2～3cm，10 年生茎高 10cm，叶长可达 1.5m，细长刚直，蓝绿色或灰绿色。野火刺激开花，穗状花序，花梗长达 4m。植株有黄色树脂渗出，澳大利亚土著用作胶黏剂；长花梗用作鱼叉，花序浸水用作饮料，干燥后"钻木取火"。广为人知的种是澳洲黑仔树（*Xanthorrhoea australis* R. Br.），俗名黑仔（Black boy）（Morley and Toelken 1983；Boland *et al.*，2006）。

***Xanthorrhoea australis* R. Br.**，澳洲黑仔树，Black boy，Grass-tree，澳大利亚土著称其为 Bukkup，Kawee。该属中最常见的一种，叶蓝绿色，横切面钻石形；叶簇球形，柔软下垂，火烧后呈黑色，在茎秆上宛如少女短裙。冬春季节开花。自然分布于 QLD、NSW、TA；尚未引种；粤桂闽滇黔川。

***Xanthorrhoea glauca* D.J. Bedford**（Syn. *Xanthorrhoea australis* R. Br.），草树，Grass tree。草状木本植物，高 5m，干多分枝，穗状花序顶生，叶细长，灰绿色或蓝灰色，形态奇异。广布于澳大利亚东部海岸地带，在土壤肥厚立地可见大片群落。可种植于花园，街心绿地。QLD、NSW、VIC；尚未引种；琼粤桂闽滇川。

***Xanthorrhoea macronema* F. Muell. ex Benth.**，瓶刷子草树，Bottlebrush grass tree。茎秆处于地表之下，叶缘粗糙，页面有沟槽，叶之横切面三角形；花序黄色，长 10cm，圆柱形，似瓶刷，花梗长达 2m。森林植物，自然分布于悉尼以北东部海岸地带；尚未引种；琼粤桂滇闽。

***Xanthorrhoea malacophylla* D.J. Bedford**，柔叶草树。树高 2～6m，单干或分枝，叶柔软，宿存如海绵，花梗长 1.3～1.8m，形态奇特。NSW 特有种；尚未引种；琼粤桂滇。

***Xanthorrhoea minor* R. Br.**，小草树。茎秆埋于地下，地上只见叶和花梗，叶绿色。澳大利亚东南部；尚未引种；琼粤桂滇闽。

***Xylomelum* Sm.**，木梨属，英文俗名 Woody pear，山龙眼科（Proteaceae）

5 种，灌木或乔木，花乳白色，果木质，梨形，自然分布于澳大利亚（Wrigley and Fagg，1989）。

***Xylomelum cunnighamianum* D. Foreman**，小果木梨，Woody pear。小乔木，11m，果较小，70mm×40mm，生于桉树林下沙壤土。QLD、NSW；尚未引种；粤桂琼滇闽。

***Xylomelum ptriforme* (Gaertn.) Knight**，木梨，Woody pear。灌木，4～5m，具木质瘤；

幼叶被锈毛，渐变光滑红色，脉序苍白醒目；木质果梨形，90 mm×50mm；生于干燥硬叶林，木材红色，纹理似橡木；种子可食；优良庭园观赏灌木。NSW；尚未引种；粤桂琼滇闽川。

Xylomelum scottianum（F. Muell.）F. Muell.，斯科特木梨。小乔木，6m。QLD 北部，常见于溪畔。澳大利亚土著人将皮叶捣碎，饮汁缓解腹痛。尚未引种；粤桂琼滇。

参 考 文 献

陈明洪, 孔昭宸, 陈晔. 1983. 川西高原早第三季植物群的发现及其在植物地理学上的意义. 植物学报, 25(5): 482-493

胡天宇, 李荣伟, 李晓清, 喻代荣, 钱立坤. 2005. 尤曼桉大嘴桉引种选择及培育技术研究. 见: 王豁然, 江泽平, 李延峻, 等. 格局在变化－树木引种与植物地理. 北京: 中国林业出版社: 133-137

江泽平, 王豁然, 吴中伦. 1997. 论北美洲木本植物资源与中国林木引种的关系. 地理学报, 52(2): 169-178

麦金泰尔. 2009. 澳大利亚史. 潘兴明译. 上海: 东方出版中心

祁述雄. 2002. 中国桉树. 北京: 中国林业出版社

王豁然, 格林 CL. 1990. 世界桉树芳香油生产与市场供求趋势研究. 世界林业研究, 3(2): 71-76

王豁然, 江泽平, 李延恕, 等. 2005. 格局在变化——树木引种与植物地理. 北京: 中国林业出版社

王豁然, 江泽平. 1994. 论澳大利亚森林植被与中国林木引种的关系. 热带地理, 14(1): 73-82

王豁然, 郑勇奇, 王维辉. 1992. 7 种木麻黄的引种生长表现及其在我国应用潜力的研究. 林业科学, 28(4): 343-348

王豁然, 郑勇奇, 阎洪, 张荣贵. 1993. 亮果桉引种与种源试验及其在我国人工林应用潜力的研究. 林业科学, 29(4): 366-372

王豁然. 1985. 木麻黄科的分类学进展、地理分布及其命名述评. 热带林业科技, (3): 27-30

王豁然. 2010. 桉树生物学概论. 北京: 科学出版社

吴中伦, 等. 1983. 国外树种引种概论. 北京: 科学出版社

徐仁. 1981. 大陆漂移与喜马拉雅山上升的古植物学证据——青藏高原隆起的时代、幅度和形式问题. 北京: 科学出版社: 8-18

徐燕千, 劳家琪. 1984. 木麻黄栽培. 北京: 中国林业出版社

阎洪. 2005. 中国和澳大利亚的气候比较研究. 见: 王豁然, 江泽平, 李延峻, 等. 格局在变化——树木引种与植物地理. 北京: 中国林业出版社: 11-18

杨民权. 1990. 主要热带相思在华南地区的生长适应性探讨. 林业科学研究, 3(2):155-161

殷以强. 1985. 速生优良绿化树种银桦在昆明的引种栽培. 植物引种驯化集刊(第四集). 北京: 科学出版社: 45-49

郑芳楫, 高传璧, 朱永元, 任华东. 1990. 黑荆树施肥研究. 林业科学研究, 3(2): 172-177

Adams MA. 1996. Distribution of eucalyptus in Australian landscapes: landforms, soils, fire and nutrition. *In*: Attiwill PM, Adams MA. Nutrition of Eucalyptus. Collingwood, Australia: CSIRO Publishing, 61-76

Armstrong JA. 1987. Waratahs, their biology, cultivation and conservation. Canberra: Australian Government Publishing Service

Attiwill PM, Adams MA. 1996. Nutrition of Eucalyptus. Collingwood, Australia: CSIRO Publishing,

Barlow BA. 1981. The Australian Flora: its Origin and Evolution, Flora of Australia, Vol. 1. Canberra: Australian Government Publishing Service: 25-75

Beadle NCW. 1981. The Vegetation of Australia. Cambridge: Cambridge University Press

Bean AR. 2002. Two new combinations in *Corymbia* K. D. Hill & L. A. S. Johnson(Myrtaceae). Austrobaileya, 6(2): 345

Boland DJ, Brooker MIH, Chippendale GM, Hall N, Hyland BPM, Johnston RD, Kleinig DA, McDonald MW, Turner JD. 2006. Forest Trees of Australia. Collingwood, Australia: CSIRO Publishing,

Boland DJ, Brophy JJ, House APN. 1991. Eucalypt Leaf Oils Use, Chemistry, Distillation and Marketing. Melbourne/Sydney: Inkata Press

Brooker MIH, Kleinig DA. 1983. Field Guide to Eucalypts. Volume 1, South-Eastern Australia. Melbourne/Sydney: Inkata Press

Brooker MIH, Kleinig DA. 1990. Field Guide to Eucalypts. Volume 2, South-Western and Southern Australia.

Melbourne/Sydney: Inkata Press

Brooker MIH, Kleinig DA. 1994. Field Guide to Eucalypts. Volume 3, Northern Australia. Melbourne/Sydney: Inkata Press

Brooker MIH, Kleinig DA. 2000. Studies in the Red Gums of South-eastern Australia with particular emphasis on *Eucalyptus* subser. *Erythroxyla*. Australian Forestry, 63(2): 86-106

Brooker MIH. 2000. A new classification of the genus Eucalyptus L'Her. (Myrtaceae). Australian Systematic Botany, 13(1): 79-148

Brophy JJ, Craven LA, Doran JC. 2013. Melaleucas: their botany, essential oil and uses. Canberra: ACIAR Monograph No. 156

Brown AG, Turnbull JW. 1986. The Australian environment. *In*: Turnbull JW. Multipurpose Australian Trees and Shrubs, Lesser-Known Species for Fuel Wood and Agroforestry. Canberra: ACIAR: 1-27

Bureau of Meteorology. 1982. Climate of Tasmania. Department of Science and the Environment

Carnahan JA. 1976. Atlas of Australian Resources(Second series), Natural Vegetation. Geographic Sect., Divi., of National Mapping, Dep. of National Resources, Canberra, 26pp

Cayzer L, Whitbread G. 2001. What's its name? Proteaceae. Canberra: ABRS

CHAH(Council of Heads of Australasian Herbaria). 2006. Australian Plant Census. Australian National Herbarium, CSIRO, Canberra, Australia

Chippendale GM, Wolf L. 1981. The natural distribution of *Eucalyptus* in Australia. Special publication No. 6. Canberra: Australian National Parks and Wildlife Service. 192pp.

Chippendale GM. 1988. Eucalyptus, Angophora(Myrtaceae), Flora of Australia Volume 19. Canberra: Australian Government Publishing Service

Connors J, Brooker MIH, Duffy SM, West JG. 2006. EUCLID Eucalypts of south eastern Australia, Third Edition CD ROM Centre for Plant Biodiversity Research. CSIRO Publishing, Collingwood, Australia

Dargavel J. 2005. Australia and New Zealand Forest Histories. Short Overviews, Australian Forest History Society Inc. Occasional Publications, No. 1. Kingston: Australian Forest History Society

Day M. 1999. Pulse of the Nation, A Portrait of Australia. Sydney, Australia: Harper Collins Publishers,

Doran J, Turnbull J. 1997. Australian Trees and Shrubs: Species for Land Rehabilitation and Farm Planting in the Tropics. Canberra: ACIAR Monograph No. 24

FAO, FLD, IPGRI. 2004. Forest Genetic Resources Conservation and Management. Vol. 3, in Plantation and Genebanks(*ex situ*). Rome: International Plant Genetic Resources Institute

FAO. 2010. Global Forest Resources Assessment 2010, Main report, FAO Forestry Paper 163. Rome. http://www.fao.org/docrep/013/i1757e/i1757e00.htm

Farjon A. 2008. A Natural History of Conifers. Portland, London: Timber Press

Florence RG. 1981. The biology of the eucalypt forest. *In*: Pate JS, McComb AJ. The Biology of Australian Plants. Perth: University of Western Australian Press: 147-180

Gaffney DO. 1973. Atlas of Australian Resources(Second series), Climate, 1973, Geographic Sect., Divi., of National Mapping, Dep. of Minerals and Energy, Canberra, 20pp

Gill AM, Belbin L, Chippendale GM. 1985. Phytogeography of *Eucalyptus* in Australia. Australian Flora and Fauna series No. 3. Canberra: Australian Government publishing Service

Hall N, Boden RW, Christian CS, Codon RW, Dale FA, Hart AJ, Leigh JH, Marshall JK, McArthur AG, Russell V. and Turbull JW . 1972. The Use of Trees and Shrubs in the Dry Country of Australia. Canberra: Australian Government Publishing Service, Canberra,Australia. 30-74

Hermsen EJ, Gandolfo MA, Zamaloa MC. 2012. The fossil record of Eucalyptus in patagonia. American Journal of Botany, 99(8): 1356-1374

Hill KD, Johnson LAS. 1991. Systematic studies in the eucalypts - 3. New taxa in *Eucalyptus*(Myrtaceae). Telopea, 4(2): 322-351

Hill KD, Johnson LAS. 1992. Systematic studies in the eucalypts - 5. New taxa and combinations in *Eucalyptus*(Myrtaceae)in Western Australia. Telopea, 4(4): 561-634

Hill KD, Johnson LAS. 1994. Systematic studies in the eucalypts. 6. A revision of the coolibahs, *Eucalyptus* subgenus Symphyomyrtus section Adnataria series Oliganthae subseries Microthecosae(Myrtaceae). Telopea, 5(4): 743-772

Hill KD, Johnson LAS. 1995. Systematic studies in the eucalypts. 7. A revision of the bloodwoods, genus *Corymbia*(Myrtaceae). Telopea, 6(2-3): 185-504

Hill KD, Johnson LAS. 1998. Systematic studies in the eucalypts 8. A review of the Eudesmioid eucalypts, Eucalyptus subgenus Eudesmia. Telopea, 7(4): 375-414

Hill KD, Johnson LAS. 2000. Systematic studies in the eucalypts. 10. New tropical and subtropical eucalypts from Australia and New Guinea(Eucalyptus, Myrtaceae). Telopea, 8(4): 505

Johnson LAS. 1980. Notes on Casuarinaceae Ⅰ. Telopea, 2: 83-84

Johnson LAS. 1982. Notes on Casuarinaceae Ⅱ. Journal of the Adelaide Botanic Garden, 6: 73-82

Johnson LAS. 1988. Notes on Casuarinaceae Ⅲ: the new genus Ceuthostoma. Telopea, 3: 133-137

Jones WG, Hill KD, Allen JM. 1995. *Wollemia nobilis*, a new living Australian genus and species in the Araucariaceae. Telopea, 6(2-3): 173-176

Keng H(耿煊), 1979. A monograph of the genus *Phyllocadus*(Coniferae). Singapore: Natural Publishing Company, Ltd.

Lacey CJ. 1983. Development of large plate-like lignotubers in *Eucalyptus botryoides* Sm. In relation to environmental factors. Australian Journal of Botany, 31: 105-118

Ladiges PY, Udovicic F, Nelson G. 2003. Australian biogeographical connections and the phylogeny of large genera in the plant family Myrtaceae. Journal of Biogeography, 30: 989-998

Ladiges PY, Udovicic F. 2000. Comment on a new classification of the Eucalyptus. Australian Systematic Botany, 13(1): 149-152

Ladiges PY. 2012. Australia's iconic trees- the eucalypts. http://dahltrust.org.au/wp-content/uploads/2012/09/Dahl-Trust-The-Iconic-eucalypts-2011SMALL.pdfMaslin BR. 2002. Wattle Acacias of Australia, User Guide. ABRS and CALM 2001. CD ROM. Collingwood, Australia: CSIRO Publishing,

Maslin BR, Orchard AE, West JG. 2003. Nomenclatural and classification history of *Acacia*(Leguminosae: Mimosoideae), and the implications of generic subdivision. http://www.worldwidewattle.com/infogallery/taxonomy/nomen-class.pdf

McArthus AG. 1984. Chapter 8. Fire. In Eucalypts for Wood Production, ed. by W. E. Hillis and A. G. Brown. Sydney, Australia: Academic Press. 中译本见：王豁然等译《桉树培育与利用》，胡凯基译第8章，火. 北京：中国林业出版社，1990，179-188

Moran MT. 1992. Patterns of genetic diversity in Australian tree species. *In*: Adams WT, Strauss SH, Copes DL, Griffin AR. Population Genetics of Forest Trees. Corvallis: Proceedings of the International Symposium on Population Genetics of Forest Trees. July 31-August 2, 1990

Morley BD, Toelken HR. 1983. Flowering Plants in Australia. Adelaide: Rigby Publishers

Morrison GE. 2005. An Australian in China Being the Narrative of A Quiet Journey Across China to Burma. A Project Gutenberg of Australia eBook. (1895)http://gutenberg.net.au/ebooks05/0500681h.html http://gutenberg.net.au/ebooks05/0500681h.html

New TR. 1984. A Biology of Acacias. Melbourne: Oxford University Press

Nixon P. 1997. Waratah, 2nd ed. East Rosevill: Kangaroo Press

Occasional Publications, No. 1. Kingston: Australian Forest History Society

Orchard AE, Maslin BR. 2003. Proposal to conserve the name *Acacia*(Leguminosae: Mimosoideae)with a conserved type. Taxon, 52(2): 362-363

Orchard AE, Maslin BR. 2005. The case for conserving *Acacia* with a new type. Taxon, 54(2): 509-512

Pate JS, McComb AJ. 1981. The Biology of Australian Plants. Perth: University of Western Australia Press

Prider JN, Chrsitophel DC. 2000. Distributional ecology of *Gymnostoma australianum*(Casuarinaceae), a putative palaeoendemic of Australian wet tropic forests. Australian Journal of Botany, 48: 427-434

Pryor LD, Johnson LAS. 1971. A Classification of the Eucalypts. Canberra, Australia: The Australian National University. 中译本见：王豁然译《桉树分类》，哈尔滨：东北林业大学出版社，1986

Pryor LD. 1976. Biology of eucalypts. The Institute of Biology's Studies in Biology No. 61. London: Edward Arnold Ltd.

Salmon JT. 1980. The Native Trees of New Zealand. Auckland: Heinemann Reed

Simmons M. 1987. Acacias of Australia, Vol. 1. Melbourne, Australia: Nelson Publishers

Specht A, Specht RL. 2005. Historical biogeography of Australian forests. *In*: Dargavel J. Australia and New Zealand Forest Histories. Short Overviews, Australian Forest History Society Inc.

Specht RL, Specht A. 2002, Australian Plant Communities. Dynamics of Structure, Growth and Biodiversity. Melbourne: Oxford University Press

Specht RL. 1972. The Vegetation of South Australia. Adelaide: Government Printer

Specht RL. 1981. "Growth indices—Their role in understanding the growth, structure and distribution of Australian vegetation," Oecologia, vol. 50, no. 3, 347–356

Specht RL. 2012. Biodiversity of Terrestrial Ecosystems in Tropical to Temperate Australia. International Journal of Ecology, Volume 2012, Article ID 359892, 15 pp. http://dx.doi.org/10.1155/2012/359892; https://www.hindawi.com/journals/ijecol/2012/359892/

Stephens CG. 1963. Atlas of Australian Resources(Second series), Soils, 2nd ed. 1963, Geographic Sect., Dep. of National Development, Canberra, 21pp

Taylor A, Hopper S. 1991. The Banksia Atlas, Australian Flora and Fauna Series No. 8. Canberra: Australian Government Publishing Service

Turnbull JW. 1986. Multipurpose Australian trees and shrubs. Lesser-known species for fuelwood and agroforestry. Canberra: Australian Centre for International Agricultural Research

Turnbull JW. 2007. Development of sustuainable forestry plantations in China: a review. Canberra: Impact Assessment Series 45, ACIAR

Wang H, Fang Y. 1991. The History of Acacia Introduction to China. *In*: Turnbull JW. Advances in Tropical Acacia Research. Bangkok: Proceedings of an International Workshop: 64-66

Wang H, Zheng Y, Yan H, Zhang RG. 1994a. Introduction and provenance trial of *Eucalyptus nitens* and its potential in plantation forestry in China. *In*: Brown AG. Australian Tree Species Research in China. Canberra: ACIAR Proceedings No. 48: 50-55

Wang H, Zheng Y, Yan H. 1994b. Australian trees grown in China. *In*: Brown AG. Australian Tree Species Research in China. Canberra: ACIAR Proceedings No. 48: 19-25

Webb LJ, Tracey JG. 1981. The rainforests of northern Australia. *In*: Groves RH. Australian Vegetation. Cambridge: Cambridge University Press: 67-101

White T, Adams WT, Neale DB. 2007. Forest Genetics. Oxfordshire UK/Cambridge USA: CABI Publishing,

Wilson KL, Johnson L A S. 1989. Casuarinaceae. *In*: Georage AS. Flora of Australia, Vol. 3: Hamamelidales to Casuarinales. Canberra: Australian Government Publishing Service: 100-203

Wrigley JW, Fagg M. 1989. Banksias, Waratahs & Grevilleas and all Other Plants in the Australian Proteaceae Family. Sydney: Collins Publishers Australia

Zacharin RF. 1978. Emigrant Eucalypts, Gum trees as Exotics. Melbourne, Australia: Melbourne University Press

Zobel BJ, Talbert J. 1984. Applied Forest Tree Improvement. NY/Chichester/Brisbane/Toronto/Singapore : John Wiley & Sons

Zobel BJ, van Wyk G, Stahl P. 1987. Growing Exotic Trees. NY/Chichester/Brisbane/Toronto/Singapore: John Wiley & Sons

术语解释（Glossary）

被子植物（angiosperms）胚珠生于子房内，子房为心皮包被的有花植物

变种（variety）变种具有两种涵义，在分类学上系指种下分类单位，介于亚种（subspecies）和变型（forma）之间，具有不同形态性状和特定的自然分布区以及不同的拉丁学名，其性状可以通过有性繁殖得以延续

成龄叶（adult leaf）成年树木上，生长发育最后阶段的叶子

地理种源（provenance）最初获取种子或其他遗传材料的天然群体的地理区域

多用途树种（multipurpose species）可以用于农林间作系统（agroforestry system）的具有多种用途的树种

分类群（taxon，复数 taxa）任何等级上的分类学组群，例如，科、属、种等

冈瓦纳古陆（Gondwanaland）又称"南方古陆"，大陆漂移说所设想的在白垩纪以前的南半球超级大陆。其范围包括现代的南美洲、非洲、南极洲、澳大利亚及印度半岛和阿拉伯半岛，拼接的各陆块的海岸线轮廓吻合

蓇葖果（follicle）具有一个心皮的果实，沿种子着生的侧缝竖向开裂，如班克木属和哈克木属等山龙眼科树种都具有蓇葖果

灌木（shrub）树高 5m 以下，多树干的低矮木本植物

国际植物命名法规（International Code of Botanical Nomenclature）管理植物学（包括藻类学和真菌学）科学命名的国际规则，对于植物学工作者不是强制性的，自愿接受的。迄今已有 13 个版本，最新的是 2005 年维也纳法规

旱生植物（xerophyte）自然生长于干旱生境的植物

红树林（mangrove community）生长在热带、亚热带海岸潮间带上部，受周期性潮水浸淹，以红树植物为主体的常绿灌木或乔木组成的潮滩湿地木本生物群落

花序（inflorescence）花在中轴上的排列，或简单，或复合

华莱士线（Wallace's line）生物地理学中划分东南亚和澳大拉西亚区的动物区系分界线，在 1860 年由英国生物地理学家华莱士（Alfred Russel Wallace）最先提出，线的两边植物区系截然不同

降雨模式（rainfall regime），即雨型，降雨的季节性分配规律，包括夏雨型、冬雨型和均匀雨型

基因资源（gene resource）同遗传资源

就地保存（*in situ* conservation）在自然环境状态中，生态系统和自然生境的保护以及物种具有生命力群体的维持

裸子植物（gymnosperms）胚珠裸露的无花种子植物

麻利（mallee）树高 5m 以下，丛生多干，枝顶可见明显树冠的桉树

麻利特（mallet）小到中等乔木的桉树，具有单一主干，上部枝条分枝角度很窄，

向上斜伸，树干顶端具有明显树干，基部具有沟槽，树皮光滑闪亮。常见于西澳

麻洛克（marlock）另外一类桉树，呈灌木状或小乔木，枝干纤细，主干歪斜，木质瘤阙如

模式种（type species）在分类学上，属借以建立的种

木质瘤（lignotuber）实生苗子叶的叶轴或者前几对子叶的叶腋形成的肿胀的膨大体。随着树木生长，木质瘤延伸至根际，逐渐低埋藏于土壤下面。木质瘤常见于桉树，其内贮藏大量分生组织、营养物质和休眠芽组织束，使树木在逆境中赖以存活（详见《桉树生物学概论》，P48）

品种（cultivar）一词由 cultivated variety 缩写而来，即栽培种或园艺种，是植物分类学的一个命名等级，其形态和生理等遗传性状可以通过无性繁殖得以稳定保持的栽培植物

球果（cone）针叶树的果实

乔木（tree）树高 5m 以上，具有明显主干和树冠的树木。对于桉树来说，树高 5～10m，小乔木；10～30m，中等乔木；30～60m，大乔木；60m 以上为高大乔木。

萨王纳群落（savannah community）热带稀树草原，澳大利亚北部热带地区，干湿季节明显

生物多样性（biodiversity）陆地、海洋和水生生态系统以及其他一切生态复合体中所有生物体的变异性。生物多样性表现在 3 个水平，即景观多样性、物种多样性和遗传多样性。

受光林（open forest），林冠郁闭度 30%～70%；受光林按树高分成 3 类：高受光林（tall open forest），亦称湿润硬叶林（wet sclerophyll forest），树高 30m 以上，优势种为桉树；受光林（open forest），亦称干燥硬叶林（dry sclerophyll forest），树高 10～30m，优势种为桉树，局部地区相思、木麻黄和澳洲柏可成为优势种；矮受光林（low open forest），树高 5～10m

疏林（woodland），林冠郁闭度 10%～30%，优势种为桉树；高疏林（tall woodland），树高 30m 以上；疏林（woodland），树高 10～30m；低矮疏林（low woodland），树高 5～10m

属（genus）具有某些共同性状并以此可以与其他类群相区别的一组物种，介于科与种之间的分类学等级

树木（trees）多年生木本植物的统称

树木线（timber line）树种垂直分布的最高海拔高度

树木园（arboretum）蒐集和栽植树木活标本的园地

树木引种（tree introduction）人为地将一个树种、亚种或更低级分类群（包括能够存活并最终能够繁殖的植株任何部分、配子或其他繁殖材料）向其自然分布区以外的地区转移，这种转移既可以在一个国家之内，也可以是在不同国家之间

萌盖（operculum）桉树花芽顶部覆盖着的帽状体，借以将桉树与桃金娘科其他树种区别开来的最重要的形态特征。

萌果（capsule）干燥后开裂的杯状果实，桉树的果实均为萌果

俗名（common name）树种的民族语言名称，例如，英文"eucalypt"和中文"桉树"都是俗名，其拉丁文学名都是"*Eucalyptus*"

特有属（endemic genus）在地理分布上，一个属的所有种只出现于一个特定地区，这个属便为这一地区的特有属

特有种（endemic species）在地理分布上，一个种只出现于一个特定地区，这个种便为这一地区的特有种

外来树种（exotic，introduced species）生长于其自然分布区(现在或过去的)以外的树种，无论是国内的还是国外的

无性系（clone）无性繁殖或者纯自交育种获得的遗传上完全相同的一组个体或细胞，或者是由细胞核移植而产生的遗传上完全相同的有机体

乡土树种（indigenous species）在人类史前时期自然地出现于一个地区的树种

学名（scientific name）树种的拉丁文名称，由属名和种名构成，即双名法（binomial），属名首个字母大写，种名小写，通常为斜体；最后是命名人，英文，正体

驯化（domestication）一个树种在引种到新的生存环境以后，在自然选择和人工选择压力之下而产生遗传变化，逐渐对新的自然环境产生适应并且能够自然更新的进化过程

驯化群体（land race）在引种到自然分布区之外以后，经过自然选择和人工选择的已经适应了新的特定栽培环境的外来树种的一群个体

亚种（subspecies）种下分类单位，具有不同形态性状和自然分布区以及特定的拉丁学名

叶状柄（phyllode）扁平状的叶柄，状似叶片，具有叶子的功能；澳大利亚相思多具叶状柄

遗传多样性（genetic diversity）由进化或选择动力所产生、增强和维持的种群内和种群间的遗传变异

遗传资源（genetic resource）具有实际或潜在的经济、科学和社会价值的遗传材料

遗传资源保存（conservation of genetic resource）以最大限度地使当代受益同时又能维持满足子孙后代的潜在需求为目标，对人类利用遗传资源的活动进行管理

异地保存（*ex situ* conservation）通过人为方式建立群体，将生物多样性组分保存于其自然生境之外

异形叶性（heterophylly）在树木的不同生长发育阶段，即在幼苗期和成年大树阶段，叶子在形状、大小、颜色和排列方式上的变化。桉树、相思和针叶树都具有异形叶性：子叶、幼态叶、中间过渡型和成龄叶

印度次大陆（Indian subcontinent），亦称南亚次大陆，系指喜马拉雅山脉以南的半岛形的陆地，亚洲大陆的南延部分。次大陆上有印度、巴基斯坦、孟加拉国、尼泊尔、不丹、锡金等国

幼态叶（juvenile leaf）在实生苗的子叶上方或者萌蘗枝上长出的10几对形态特殊的叶子，是在个体发育中，从子叶向成龄叶过渡的叶子形态。如灰桉（*Eucalyptus cinerea*）的成年大树上，所见几乎都是幼态叶。

郁闭林（closed-forest），亦称雨林（rainforest），林冠郁闭度大于70%，树高10～30m，主要出现于澳大利亚东部海岸地区；澳大利亚雨林又分为热带雨林（tropical rainforest）、亚热带雨林（subtropical rainforest）、温带雨林（temperate rainforest）和季

雨林（monsoon rainforest）

珍贵用材树种（valuable timber species）木材具有特殊工艺性质和美丽外观，适合用来生产高价值终端产品的树种

种（species）一组能够相互交配繁育但是与其他组群保持生殖隔离的天然群体

种质资源（germplasm）就地（*in situ*）或异地（*ex situ*）搜集保存的树木个体、群体或者代表一个基因型的无性系、变种、种或者培养体。

子叶（cotyledon）种子萌发后长出的第一对叶子

图　版
Color Plate

1. 白仙桉（*Corymbia aparrerinja*，Ghost gum），树皮脱落，通体光滑，洁白耀眼，澳洲土著人神话树种和艺术家的概念树；常见于澳大利亚北部干旱地区热带稀树草原（savannah），形成典型的疏林（woodland）地理景观。QLD 2011

2. 昆士兰贝壳杉（*Agathis robusta*），斯里兰卡康提（Kandy）皇家植物园1865年引种。摄于2015（左图）
3. 肯氏南洋杉（*Araucaria cunninghamii*），台北阳明山林语堂故居，2012（右图）

4. 吾乐迷杉（*Wollemia nobilis*），单种属，南洋杉科。吾乐迷杉在形态上，既不同于贝壳杉属也不同于南洋杉属，雌雄同株，枝条光滑无毛，针叶排列呈3种型式；树皮绵软，多瘤状物；雌雄球花均着生于小枝顶端。吾乐迷杉是在位于蓝山（The Blue Mountains）的吾乐迷国家公园（Wollemi National Park）内一偏僻隅角发现的，距离悉尼200km。只发现一个群体，20株成年大树与20株幼树。吾乐迷杉是20世纪重要的植物学发现之一，被认为是侏罗纪存活下来的活着的"恐龙植物"。吾乐迷杉的拉丁文学名，属名系其发现地，种名是发现者David Noble姓氏之拉丁化，此人在国家公园工作，当代蓝山探险者。吾乐迷杉发现之初，严加保护，现在已经商业化无性繁殖。照片系作者摄于澳大利亚国家植物园，堪培拉，2002

5. 澳洲金花相思（*Acacia pycnantha*）。相思象征着澳大利亚国家精神，是澳大利亚国家遗产，是澳大利亚人的日常生活和工作的一部分。绿色和金色是澳大利亚的国家颜色，澳大利亚军队制服颜色和澳大利亚勋章颜色。澳洲金花相思，于1988年9月1日被正式确认为澳大利亚国花（Australia's National Floral Emblem）

6. 威廉姆森相思（*Acacia williamsonii*），叶状柄二型，幼树宽椭圆形至倒卵形，成龄树倒披针形、窄椭圆形或线形，穗状花序单生或总状。WA 2011

7. 银叶金球相思（*Acacia podalyriifolia*），叶状柄椭圆形、卵形或倒卵形，头状花序呈总状，花亮黄色；叶状柄蓝灰色，如梦如幻。广州 2016

8. 黑荆（*Acacia mearnsii*），羽状复叶，头状花序呈总状或假圆锥状；树皮单宁含量35%～51%，为世界最重要单宁生产树种，20世纪90年代以前，中国华东和西南地区作为栲胶原料广泛栽培。在云南，可见黑荆和银荆（*Acacia dealbata*）散生于云南松天然林分。Bridgetown 2001

9. 砂纸叶相思（*Acacia denticulosa*），叶状柄不规则卵形，表面粗糙，穗状花序。WA 2013

10. 漳州市林业局在闽南沿海山地丘陵建立大面积相思人工林，生产用材和生态防护，此图近景树种为灰木相思（*Acacia implexa*），摄于 2012

11. 毛叶铺地班克木（*Banksia blechnifolia*），匍匐灌木，茎干粗大，花序直立于地面，外观奇特，宜生干燥沙地。WA 2012

12. 长齿叶班克木（*Banksia speciosa*），大灌木或小乔木，花序大而醒目，生于枝顶，花叶奇异，蓇葖果宿存经年，火烧后开裂。宜做切花，不适应湿热夏季。WA 2014

13. 金网球班克木（*Banksia laevigata* ssp. *fuscolutea*），WA 2014

14. 截叶班克木（*Banksia praemorsa*），灌木或小乔木，自然分布于澳大利亚西南海岸，生于朝向大海的悬崖或沙丘，花序与叶子形态奇特。WA 2014

15. 宝瑞班克木（*Banksia baueri*），锈红类型。灌木 1.5m，生于沙地，无木质瘤，花黄色、橘红色、褐色；干切花持续时间很长；WA 西南角，但可以适应夏雨型气候区，耐盐碱，耐霜冻，澳大利亚东部有引种栽培

16. 春红桉（*Corymbia ptychocarpa*），广东 2009（左上图）；红花桉（*Corymbia ficifolia*），WA 2015（右上图）；红花桉×春红桉之人工杂种，花丝娇艳，妖娆妩媚，可以在夏雨型气候区栽培。QLD 2012（下图）

17. 美味桉（*Eucalyptus mannifera*），大乔木，树皮光滑，有粉腻感，白色，具有季节性的粉红色斑块，叶子灰绿色，优良园林观赏树种。澳大利亚国家植物园，堪培拉 2002

18. 托里桉（*Corymbia torelliana*）（左图）和昆士兰桉（*Eucalyptus cloeziana*）（右图）人工林，均为十年生，珍贵用材和景观建设树种。托里桉树形优雅，冠大荫浓，无病虫害，尤其宜做东南和华南沿海城市观赏树种。漳州 2012

19. 蓝桉（*Eucalyptus globulus*），最早引入中国的桉树，约150年生，被昆明市政府誉为中国第一桉。昆明滇池海埂公园 2012

20. 蓝桉最早于1853年引种到美国旧金山，加利福尼亚州参议员 Ellwood Cooper 在他写的《森林培育和桉树》（*Forest Culture and Eucalypt Trees*, Cubery & Co., San Francisco, 1876）一书中，详细地描述了其蓝桉试验林的栽培、采伐经营措施和经济成本。现在，蓝桉和本地栎类（*Quercus* spp.）成为加利福尼亚疏林景观的优势树种。Vasona Lake Park 2015

21. 蓝灰麻利（*Eucalyptus caesia*）枝叶被蓝灰蜡粉，花丝殷红似火 WA 2016（上图）；莱曼麻利（*Eucalyptus lehmannii*）花芽融合聚生，萼盖长角形内湾；果柄扁平，弯曲下垂，外观奇异，世上无双，WA 2014（中图）；红盔桉（*Eucalyptus erythrocorys*），萼盖似红色头盔，花丝金黄炫目，优良观赏树种。WA 2014（下图）

22. 白木桉（*Eucalyptus leucoxylon*），QLD 2016；聚蕊麻利（*Eucalyptus synandra*），形态奇异，WA 2010；杨氏麻利（*Eucalyptus youngiana*），WA 2015（由上至下）

23. 大果麻利（*Eucalyptus macrocarpa*），树皮光滑，灰色或三文鱼色；枝、叶、芽、果均呈蓝灰色；幼态叶对生无柄，见于成熟植株；花丝红色，花药黄色，单花无梗，鲜艳夺目；蒴果硕大，直径5～7cm。宜作庭园观赏或切花。WA 2015

24. 巨桉（*Eucalyptus grandis*），树高 84.3m，胸径 2.7m，新南威尔士州最高的树。树龄约 400 年，当库克船长在澳大利亚东海岸登陆时，就已经相当高大。此树于 1961 年被命名为文森特树（Vincent Tree），成为历史名木，纪念 Roy S. Vincent，他曾担任澳大利亚林业部长（1932～1941）。现在，全球巨桉人工林面积超过 1000 万 hm^2。NSW 2010 （左图）
25. 粗皮桉（*Eucalyptus pellita*），热带地区桉树人工林主要树种之一，心材红色，材质优良，似桃花心木。QLD 2007 （右图）

26. 女王哈克木（*Hakea victoria*），拉丁文学名纪念英国维多利亚女王，被誉为世界上最美丽的观叶植物。叶形奇特，色彩斑斓，叶圆形坚挺，表面波状窝凹，边缘有齿刺，直径可达12cm；叶子颜色最具特色，叶缘绿色，叶面主要部分的色彩随年龄变化，第1年鲜黄色，第2年橘黄色，而后变成鲜红色。蓝天白云之下犹如童话世界里的植物，许多地区引种栽培，自然分布于澳大利亚西南部，可在云南、四川和福建适宜环境引种试验，开发观赏灌木产业。WA 2011

27. 月桂叶哈克木（*Hakea laurina*），WA 2014

28. 柳叶红千层（*Calllistemon salignus*）。红千层属树木通常称为瓶刷子树（Bottle brush），枝条阿娜下垂，花丝颜色多种，或猩红，或乳白，或淡绿，或鹅黄，华南城市公园街头习见。海南 2015

29. 白千层（*Melaleuca leucadendra*），台北士林官邸花园，2012

30. 昆士兰桉（*Eucalyptus cloeziana*），高大乔木，昆士兰州特有种。木材坚韧，纹理细腻，不变形，不开裂，耐腐朽，抗白蚁和海洋微生物侵蚀，优良建筑用材，尤其宜做河海码头桩柱。图为用昆士兰桉木材制作的中国经典风格家具，静穆沉稳，优雅高贵，堪与红木媲美。漳州 2012

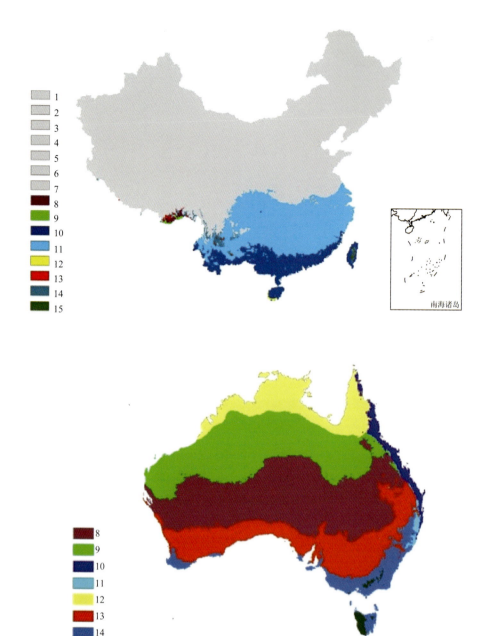

彩图 1 采用综合数据和数值分类产生的中国与澳大利亚气候相似性的空间分布，相近的色彩代表相似的气候类型（阎洪，2005）

这两幅图比较直观地显示了中国和澳大利亚不同地区的相似程度，也是我国引种栽培澳大利亚树种主要地区（acceptor）和澳大利亚原产地（donor）的匹配程度。例如，我国华南和台湾地区引种的澳大利亚树种主要来自澳大利亚东海岸北部地区

S-1331.01

定价：98.00元